Die Praxis des Eisenhüttenchemikers

Anleitung zur chemischen Untersuchung des Eisens und der Eisenerze

von

Dr. Carl Krug

a. o. Professor an der Technischen Hochschule
zu Berlin

Zweite
vermehrte und verbesserte Auflage

Mit 29 Textabbildungen

Springer-Verlag Berlin Heidelberg GmbH
1923

ISBN 978-3-662-36040-8   ISBN 978-3-662-36870-1 (eBook)
DOI 10.1007/978-3-662-36870-1

Softcover reprint of the hardcover 2nd edition 1923

Vorwort zur ersten Auflage.

Bei der Abfassung des vorliegenden Buches bin ich in erster Linie von dem Wunsche geleitet worden, für die Studierenden des Eisenhüttenfaches ein Lehrbuch zu schaffen, mit dessen Hilfe die Studierenden neben der mündlichen Unterweisung die in der Praxis üblichen Methoden kennenlernen sollen.

Da in den Werkslaboratorien verschiedene Methoden Anwendung finden, so habe ich mich nicht damit begnügt, einige wenige Methoden zu beschreiben, sondern habe nach Möglichkeit alle diejenigen aufgenommen, die besonders auf deutschen Werken angewendet werden. Dabei habe ich besonderen Wert auf die Beschreibung der Schnellmethoden gelegt, bei denen zwar eine große Genauigkeit der Werte nicht erlangt werden kann, die aber für die Überwachung des Betriebes unentbehrlich sind.

Aber nicht allein für die Studierenden ist dieses Buch bestimmt, sondern auch für die in der Praxis tätigen Chemiker. Aus diesem Grunde habe ich auch diejenigen Methoden beschrieben, deren Ausführung zwar längere Zeit beansprucht, die dafür aber genaue Werte liefern.

Bei jeder Methode habe ich den chemischen Verlauf der einzelnen Reaktionen angegeben und auf die beim Arbeiten zu beachtenden Vorsichtsmaßregeln teils im Text, teils in den Anmerkungen hingewiesen.

Die Bereitung und Titerstellung der Lösungen habe ich in einem besonderen Teil beschrieben, um beim Lesen der einzelnen Methoden die Aufmerksamkeit nicht zu stören.

Den letzten Teil des Buches bilden Erläuterungen. Diese sind Antworten auf Fragen, die während meiner 15jährigen Lehrtätigkeit in der Eisenprobierkunde wiederholt an mich gestellt worden sind. Ich glaube, daß die Erläuterungen das Verständnis für die chemischen Vorgänge erleichtern werden.

Ich hoffe, daß das Buch nicht allein für die Studierenden ein guter Leitfaden, sondern auch für die in der Praxis stehenden Chemiker ein zuverlässiger Ratgeber sein wird.

Es ist mir eine angenehme Pflicht, auch an dieser Stelle Herrn Dr. W. Hampe meinen verbindlichsten Dank auszusprechen für die wertvollen Ratschläge, die er mir gegeben hat. Herrn Dipl.-Ing. du Bois danke ich für die freundliche Hilfe beim Lesen der Korrekturen.

Berlin, im August 1912.

Carl Krug.

Vorwort zur zweiten Auflage.

Seit dem Erscheinen der ersten Auflage sind manche Verfahren bekannt geworden, die der Beachtung wert erscheinen. Es konnten nicht alle aufgenommen werden, sondern nur diejenigen, deren Wert genügend erprobt ist und die bereits in den Eisenhüttenlaboratorien eingeführt sind.

Andererseits sind einige Verfahren, die wegen der Ungenauigkeit der Ergebnisse nicht mehr angewendet werden, oder durch schneller auszuführende ersetzt worden sind, fortgelassen worden.

Die grundlegenden Arbeiten des Chemikerausschusses des Vereins deutscher Eisenhüttenleute sind besonders berücksichtigt worden.

Die günstige Aufnahme, die die erste Auflage gefunden hat, läßt mich hoffen, daß das Buch sich die alten Freunde erhalten und neue erwerben wird.

Berlin, im September 1923.

Carl Krug.

Inhaltsverzeichnis.

Die Untersuchung der Zuschläge.

Die Untersuchung des Roheisens und des schmiedbaren Eisens.

Die qualitative Untersuchung.

Die quantitative Untersuchung.

Seite

Die Untersuchung der Eisenlegierungen.

Die Untersuchung der Legierungsstähle.

Die qualitative Untersuchung.

Die quantitative Untersuchung.

Die Untersuchung der Schlacken.

Die qualitative Untersuchung 154

Die quantitative Untersuchung.

                Inhaltsverzeichnis.

Die Untersuchung der Erze.

Die Probenahme.

Mit der Probenahme bezweckt man, eine verhältnismäßig kleine Menge Erz zu bekommen, die nach Möglichkeit in ihrer Zusammensetzung der großen Menge eines angelieferten Erzes entspricht.

So einfach diese Arbeit auf den ersten Blick hin erscheint, so schwierig gestaltet sich die Ausführung. Und doch muß die Probenahme mit der denkbar größten Sorgfalt ausgeführt werden. Alle Zeit und Mühe, die auf die chemische Untersuchung verwendet werden, sind nutzlos, wenn die Durchschnittsprobe nicht sorgfältig genommen ist.

Am schwierigsten gestaltet sich die Probenahme bei großstückigem Material, in welcher Form die Erze größtenteils angeliefert werden. Außer den groben Stücken enthält das Erz auch feinstückiges Material und Erzpulver, deren chemische Zusammensetzung meistens sehr voneinander abweicht. Oftmals enthält das Grobe mehr Eisen als das Erzklein und umgekehrt.

Mit diesen Tatsachen muß der Probenehmer beim Mustern eines Erzes rechnen und es so einrichten, daß die Durchschnittsprobe Grobes und Feines möglichst in demselben Verhältnis enthält, wie es in der ganzen Ladung vorkommt. Diese notwendige Bedingung ist sehr schwer zu erfüllen, weil man dabei nur auf Schätzung angewiesen ist, wozu ein sehr geübtes Auge gehört, um einigermaßen das Richtige zu treffen.

Je grobstückiger und ungleichmäßiger das Material ist, um so größer muß die entnommene Durchschnittsprobe sein.

Man wird daher das verantwortungsvolle Amt eines Probenehmers nur solchen Personen übertragen, die mit allen Bedingungen gründlich vertraut sind.

Allgemeingültige Regeln für die Probenahme aufzustellen, ist unmöglich, da die jeweiligen Umstände der Anlieferung, die physikalische und chemische Beschaffenheit eines Erzes berücksichtigt werden müssen.

In der Fachliteratur finden sich Angaben über zweckmäßige Arten der Probenahme, die in den wichtigsten Punkten im großen und ganzen übereinstimmen[1]).

---

[1]) Bender: Stahl und Eisen 1904, 25; 5.—. Hintz: Zeitschr. f. öffentl. Chem. 1903, 21. — Juon: Zeitschr. f. angew. Chem. 1904, 17; 1544, 1571. — Jauda: Österr. Zeitschr. f. Berg- und Hüttenwesen 1904, 52; 547, 561, 577. — Samter: Chemiker-Ztg. 1908, 32; 1209, 1220, 1250. — Stahl und Eisen 1909, S. 850; 1910, S. 556; 1918, S. 25 und 51.

Meistens wird, um Streitigkeiten zu vermeiden, vorher zwischen Verkäufer und Käufer die Art und Weise der Probenahme vereinbart.

Beim Kauf von Erzen pflegt man sich über den Gehalt der Erzprobe an Stücken und Geröll zu einigen und den höchstzulässigen Gehalt an Feinerz vorzuschreiben. Da die Ansichten über Stücke, Geröll, Korn und Staub weit auseinandergehen, hat der Verein deutscher Eisenhüttenleute folgende Normen aufgestellt:

Stücke: Material   über 50 mm Korngröße
Geröll: „   von 50—5   „   „
Korn: „   „ 5—1   „   „
Staub: „   unter 1   „   „

Unter Feingut versteht man das durch ein 5-mm-Maschensieb durchgehende Material.

In Amerika und in England verwendet man vielfach mechanische Probenzieher verschiedenster Konstruktion[1]). In Deutschland wird die Probenahme meistens von Hand ausgeführt. Das Prinzip ist stets dasselbe.

Ein bestimmter Prozentsatz der ganzen Ladung, der den Durchschnitt darstellt, wird zerkleinert, verjüngt und schließlich in Flaschen (meistens drei) gefüllt, mit dem Siegel beider Parteien verschlossen und den Chemikern zur Untersuchung eingehändigt. Der Inhalt der dritten Flasche wird aufbewahrt, um in Streitfällen einem vorher hierfür bestimmten Laboratorium zur Schiedsanalyse übergeben zu werden, dessen Resultat als bindend für beide Parteien anerkannt wird.

Die Probenahme von Hand vollzieht sich im großen und ganzen folgendermaßen:

Beim Entladen eines Schiffes entnimmt man je nach Größe der Ladung und Gleichartigkeit des Materials jedem zehnten, zwanzigsten oder fünfzigsten Förderkübel mit einer etwa 5 kg fassenden Schaufel eine Probe und tut sie in einen hierzu bereitgestellten Karren. Bei sehr ungleichmäßigem Material nimmt man auch wohl von Zeit zu Zeit den ganzen Inhalt eines Förderkübels zur Probe. Sobald der Karren gefüllt ist, fährt man ihn zu einem Steinbrecher oder Kollergang, in dem das ganze Material ohne Ausnahme bis auf Walnußgröße zerkleinert wird. So verfährt man weiter, bis die ganze Ladung gelöscht ist.

Wird das Erz in Eisenbahnwagen angeliefert, so nimmt man von den verschiedensten Stellen ohne Auswahl, mit Ausnahme von der Oberfläche, Proben, die dann im Steinbrecher zerkleinert werden.

Ebenso verfährt man, wenn das Erz schon im Haufen lagert. Da hierbei die Probenahme sehr unsicher ist, so vermeidet man nach Möglichkeit von einem Haufen Probe zu nehmen. Die mehrere Zentner betragende, auf Walnußgröße zerkleinerte Durchschnittsprobe wird durch mehrmaliges Hin- und Herschaufeln auf einer Unterlage von Eisenplatten gemengt und zu einem flachen Haufen aufgeworfen.

---

[1]) Samter: Chemiker-Ztg. 1908, 23. Über die Vorteile der mechanischen Probenzieher sind die Ansichten geteilt.

Das Aufwerfen zu einem Kegel ist nicht zu empfehlen, weil die groben Stücke vorrollen und das Innere des Kegels mehr Feinerz enthält als der Mantel.

Den flachen Haufen teilt man darauf durch zwei sich rechtwinklig kreuzende Streifen in vier gleich große Teile, nimmt zwei gegenüberliegende Teile heraus und zerkleinert sie weiter bis auf Erbsengröße.

Dann verjüngt man weiter, indem man wieder einen flachen Haufen formt und aus diesem zwei sich rechtwinklig kreuzende Streifen herausschaufelt und ferner vier kleinere Posten aus der Mitte der vier Quadranten dazu nimmt. Dieses Muster schaufelt man wieder durcheinander und verjüngt nochmals, wie vorher geschehen.

Die so erhaltene Probe wird auf einer eisernen Platte (Abb. 1) gepulvert und von Zeit zu

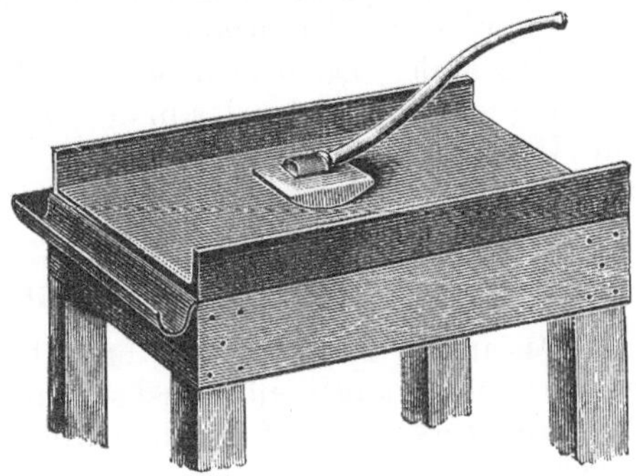

Abb. 1.

Zeit durch ein Sieb von 3 mm Maschenöffnung geschüttet, wobei das auf dem Sieb Zurückbleibende von neuem gepulvert wird, bis alles durch das Sieb gegangen ist. Zum weiteren Verjüngen kann man mit Vorteil die in Abb. 2 und 3 abgebildeten Apparate benutzen oder verfährt, wie oben angegeben, bis einige hundert Gramm durch ein Sieb von 500 Maschen auf 1 qcm hindurchgehen.

Diese Probe wird gründlich durchgemengt und auf die Musterflaschen verteilt. Zu diesem Zweck

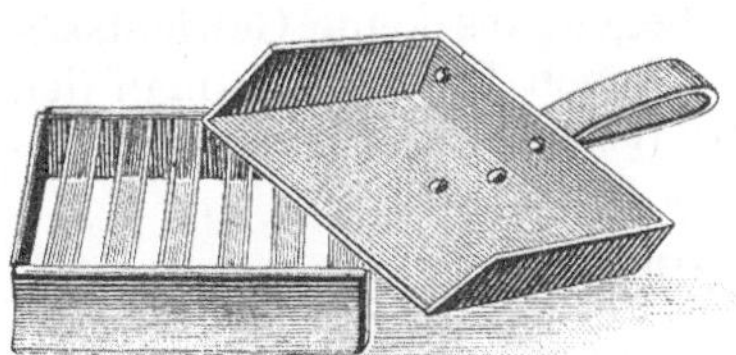

Abb. 2.

Abb. 3.

stellt man die Flaschen (meistens drei Pulverflaschen mit weitem Hals von ungefähr 150—200 ccm Inhalt) dicht nebeneinander auf einen Bogen Papier, nimmt mit der Hand einen Teil der Probe und fährt so über die Flaschen hin, daß das Erzpulver hineinfällt. Dies wiederholt man so oft, bis die Flaschen gefüllt sind.

Das Verteilen mit der Hand ist zuverlässiger als mit einer Schaufel, weil bei Anwendung dieser die gröberen Teile vorrollen und so in die erste Flasche mehr grobkörniges Material gelangt als in die nächsten Flaschen.

Die Flaschen werden mit einem gut schließenden Korken verschlossen, versiegelt, bezeichnet und dem Laboratorium zugeschickt.

Der Chemiker überzeugt sich, daß die Siegel unverletzt sind, notiert sich die Bezeichnung, öffnet die Flasche und schüttet den ganzen Inhalt auf einen Bogen Glanzpapier. Dann breitet er die Probe mit einem Probenlöffel in spiralförmigen Windungen von der Mitte her aus, schüttet das Erzpulver wieder zusammen und breitet wieder aus. Dies wiederholt er einige Male. Dann zieht er vom Rande her nach der Mitte radiale Streifen und verwendet das in der Mitte zusammengehäufelte Erzpulver zur Untersuchung, nachdem er es in einem Achatmörser zu einem zwischen den Fingern kaum mehr fühlbaren Pulver zerkleinert hat.

Das Trocknen der Probe.

Das in der Musterflasche enthaltene Erz wird ausgeschüttet und, wie oben beschrieben, möglichst schnell gemischt und für die Bestimmung der Feuchtigkeit 5—10 g, ohne vorher weiter zerkleinert zu werden, verwendet.

Zum Trocknen tut man das abgewogene Erz entweder in ein breites niedriges Glas mit gut eingeschliffenem Stopfen oder man benutzt zwei gut aufeinander geschliffene Uhrgläser, die durch eine federnde Klemme zusammengehalten werden. Die Probe stellt man in ein auf 100°—110°[1] erwärmtes Luftbad und läßt sie darin so lange, bis zwei aufeinanderfolgende Wägungen dasselbe Resultat ergeben.

Das für die chemische Untersuchung bestimmte Material wird, wie oben angegeben, weiter zerkleinert und in einer mit Stopfen versehenen Glasflasche aufbewahrt. Aus dieser Flasche nimmt man die für die einzelnen Bestimmungen nötige Menge.

Sehr nasse Proben breitet man vor der Untersuchung im Zimmer auf Fließpapier aus, bestimmt auf einer Tafelwage das Gewicht und läßt sie unter öfterem Durchmischen so lange liegen, bis keine Gewichtsabnahme mehr stattfindet. In dieser lufttrockenen Probe kann man den Feuchtigkeitsgehalt auf oben angegebene Weise bestimmen.

Das Auflösen.

Zum Auflösen verwendet man stets rauchende Salzsäure (spez. Gewicht 1,19), und zwar verwendet man für 1 g Erz oder weniger ungefähr 10—15 ccm und für jedes Gramm mehr etwa 6—8 ccm. Sollte diese Menge jedoch nicht genügen, so gibt man, nachdem die Säure einige Zeit eingewirkt hat, noch einige Kubikzentimeter hinzu. Im Anfang erhitzt man nur gelinde, um die Konzentration der Säure nicht zu vermindern, später erhöht man die Temperatur bis nahe zum Sieden. Stets muß man nach dem Zugießen der Säure das Glas umschwenken, um ein Anhaften des Erzpulvers am Boden oder an den Wänden zu verhindern. Später wiederholt man dies noch einige Male.

---

[1] Ein Trocknen bei höherer Temperatur ist unzulässig, weil einige Erze dann schon das chemisch gebundene Wasser verlieren.

Nimmt man das Lösen in einer Schale vor, so rührt man gut um. Das Lösen ist beendet, wenn am Boden des Gefäßes ein farbloser Rückstand (Kieselsäure) sich befindet. Auch wenn der Rückstand nach dem Glühen rein weiß aussieht, ist es nötig, ihn auf seine Reinheit zu untersuchen. Dies geschieht entweder durch Behandeln mit Flußsäure oder durch Aufschließen mit Kaliumnatriumkarbonat (siehe Kieselsäure S. 25).

Will man nur den Eisengehalt des Erzes bestimmen und auf die Kieselsäure verzichten, so entfernt man die letztere durch Behandeln mit Flußsäure (siehe S. 24). Den Rückstand schmilzt man mit $KHSO_4$ (siehe Anm. 4 S. 34) bis zum klaren Fließen, läßt erkalten, löst in heißem Wasser, säuert mit Salzsäure an, fällt das Eisen mit Natronlauge, löst das Eisenhydroxyd nach dem Auswaschen mit heißem Wasser in Salzsäure und gibt die Lösung zu der Hauptmenge, in der das Eisen titriert werden soll.

Soll die Kieselsäure ebenfalls bestimmt werden, so schließt man den Rückstand durch Schmelzen mit wasserfreiem Natriumkarbonat auf (siehe S. 25), löst die Schmelze nach dem Aufweichen in Wasser in Salzsäure, scheidet die Kieselsäure ab und fällt das Eisen wie oben angegeben. Die Fällung des Eisens ist deshalb nötig, weil große Mengen von Alkalichloriden störend auf die Permanganatlösung wirken[1]). Die Fällung des Eisens mit Natronlauge ist der Fällung mit Ammoniak vorzuziehen, um den störenden Einfluß selbst geringer gelöster Platinmengen bei der Titration zu vermeiden.

Ist die Bestimmung der Kieselsäure nicht nötig, so kann man das Lösen sehr beschleunigen, wenn man nach einiger Zeit einige Tropfen Flußsäure zugibt[2]). Voraussetzung hierfür ist aber, daß die Flußsäure bei der späteren Untersuchung nicht störend wirkt. Das Glasgefäß wird durch die Flußsäure kaum merklich angegriffen.

Soll nach dem Lösen ein Eindampfen vorgenommen werden, verwendet man zweckmäßig flache Porzellanschalen, in allen anderen Fällen benutzt man Erlenmeyerkolben oder schmale hohe Bechergläser. Auch die Erlenmeyerkolben mit weitem Hals eignen sich für diesen Zweck sehr gut.

Sollen oxydierende Zusätze gemacht werden (Salpetersäure, Brom, Kaliumchlorat), so wartet man damit, bis der größte Teil des Erzes bereits gelöst ist und gibt nur so viel hinzu, als für den beabsichtigten Zweck nötig ist[3]). Brom und Kaliumchlorat gibt man niemals zu der siedend heißen Lösung, weil ein großer Teil ungenutzt verpufft. Man läßt also die betreffende Lösung vorher etwas abkühlen.

---

[1]) Stahl und Eisen 1906, S. 1479.

[2]) Man gieße die Flußsäure niemals aus der Flasche unmittelbar in das Becherglas, weil man die Menge nur schwer schätzen kann und leicht die Wände des Glases benetzt. Am besten gießt man die Flußsäure zuerst in eine kleine Platinschale und aus dieser in das Glas. Hierbei kann man auch etwa in die Säure geratene Paraffinstücke, von der Flasche herrührend, zurückhalten.

[3]) Ausgenommen, wenn durch die oxydierenden Zusätze das Entweichen flüchtiger Verbindungen, z. B. Arsenchlorür, verhindert werden soll.

Enthält das Erz organische Substanzen (Kohleneisensteine, Raseneisensteine usw.), so hinterbleibt nach dem Lösen ein schwarzer bis brauner Rückstand und oftmals ist auch die Lösung gefärbt, was bei vielen Bestimmungen störend wirkt. (Titrimetrische Bestimmung des Eisens, Mangans u. a. m.) In solchen Fällen glüht man die Probe vor dem Lösen schwach. Hierzu benutzt man einen geräumigen Porzellantiegel, bringt in diesen die abgewogene Probe, bedeckt den Tiegel anfangs, um ein Verstäuben durch Entweichen von Wasser zu verhüten, und erhitzt später bei dem schräg gestellten offenen Tiegel bis zur dunklen Rotglut. Von Zeit zu Zeit rührt man die Substanz mit einem durch Ausglühen getrockneten starken Platindraht vorsichtig um.

In manchen Fällen ist ein vorheriges Glühen des Erzes, auch ohne daß organische Substanz zerstört werden soll, zu empfehlen, weil dadurch das Erz leichter in Säure löslich wird. Ein zu starkes Glühen erschwert allerdings oftmals das spätere Auflösen. Das Glühen darf natürlich erst geschehen, nachdem die Probe abgewogen ist. Soll in der betreffenden Probe Kohlensäure, Wasser, Schwefel, Arsen oder Antimon bestimmt werden, so darf vorher nicht geglüht werden.

Die qualitative Untersuchung.

Bevor man ein Erz der quantitativen Untersuchung unterwirft, ist es notwendig, sich von dem Vorhandensein oder dem Fehlen einzelner Körper zu überzeugen, da der Gang der quantitativen Untersuchung durch diese Körper oftmals wesentlich beeinflußt wird.

Die qualitative Untersuchung der Eisenerze läßt sich aber erheblich vereinfachen, da man auf verschiedene Körper, die fast in jedem Eisenerz in größerer oder geringerer Menge vorkommen, nicht Rücksicht zu nehmen braucht, z. B. Kieselsäure, Tonerde, Kalk und Magnesia. Der Gang der quantitativen Untersuchung wird durch das gelegentliche Fehlen eines der zuletzt genannten Körper nicht wesentlich geändert. Daher ist eine vollständige qualitative Untersuchung nicht nötig, sondern nur die Prüfung auf solche Körper, deren Anwesenheit im Erz man nicht notwendigerweise voraussetzen kann, z. B. Arsen, Antimon, Schwefel, Titan, Blei, Zink, Chrom u. a. m.

Die qualitative Untersuchung läßt sich sowohl auf nassem, als auch auf trockenem Wege ausführen, wozu das Lötrohr oder die Bunsenflamme sehr gute Dienste leisten.

Schwefel.

Man mengt die Probe mit der vierfachen Menge entwässerter schwefelfreier Soda und etwas Borax und schmilzt das Gemenge auf Holzkohle einige Minuten lang in der reduzierenden (leuchtenden) Lötrohrflamme. [Gasflamme ist nicht anzuwenden [1]), sondern am besten

---

[1]) Leuchtgas enthält Schwefel.

raffiniertes Rüböl.] Nach dem Erstarren sticht man die Schmelze heraus und bringt sie noch warm auf ein feuchtes Stück Silberblech (Münze). Entsteht ein brauner Fleck von Schwefelsilber, so ist die Anwesenheit von Schwefel erwiesen. 0,1 % Schwefel lassen sich bei einiger Übung sicher nachweisen.

Arsen.

Enthält die Probe nicht zu geringe Mengen von Arsen als Arsenkies, so kann man das Arsen nachweisen, indem man die Probe auf der Kohle mit der reduzierenden Lötrohrflamme erhitzt. Das Auftreten von Knoblauchgeruch zeigt die Anwesenheit von Arsen an. Enthält das Erz aber Arsen als Arsenat (in gerösteten Erzen), oder ist die Menge sehr gering, so versagt diese Methode. In solch einem Fall mengt man einige Gramm Erz mit chlorsaurem Kali, bringt das Gemenge in ein weites und genügend großes Reagenzglas (Höhe 18 cm, Durchmesser 2,5 cm), übergießt mit Salzsäure (1,19 spez. Gewicht) und legt das Reagenzglas schräg auf ein heißes Sandbad, bis der Chlorgeruch verschwunden ist. Darauf bringt man in das Reagenzglas etwa 10 g granuliertes arsenfreies Zink und nötigenfalls noch etwas verdünnte Salzsäure, steckt oben in das Glas einen 30—40 mm dicken Wattepfropf und verschließt schnell mit einem Gummistopfen, durch dessen Bohrung ein spitz ausgezogenes Glasrohr führt, auf das man eine Lötrohrplatinspitze gesteckt hat. Die entweichenden Gase entzündet man und hält in die Flamme eine kalte Porzellanplatte. Bei Gegenwart von Arsen bilden sich braune Flecke, die durch Betupfen mit Eau de Javelle (KOCl) sofort verschwinden. Enthält das Erz auch Antimon, so entstehen auf der Porzellanplatte außer den braunen Arsenflecken schwarze Antimonflecke, die aber in Eau de Javelle nicht löslich sind.

Antimon.

Die mit etwas chlorsaurem Kali gemengte Probe erhitzt man in einem kleinen Becherglas mit Salzsäure, bis der Geruch nach Chlor verschwunden ist. Die Lösung wird filtriert, und von dem Filtrat werden einige Kubikzentimenter auf einem Platintiegeldeckel mit einem Stück Zink zusammengebracht. Das Zinkstück muß so groß sein, daß es durch die Gasblasen nicht hochgehoben und von der Säure nicht ganz gelöst wird. Ist in der Probe Antimon vorhanden, so zeigt sich nach einiger Zeit, sobald das Eisenchlorid zu Chlorür reduziert ist, ein schwarzer Beschlag von metallischem Antimon. Befeuchtet man den Beschlag nach dem Waschen mit Wasser mit Salpetersäure, so erscheint er augenblicklich dunkler, um nach einigen Sekunden zu verschwinden. (0,01 % Antimon geben eine deutliche Reaktion.)

Blei.

Man löst die Probe in einer Porzellanschale in Salzsäure, setzt, ohne zu filtrieren, Schwefelsäure hinzu (auf 1 g Erz 5 ccm H_2SO_4 1 : 1), dampft ein und erhitzt auf einem Sandbad bis Schwefelsäuredämpfe entweichen. Nach dem Erkalten setzt man zu der, noch überschüssige Schwefelsäure enthaltenden Masse Wasser und erwärmt, bis die löslichen Sulfate in Lösung gegangen sind. War die Masse trocken, so erwärmt man sie vor dem Wasserzusatz mit einigen Kubikzentimeter Schwefelsäure (1:1). Darauf filtriert man und wäscht den Rückstand mit schwach schwefelsäurehaltigem Wasser. Den Rückstand spritzt man mit möglichst wenig Wasser in die Porzellanschale zurück, verdampft das Wasser, bis die Masse noch eben feucht ist, und kocht sie mit Ammoniumazetatlösung (die ammoniakalische Reaktion zeigen muß). Die noch heiße Flüssigkeit gießt man durch das vorher benutzte Filter, gibt zu dem kalten Filtrat Essigsäure bis zur schwach sauren Reaktion und einige Tropfen Kaliumchromatlösung. Bei Gegenwart von Blei fällt sofort oder nach einiger Zeit gelbes Bleichromat aus.

Kupfer.

Man befeuchtet die Probe in einer Porzellanschale mit so viel Salzsäure, daß ein dicker Brei entsteht und erwärmt auf einem Wasserbad. Von diesem Brei bringt man soviel als möglich an das Öhr eines Platindrahtes, der vorher durch Befeuchten mit Salzsäure und Ausglühen so weit gereinigt ist, daß die Bunsenflamme nicht mehr gefärbt wird, und bringt die Probe an den Saum einer Bunsenflamme. Ist Kupfer zugegen, so wird die Flamme blau gefärbt. Bei sehr geringem Gehalt an Kupfer entsteht nur ein ganz kurzes Aufleuchten der blauen Flamme. Bei einiger Übung gelingt es, noch 0,02 % Kupfer auf diese Art nachzuweisen.

Mangan.

Man mengt die Probe mit ungefähr der fünffachen Menge entwässerter Soda unter Zusatz von einigen Körnchen Salpeter und schmilzt das Gemenge auf dem Deckel eines Platintiegels. Bei Anwesenheit von Mangan färbt sich die Schmelze blaugrün. Ebensogut kann man auch die Schmelze an dem Öhr eines Platindrahtes ausführen.

Zink.

Man löst ungefähr 2 g Erz in konzentrierter Salzsäure, oxydiert etwa vorhandenes Eisenoxydul durch einige Tropfen Salpetersäure, fällt durch Ammoniak Eisen und Tonerde und filtriert den Niederschlag ab. Das Filtrat säuert man mit Salzsäure schwach an, leitet Schwefelwasserstoff ein und filtriert etwa gefälltes Schwefelkupfer ab. Im Filtrat hiervon entfernt man den Schwefelwasserstoff durch Kochen, macht die Lösung schwach ammoniakalisch, säuert mit Essigsäure an, um das Ausfallen von Mangan zu verhindern, und leitet längere Zeit Schwefelwasserstoff ein. Den Niederschlag, der Zink (auch Nickel und Kobalt) enthält, sammelt man auf einem kleinen Filter und verascht das Filter in einem Porzellantiegel. Den Rückstand mengt man mit Soda und etwas Borax, bringt ihn auf Holzkohle und schmilzt in der reduzierenden Lötrohrflamme. Das Zink wird hierbei als Metall verflüchtigt, sofort aber oxydiert und setzt sich als Beschlag auf der Kohle ab, der in der Hitze gelb, nach dem Erkalten weiß aussieht. Befeuchtet man den Beschlag mit Kobaltlösung (Kobaltnitrat in wäßriger Lösung 1:5) und glüht ihn in der Oxydationsflamme, so färbt er sich grün. Auf diese Weise lassen sich selbst geringe Mengen Zink sicher nachweisen.

Nickel und Kobalt.

Man verfährt zuerst wie beim Nachweis von Zink. Das Filtrat vom Schwefelkupfer macht man ammoniakalisch, setzt etwas Schwefelammonium dazu, kocht auf und säuert mit Salzsäure schwach an. Darauf filtriert man schnell, wäscht mit salzsäurehaltigem Wasser aus, verascht den Rückstand im Porzellantiegel und prüft ihn in der Boraxperle vor dem Lötrohr. Ist nur Nickel zugegen, so färbt sich die Boraxperle im Oxydationsfeuer in der Hitze violett, nach der Abkühlung braunrot. Kobalt färbt die Perle smalteblau. Sind beide Metalle vorhanden, so tritt eine Mischfarbe auf.

Chrom.

Enthält das Erz mehr als 1% Chrom, so läßt sich dieses leicht in der Phosphorsalzperle nachweisen. Die Perle ist im Oxydations- als auch im Reduktionsfeuer in der Hitze gelbgrün, nach der Abkühlung smaragdgrün. Enthält das Erz aber andere färbende Metalle in nicht geringer Menge, z. B. Kupfer, Mangan und Titan, so verfährt man folgendermaßen: Man mengt die Probe mit der 5fachen Menge Kaliumnatriumkarbonat unter Zusatz von 1 Teil Salpeter und schmilzt in einem Platintiegel oder Platinlöffel, wobei das Chrom in Chromsäure verwandelt wird. Die Schmelze löst man in Wasser, filtriert, säuert das Filtrat mit Essigsäure stark an und setzt einige Tropfen Bleiazetatlösung hinzu. Bei Gegenwart von Chrom entsteht entweder sofort oder bei starker Verdünnung nach einiger Zeit ein gelber Niederschlag von chromsaurem Blei.

Enthält das Erz Mangan, so wird die Schmelze durch mangansaures Alkali grün gefärbt, kocht man aber diese Lösung nach Zusatz von etwas Alkohol, so wird das mangansaure Alkali unter Abscheidung von Dioxyd zerstört, während das Chromat dabei unverändert bleibt.

Enthält das Erz aber Phosphor, Arsen oder Schwefel in nicht zu geringer Menge, so wird die gelbe Farbe des chromsauren Bleies durch den weißen Niederschlag von Bleiphosphatarsenat und -sulfat verhältnismäßig heller gefärbt oder ganz verdeckt. In solchem Fall filtriert man den weißen Niederschlag und prüft diesen in der Phosphorsalzperle [1]).

---

[1]) Bei Gegenwart von Blei schmilzt man das Phosphorsalz auf Kohle ein.

Wolfram.

Wolframsäure färbt die Phosphorsalzperle im Reduktionsfeuer nach dem Erkalten blau, bei Gegenwart von Eisenoxyd mehr oder weniger rot. Enthält das Erz neben Eisen auch Titan in hinreichender Menge, so tritt die rote Färbung auch bei Abwesenheit von Wolfram auf. Läßt sich daher aus der Färbung der Perle nicht ersehen, ob die Probe Wolframsäure oder Titansäure enthält, so schmilzt man die Probe mit der fünffachen Menge Natriumkarbonat. Die Schmelze löst man in Wasser, kocht auf und filtriert. Die Titansäure findet sich im Rückstand [1]), während die Wolframsäure als Natriumwolframat sich im Filtrat vorfindet. Dieses säuert man mit Salpetersäure an und kocht, wobei die Wolframsäure als gelbes Pulver ausfällt. Dieses kann man noch zur weiteren Bestätigung in der Phosphorsalzperle prüfen.

Molybdän.

Die zu prüfende Probe schmilzt man mit Kaliumnatriumkarbonat wie es bei Chrom angegeben ist. Die Schmelze löst man in Wasser, erwärmt und filtriert. Das Filtrat säuert man mit Salzsäure schwach an, erwärmt und legt ein Stückchen blankes Kupferblech hinein. Nach kurzer Zeit entsteht da, wo das Metall liegt, schön dunkelblaues molybdänsaures Molybdänoxyd. Wolframsäure gibt, ebenso behandelt, auch eine blaue Färbung, die aber erst allmählich und nur sehr schwach auftritt. Spuren von Molybdänsäure lassen sich auch nachweisen, indem man die Substanz mit konzentrierter Schwefelsäure in einem Porzellanschälchen bis zum lebhaften Dampfen erhitzt und nach dem Abkühlen etwas Alkohol hinzusetzt, wobei infolge Entstehung von Molybdänoxyd die Schwefelsäure sich intensiv blau färbt. Beim Erhitzen verschwindet die blaue Farbe, beim Abkühlen tritt sie wieder auf, beim Verdünnen mit Wasser wird sie zerstört.

Vanadin.

5 g der fein gepulverten Probe schmilzt man in einem Platintiegel mit ungefähr 20 g Natriumkarbonat und 3 g Salpeter anfangs über dem Bunsenbrenner, später über dem Gebläse. Die erkaltete Schmelze laugt man mit Wasser aus, reduziert, falls die Lösung durch Manganat grün gefärbt ist, dieses durch Zusatz von etwas Alkohol und filtriert. Das Filtrat kann enthalten As, P, Mo, Cr, Wo und V. Man säuert es mit Schwefelsäure an, leitet in die auf 60—70° erwärmte Lösung Schwefelwasserstoff bis zur Sättigung ein, läßt 24 Stunden an einem mäßig warmen Ort stehen und filtriert. Das durch Vanadin blau gefärbte Filtrat dampft man ein, vertreibt auf dem Sandbad den größten Teil der Schwefelsäure, löst nach dem Erkalten den Rückstand in 2—4 ccm Wasser und gießt die klare Lösung in ein Reagenzglas. Dann setzt man

---

[1]) Als Natriumtitanat.

einige Kubikzentimeter Wasserstoffsuperoxyd hinzu [1]), wodurch die Lösung bei Gegenwart von Vanadin gelbrot bis dunkelrot gefärbt wird.

Will man Vanadin neben Chrom nachweisen, schüttelt man die mit Wasserstoffsuperoxyd versetzte Lösung mit Äther. Durch Blaufärbung der ätherischen Lösung wird Chrom angezeigt, während die wässerige Lösung durch Vanadin gelbrot bis dunkelrot gefärbt wird.

Phosphor.

Auf trockenem Wege kann man die Phosphorsäure nach dem von Bunsen angegebenen Verfahren nachweisen.

Die durch Erhitzen völlig entwässerte Probe schüttet man in den strohhalmdick ausgezogenen, unten zugeschmolzenen Teil einer Glasröhre und fügt ein mehrere Millimeter langes Stückchen Magnesiumdraht hinzu, das von der Probe bedeckt sein muß. Nun erhitzt man die Stelle, wo das Magnesium sich befindet mit Hilfe des Lötrohrs oder der Bunsenflamme, wobei meistens ein Aufleuchten infolge der Bildung von Phosphormagnesium eintritt. Nach dem Erkalten zerschlägt man den geschmolzenen Teil der Glasröhre zwischen Papier, bringt die Masse auf ein Uhrglas oder in eine kleine Porzellanschale und befeuchtet mit wenig Wasser. Bei Gegenwart von Phosphorsäure entsteht der sehr charakteristische Geruch des Phosphorwasserstoffs. (Geruch nach faulen Fischen.)

Will man sich über die ungefähre Menge der Phosphorsäure ein Bild verschaffen, so verfährt man auf nassem Wege folgendermaßen: Man löst die Probe in einer Porzellanschale in Salzsäure und setzt zur Oxydation des Eisens etwas Salpetersäure hinzu, dampft ab und nimmt den Rückstand mit Salpetersäure auf, verdünnt mit wenig Wasser und filtriert. Das Filtrat übersättigt man schwach mit Ammoniak, löst den Niederschlag in wenig Salpetersäure und setzt ungefähr das gleiche Volumen Molybdänlösung hinzu [2]). Darauf schüttelt man tüchtig um und erwärmt die Lösung auf ungefähr 50⁰[3]). Bei viel Phosphorsäure entsteht sogleich, bei wenig erst nach einiger Zeit ein gelber Niederschlag von phosphormolybdänsaurem Ammon.

Enthält das Erz Titansäure, so entsteht mit Molybdänsäure ein weißer Niederschlag, der den Nachweis der Phosphorsäure erschwert. In diesem Falle glüht man das Erz im Platintiegel mit der gleichen Menge Natriumkarbonat, laugt die gesinterte Masse mit heißem Wasser aus und filtriert. Der Rückstand enthält die Titansäure; im Filtrat befindet sich die Phosphorsäure, die nach Ansäuern der Lösung mit Salpetersäure durch Molybdänlösung, wie oben angegeben, nachzuweisen ist.

---

[1]) Der Zusatz darf nur tropfenweise unter Umschütteln geschehen, weil ein Überschuß des Reagens teilweise Entfärbung bewirkt.

[2]) Bereitung der Molybdänlösung, siehe S. 173.

[3]) Erwärmt man über 60⁰, so fällt Molybdänsäure aus. Enthält die Lösung Arsensäure, so darf man nicht über 40⁰ erhitzen, weil sonst die Arsensäure mit Molybdänlösung einen ähnlichen Niederschlag wie die Phosphorsäure erzeugt.

Titan.

Enthält die Probe nicht zu geringe Mengen Titan (über 0,5 %), so kann man dasselbe vor dem Lötrohr in der Phosphorsalzperle nachweisen. Zu diesem Zweck löst man eine nicht zu geringe Menge der Probe in der Phosphorsalzperle auf und behandelt sie einige Zeit mit der Reduktionsflamme. Bei Anwesenheit von Titan färbt sich die Perle nach der Abkühlung mehr oder weniger braunrot. Bei geringen Mengen von Titan schmilzt man die Probe im Platintiegel mit der 15fachen Menge Kaliumbisulfat ungefähr 30 Minuten bei dunkler Rotglut. Nach dem Erkalten bringt man die Schmelze aus dem Tiegel heraus und löst sie unter Zerreiben in einem Porzellanmörser in einer reichlichen Menge kalten Wassers. Die Lösung gießt man in ein Becherglas oder Reagenzglas, setzt einige Tropfen Schwefelsäure 1 : 1 und wenige Kubikzentimeter Wasserstoffsuperoxyd dazu, wodurch sich die Lösung bei Gegenwart von Titan gelb bis gelbbraun färbt[1]). Chromsäure, Vanadinsäure oder Molybdänsäure dürfen nicht zugegen sein, weil sie mit Wasserstoffsuperoxyd ebenfalls Färbungen geben.

Sind diese Körper zugegen, so löst man die Schmelze in kaltem Wasser, setzt Soda hinzu, bis eine geringe Trübung von $Ti(OH)_4$ dauernd auftritt, fügt tropfenweise so lange Schwefelsäure hinzu, bis der Niederschlag sich eben löst, verdünnt reichlich mit Wasser (100—200 ccm) und kocht ½ Stunde. Die ausgefallene körnige Metatitansäure filtriert man, wäscht das Filter etwas aus, verascht es im Platintiegel und prüft den Rückstand in der Phosphorsalzperle.

Reine Titansäure färbt die Perle im Reduktionsfeuer violett.

Baryum und Strontium.

Man löst die Probe in einer Porzellanschale in Salzsäure und dampft die größte Menge der freien Säure ab, verdünnt mäßig mit Wasser, erhitzt ohne vorher zu filtrieren, zum Sieden, setzt einige Kubikzentimeter verdünnte Schwefelsäure hinzu, läßt absetzen und filtriert. Den Rückstand wäscht man mit salzsäurehaltigem Wasser aus, bringt einen Teil davon an das Öhr eines Platindrahtes und hält ihn in die Lötrohr- oder Bunsenflamme. Baryum färbt die Flamme gelbgrün, Strontium purpurrot.

Um zu unterscheiden, ob die Körper als unlösliche Sulfate oder als lösliche Karbonate im Erz enthalten sind, filtriert man die salzsaure Lösung, ohne vorher Schwefelsäure zuzusetzen, und prüft Rückstand und Filtrat gesondert in der Flamme. Im Filtrat kann man beide Körper durch Schwefelsäure ausfällen und den Niederschlag prüfen.

---

[1]) Zweckmäßig entfärbt man die Lösung vor dem Zusatz von Wasserstoffsuperoxyd durch Hinzufügen von Phosphorsäure. Phosphorsaures Eisenoxyd ist fast farblos.

Die quantitative Untersuchung.

Eisen.

Methode von Zimmermann-Reinhardt[1]).

Wesen der Methode. Die Methode beruht auf der leichten Reduzierbarkeit des Ferrichlorids durch Zinnchlorür in der Siedehitze zu Ferrochlorid[2]) und nachfolgender Oxydation des Ferrochlorids durch Kaliumpermanganat zu Ferrichlorid in der Kälte[3]).

Ausführung. Man löst 0,5—1 g Erz[4]) im Erlenmeyerkolben in 25 ccm Salzsäure (spez. Gewicht 1,19) unter Erwärmen auf[5]). Nach dem Lösen[6]) setzt man 25 ccm heißes Wasser zu der Lösung, erhitzt zum Sieden und setzt, ohne vorher zu filtrieren, tropfenweise Zinnchlorürlösung[7]) hinzu, bis die Lösung hellgelb gefärbt ist. Dann erhitzt man wieder bis eben zum Sieden und setzt noch wenige Tropfen Zinnchlorürlösung hinzu, bis die Lösung farblos ist. Man muß bestrebt sein, mit einem möglichst geringen Überschuß von Zinnchlorür auszukommen. Dann kühlt man die Lösung ab und setzt 25 ccm Quecksilberchloridlösung[8]) hinzu, schwenkt gut um, wartet 1—2 Minuten, gießt die Lösung in eine 1 ½ Liter fassende Porzellanschale, spült den Kolben mit Wasser einige Male aus, gibt in die Schale 60 ccm Mangansulfatlösung[9]), verdünnt mit 1 Liter kaltem Wasser und titriert mit Kaliumpermanganat[10]) auf Rot. Die rote Farbe muß kurze Zeit bleiben. Später verschwindet die rote Farbe wieder infolge der Einwirkung des Permanganats auf Merkurochlorid. Von wesentlichem Einfluß auf den Verbrauch der Permanganatlösung ist es, ob man die Lösung langsam oder schnell zufließen läßt. Um genaue Resultate zu erhalten, muß man wie bei der Titerstellung arbeiten.

---

[1]) Siehe S. 183.　　[2]) $2\,FeCl_3 + SnCl_2 = 2\,FeCl_2 + SnCl_4$.

[3]) In schwefelsaurer Lösung verläuft die Reaktion nach folgender Gleichung: $10\,FeSO_4 + 2\,KMnO_4 + 8\,H_2SO_4 = 5\,Fe_2(SO_4)_3 + K_2SO_4 + 2\,MnSO_4 + 8\,H_2O$.

[4]) Enthält das Erz organische Substanzen, so muß man diese vor dem Auflösen durch schwaches Glühen bei Luftzutritt im Porzellantiegel zerstören. Anfangs bedeckt man den Tiegel, um ein Verstäuben durch entweichendes Wasser zu verhüten. (S. 6.)

[5]) Anfangs bei gelinder Temperatur, später erhitzt man bis nahe zum Sieden, aber ohne zu kochen. Die verdampfte Säure ersetzt man durch frische. Man darf nicht bis zur Trockene verdampfen, da dann Ferrichlorid sich verflüchtigen kann, das schon bei starkem Kochen eintritt. Siehe S. 4 „Das Auflösen".

[6]) Wenn die Säure stark abgedampft ist, gibt man vor dem Verdünnen mit Wasser 15—20 ccm Salzsäure (spez. Gewicht 1,24) hinzu. Ein Säureüberschuß ist nötig, um die Ausscheidung von basischem Zinnsalz zu verhindern und um die Entfärbung deutlich zu machen.

[7]) Bereitung der Zinnchlorürlösung siehe S. 172.

[8]) Bereitung der Quecksilberchloridlösung siehe S. 173.

[9]) Bereitung der Mangansulfatlösung siehe S. 173.

[10]) Bereitung der Kaliumpermanganatlösung siehe S. 170.

Mangan.

Methode von Volhard-Wolff.

Wesen der Methode. Das in neutraler Lösung enthaltene Manganosalz (Manganchlorür) wird durch Kaliumpermanganat zu Mangansuperoxyd[1]) oxydiert. (Siehe S. 186.)

Ausführung. Für ein schnelles Arbeiten ist es nötig, durch eine Vorprobe den ungefähren Verbrauch an Kaliumpermanganat festzustellen, um dann in einer zweiten Probe die endgültige Menge zu ermitteln. Man löst daher am besten eine größere Menge Erz, füllt die Lösung auf ein bestimmtes Volumen auf und entnimmt davon für die Titration aliquote Teile.

In einem mit einem kleinen Trichter bedeckten Erlenmeyerkolben löst man das Erz in Salzsäure vom spez. Gewicht 1,19[2]), spült die Lösung nach dem Abkühlen, ohne zu filtrieren, in einen Meßkolben von 500 ccm, füllt mit Wasser bis zur Marke auf, mischt durch langsames Umschwenken des Kolbens, entnimmt mit einer Pipette für jede Titration 100 ccm und bringt die Lösung in einen großen Erlenmeyerkolben von ungefähr 1½ Liter Inhalt.

Die Einwage richtet sich nach dem Mangangehalt des Erzes. Von eigentlichen Manganerzen wägt man 0,5—1 g ein und löst in 20 bis 25 ccm Salzsäure. Von manganhaltigen Eisenerzen wägt man 3—5 g ein und verwendet zum Lösen 50—80 ccm Salzsäure.

Die in dem Erlenmeyerkolben befindliche Lösung erhitzt man zum Sieden, oxydiert etwa vorhandenes Eisenoxydul[3]) mit einigen Tropfen Salpetersäure und kocht, bis der Geruch nach Chlor verschwunden ist. Darauf verdünnt man Manganerzlösungen mit ungefähr 300 ccm Wasser, Eisenerzlösungen mit ungefähr 500 ccm Wasser, erwärmt auf etwa 50° und setzt zu der Lösung nach und nach in Wasser aufgeschlämmtes Zinkoxyd[4]) unter häufigem Umschütteln hinzu, bis das Eisenhydroxyd sich in großen Flocken abscheidet und die Flüssigkeit nach dem Absetzen des Niederschlages farblos erscheint[5]). Hat man zuviel Zink-

---

[1]) Die Reaktion verläuft nach folgender Gleichung: $3\,MnO + Mn_2O_7$ $= 5\,MnO_2 \cdot 3\,MnCl_2 + 2\,KMnO_4 + 2\,H_2O = 2\,KCl + 5\,MnO_2 + 4\,HCl$.

[2]) Ist der Rückstand nicht rein weiß, so setzt man einige Tropfen Flußsäure hinzu. Siehe S. 5, Anm. 2.

[3]) Zur Prüfung auf Eisenoxydul bringt man einen Tropfen der verdünnten Eisenlösung mit einem Tropfen einer 2%igen Ferrizyankaliumlösung auf einer weißen Porzellanplatte zusammen. Enthält die Lösung Eisenoxydul, so tritt Blaufärbung ein. Andernfalls tritt keine Farbenänderung ein. Beide Lösungen müssen verdünnt angewendet werden. Andernfalls kann die Blaufärbung auch in einer oxydulfreien Lösung eintreten. Da eine Lösung von Ferrozyankalium nicht haltbar ist, bereitet man die Lösung kurz vor dem Gebrauch. Das Salz muß ganz frei von Ferrozyankalium sein. Dies ist nicht immer der Fall, da es durch die Einwirkung von Staub oberflächlich in Ferrozyankalium übergeht. Man spüle daher die Kristalle erst einige Male mit Wasser ab und benutze das so gereinigte Salz zur Lösung.

[4]) Siehe S. 186.

[5]) Der Eisenhydroxydniederschlag muß dunkelbraun aussehen. Ist der Niederschlag hell gefärbt, so enthält er viel Zinkoxyd. Die Folge davon ist, daß die Endreaktion nicht deutlich zu erkennen ist.

oxyd zugesetzt, so sieht die überstehende Flüssigkeit milchig aus. In diesem Falle gibt man unter Umschütteln vorsichtig einige Tropfen Salzsäure hinzu, bis die Flüssigkeit klar geworden ist. Am Boden des Kolbens muß aber ein geringer Überschuß von Zinkoxyd vorhanden sein. Darauf erhitzt man, ohne vorher zu filtrieren, zum Sieden und setzt für die Vorprobe gleich 1—2 ccm Kaliumpermanganatlösung hinzu, schwenkt tüchtig um, stellt den Kolben schräg auf eine Bank (Abb. 4), läßt absetzen, um zu sehen, ob die überstehende Flüssigkeit rot gefärbt ist. Ist dies noch nicht der Fall, so erhitzt man wieder zum Sieden, setzt von neuem Kaliumpermanganatlösung hinzu und fährt so fort, bis die Rotfärbung eintritt.

Hat die Vorprobe ergeben, daß die Rotfärbung bei einem Zusatz von 12 ccm deutlich erscheint, während bei einem Zusatz von 10 ccm die überstehende Flüssigkeit noch farblos war, so nimmt man eine zweite Probe von 100 ccm aus dem Meßkolben, versetzt mit Zinkoxyd, kocht auf, setzt auf einmal 10 ccm Kaliumpermanganat hinzu, schwenkt tüchtig um und läßt absitzen, um sich zu überzeugen, daß die Rotfärbung noch nicht eingetreten ist, erhitzt wieder zum Sieden, setzt einige Tropfen Kaliumpermanganatlösung hinzu und fährt so fort, bis die überstehende Flüssigkeit ganz schwach rosa erscheint. Die Farbe muß einige Zeit bestehen bleiben.

Abb. 4.

Einen erhöhten Verbrauch an Permanganat verursachen Chrom und Kobalt. Bei Chrom läßt sich der störende Einfluß durch Filtrieren des Eisenhydroxydniederschlags vollkommen beseitigen, bei Kobalt nur teilweise.

In jedem Fall ist das Filtrieren bei genauen Untersuchungen zu empfehlen. Die hierfür benutzten Filter sind darauf zu prüfen, ob sie nicht Substanzen enthalten, die auf Permanganat reduzierend wirken. Nötigenfalls ist vorheriges Waschen mit heißem Wasser vorzunehmen.

Oftmals verfährt man auch so, daß man einen Überschuß von Permanganatlösung zusetzt und diesen mit arseniger Säure (S. 187) oder mit Manganosulfatlösung zurücktitriert.

Phosphorsäure.

Wesen der Methode. Die in der salpetersauren Erzlösung enthaltene Orthophosphorsäure wird durch Molybdänlösung als gelbes Triammoniumphosphordodekamolybdat von der Zusammensetzung

$$(NH_4)_3PO_4 \cdot 12\,MoO_3 + 21(NH_4)NO_3 + 12\,H_2O$$

gefällt. Die in dem Niederschlag enthaltene Phosphorsäure wird entweder gewichtsanalytisch oder titrimetrisch bestimmt (siehe S. 17 und 21).

Bestimmung in arsen- und titanfreien Erzen.

Ausführung. 1—2 g Erz werden in einer Porzellanschale in ungefähr 25 ccm Salzsäure (spez. Gewicht 1,19) gelöst und die Lösung zu Trockene verdampft, die trockene Masse 20—30 Minuten lang auf 130° erwärmt, um die Kieselsäure unlöslich zu machen [1]), nach dem Erkalten mit ungefähr 15 ccm Salzsäure (1,19 spez. Gewicht) übergossen, 10 Minuten lang bedeckt auf einem kochenden Wasserbad erwärmt [2]) und nachdem mit 50 ccm Wasser verdünnt. Die abgekühlte Lösung wird filtriert [3]) und in einer halbkugelförmigen Porzellanschale bis auf ein geringes Volumen eingedampft. Das Filter wird zuerst mit kaltem salzsäurehaltigem Wasser gewaschen, bis die Flüssigkeit im Trichterrohr nicht mehr gelb gefärbt ist [4]), dann mit heißer Salzsäure (spez. Gewicht 1,124) vom Rande her einige Male befeuchtet und schließlich mit kaltem Wasser salzsäurefrei gewaschen. Beim Eindampfen der Lösung tut man gut, die Schale auf dem Wasserbad durch Einlegen von Ringen nach und nach höher zu stellen, damit die heißen Wasserdämpfe die Schale nur dort treffen, wo sich im Innern die Lösung befindet. Hierdurch vermeidet man, daß Eisenchlorid sich zu basischen Salzen zersetzt, die sich später in Salpetersäure schwer lösen würden. Darauf stellt man die Schale auf ein Drahtnetz, bedeckt mit einem Uhrglas, erhitzt bis eben zum Sieden, entfernt die Flamme und setzt zur Oxydation des Eisenoxyduls 5—7 ccm Salpetersäure (spez. Gewicht 1,4) hinzu (siehe S. 64), kocht, bis die nitrosen Dämpfe verschwunden sind, und dampft auf dem Wasserbad soweit wie möglich ein, löst das Eisenchlorid in 20 ccm Salpetersäure (spez. Gewicht 1,2), setzt Ammoniak bis zum Entstehen eines geringen bleibenden Niederschlages hinzu, löst diesen in wenig Salpetersäure und setzt zu der nicht über 50°—55° heißen Lösung je nach der Phosphorsäuremenge 50—75 ccm Molybdänlösung [5]) hinzu. Nach etwa drei Minuten setzt man festes Ammonnitrat hinzu (für je 10 ccm verbrauchte Molybdänlösung 2 g Salz), rührt bis das Salz sich gelöst hat, erwärmt auf 50°—55° [6]) und filtriert nach 45 Minuten [7]). Der Niederschlag wird mit Wasser, dem 2 % Salpetersäure (spez. Gewicht 1,2) und 5 % Ammoniumnitrat zugesetzt ist, eisenfrei gewaschen. Der Niederschlag kann auf verschiedene Weise weiter behandelt werden.

---

[1]) Hierbei geht das Kieselsäurehydrat infolge einer Deshydratisierung in die unlösliche Modifikation über.

[2]) Dies ist notwendig, um die basischen Salze, die sich beim Erhitzen bilden und in Wasser unlöslich sind, wieder in Lösung zu bringen. Ein längeres Erhitzen würde die Kieselsäure zum Teil wieder löslich machen.

[3]) Die Kieselsäure muß vorher abgeschieden werden, weil sie mit Molybdänlösung ebenfalls einen Niederschlag gibt.

[4]) Wäscht man gleich mit heißem Wasser, so bilden sich leicht basische Eisensalze, die sich schwer auswaschen lassen.

[5]) Bereitung der Molybdänlösung siehe S. 173.

[6]) Erhitzt man die Lösung über 60°, so scheidet sich Molybdänsäure mit aus.

[7]) Einen kleinen Teil der filtrierten Lösung versetzt man mit $^1/_4$ Volumen Molybdänlösung, erwärmt auf 50° und überzeugt sich, daß keine Fällung mehr eintritt. Andernfalls setzt man noch mehr Molybdänlösung hinzu.

Nach Finkener löst man den Niederschlag in schwach erwärmtem Ammoniak, bringt die Lösung in einen unter den Trichter gestellten geräumigen gewogenen Porzellantiegel, dampft die Lösung auf dem Wasserbade bis auf ungefähr 10 ccm ab[1]), fällt durch einige Tropfen Salpetersäure den gelben Niederschlag wieder aus und dampft zur Trockene. Darauf stellt man den Tiegel auf einen Finkenerturm (Abb. 5) und vertreibt das salpetersaure Ammon, indem man nach und nach die Flamme vergrößert und das untere, evtl. auch das zweite Drahtnetz herausnimmt. Um sich zu überzeugen, daß die Ammonsalze fortgeraucht sind, legt man auf den Tiegel ein kaltes trockenes Uhrglas, das nach einer ¼ Minute keinen Beschlag von Ammonsalzen zeigen darf. Den noch über 100° warmen Tiegel stellt man in einen Schwefelsäureexsikkator und wägt nach einer ½ Stunde das stark hygroskopische Salz im bedeckten Tiegel.

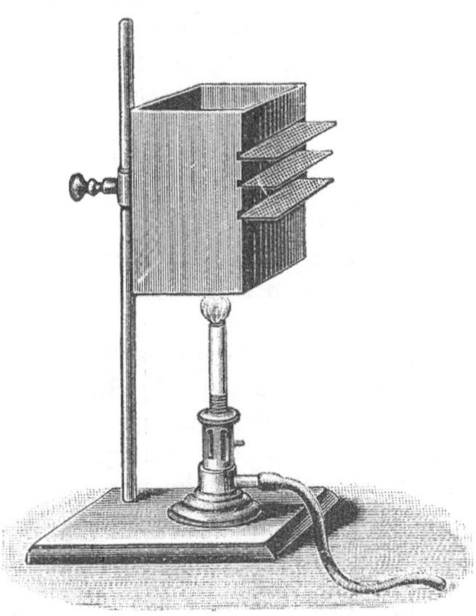

Abb. 5.

Das gelbe Salz hat die Zusammensetzung $(NH_4)_3PO_4 \cdot 12\,MoO_3$, es enthält 3,76% P_2O_2 oder 1,64% P.

Hat man den Tiegel zu stark erhitzt, so kann durch teilweise Reduktion von Molybdänsäure der Niederschlag blaugrün geworden sein. Eine schwache Färbung hat jedoch auf das Resultat keinen merklichen Einfluß.

Ist der gelbe Niederschlag bedeutend, so ist es nicht gut möglich, ihn in so wenig Ammoniak zu lösen, daß der Tiegel die Lösung aufnimmt. In diesem Fall spritzt man den Niederschlag mit möglichst wenig Wasser in einen gewogenen Tiegel, dampft zur Trockene ein, erhitzt auf dem Finkenerturm und verfährt wie oben angegeben. Den am Filter haftenden und in der Schale zurückgebliebenen Rest löst man in Ammoniak, bringt die Lösung in einen zweiten gewogenen Tiegel und verfährt wie oben angegeben.

In einigen Hüttenlaboratorien wird der gelbe Niederschlag nicht vom Filter gelöst und dann weiter behandelt, sondern man verascht das Filter samt Niederschlag bei niedriger Temperatur nach dem Vorschlag von Meinecke folgendermaßen. Das Filter wird mit der Spitze nach oben in einen Porzellantiegel gebracht und das Filter bei möglichst niedriger Temperatur verkohlt und schließlich durch öfteres Drehen des Tiegels und Bedecken desselben zur Hälfte mit einem Porzellan-

---

[1]) Nicht zur Trockene. Das Abdampfen hat den Zweck, das überschüssige Ammoniak zu entfernen. Andernfalls würde beim Zusatz von Salpetersäure sehr viel Ammonnitrat entstehen, dessen spätere Vertreibung viel Zeit beansprucht.

deckel langsam verascht. Vielfach geschieht das Veraschen des Filters auch in einer höchstens 500° heißen Muffel. Der Rückstand sieht blau aus und enthält 1,722 % Phosphor.

Enthält das Erz Vanadinsäure, so bekommt die über dem Niederschlag befindliche Lösung eine rotgelbe Farbe, und mit dem Phosphor fällt ein Teil des Vanadins aus. In diesem Fall verfährt man folgendermaßen [1]):

Den ausgewaschenen Niederschlag, der ohne Zusatz von festem Ammonnitrat gefällt wurde, löst man in verdünntem Ammoniak, sammelt die Lösung und das Waschwasser in einem Becherglas von etwa 150 ccm Inhalt und dampft darin bis auf etwa 20 ccm ein, wenn die Flüssigkeit ein größeres Volumen haben sollte. Während des Eindampfens gibt man von Zeit zu Zeit einen Tropfen Ammoniak hinzu, wobei die Lösung, falls sie gelb geworden sein sollte, wieder farblos werden muß. Zu der abgekühlten schwach ammoniakalischen Lösung gibt man 5—6 g reines festes Chlorammonium, rührt eine Zeitlang kräftig um, damit die Lösung sich rasch mit Chlorammonium sättigt. Ein kleiner Rest von Chlorammon darf ungelöst bleiben. Ist die vorhandene Vanadinsäuremenge nicht zu gering, so wird die Flüssigkeit beim raschen Lösen des Chlorammoniums milchig trübe und scheidet Ammoniummetavanadat als feinflockigen Niederschlag ab. Nach etwa 6 Stunden ist die Fällung beendet.

Der Niederschlag wird filtriert und mit Chlorammoniumlösung aus gewaschen [2]), bis das Durchlaufende mit Molybdänlösung nicht mehr auf Phosphorsäure reagiert. Das Filtrat wird mit Salpetersäure schwach angesäuert und die Phosphorsäure durch Molybdänlösung gefällt. Wegen der anwesenden großen Chlorammoniummengen enthält der gelbe Niederschlag überschüssige Molybdänsäure. Man löst deshalb den Niederschlag in verdünntem Ammoniak und fällt die Phosphorsäure nach der Methode von Jörgensen mit Magnesiamischung [3]).

Bei geringen Phosphormengen tut man gut, den ausgewaschenen Niederschlag von phosphorsaurer Ammoniakmagnesia in Salpetersäure zu lösen und in dieser Lösung die Phosphorsäure mit Molybdänlösung zu fällen (siehe S. 127, Anm. 6).

Bestimmung in arsenhaltigen Erzen [4]).

Nach vorheriger Abscheidung des Arsens.

Den durch Molybdänlösung gefällten gelben Niederschlag, der Phosphorsäure und Arsensäure enthält, wäscht man aus, löst ihn in Ammoniak und fügt tropfenweise zu der kalten Lösung so lange Magnesiamischung [5]) hinzu, als noch ein Niederschlag entsteht, wobei man die Lösung mit einem Glasstab umrührt, ohne die Wände des Becherglases

---

[1]) Bauer-Deiß: Probenahme und Analyse von Eisen und Stahl. 2. Aufl. Berlin: Julius Springer 1922.

[2]) 250 g Chlorammonium in Wasser zu 1 Liter gelöst.   [3]) Siehe S. 127.

[4]) Arsensäure gibt mit Molybdän ebenfalls eine Fällung.

[5]) Bereitung der Magnesiamischung siehe S. 174.

zu berühren. Dann fügt man nach und nach unter Umrühren ⅓ des Volumens der Lösung an Ammoniak (spez. Gewicht 0,96) hinzu. Nach zwölfstündigem Stehen (am besten unter einer Glasglocke) filtriert man den Niederschlag und wäscht ihn mit einem Gemisch von 1 Teil Ammoniak (spez. Gewicht 0,96) und 3 Teilen Wasser aus [1]. Die Hauptmenge des Niederschlages spritzt man mit möglichst wenig Wasser in ein Becherglas, löst ihn in wenig Salzsäure, gießt die Lösung durch das Filter, um den daran haftenden Rest zu lösen, und wäscht das Filter mit Wasser aus. Die salzsaure Lösung erwärmt man auf 70°, leitet Schwefelwasserstoff bis zum Erkalten der Lösung ein, filtriert das ausgefällte Schwefelarsen nach einigen Stunden ab und wäscht es mit schwach schwefelwasserstoffhaltigem Wasser aus. Das Filtrat kocht man zur Vertreibung des Schwefelwasserstoffes, dampft bis auf ein kleines Volumen ein und fällt die Phosphorsäure, wie oben beschrieben. Nach dem Auswaschen trocknet man das Filter, bringt die Hauptmenge des Niederschlages herunter (auf schwarzes Glanzpapier) und löst den Rest durch heiße verdünnte Salpetersäure in einen gewogenen Porzellantiegel, dampft die Lösung auf dem Wasserbade ein, glüht zuerst vorsichtig und schließlich stark, bis der Niederschlag weiß erscheint. Nach dem Erkalten des Tiegels wird die Hauptmenge dazugebracht und der Tiegel ¼ Stunde lang stark geglüht [2]. Nach ½ Stunde wird das Magnesiumpyrophosphat $Mg_2P_2O_7$ gewogen. Es enthält 63,79 % P_2O_5 oder 27,87 % P.

Nach vorheriger Verflüchtigung des Arsens.

Wesen der Methode. Versetzt man eine Eisenchloridlösung, die Arsensäure und Phosphorsäure enthält, mit reiner Bromwasserstoffsäure und dampft auf dem Wasserbad ein, so wird das Arsen (wahrscheinlich als Arsentribromid) verflüchtigt [3]. Die Arsensäure braucht nicht durch besondere Mittel vorher reduziert zu werden. Die Phosphorsäure bleibt quantitativ zurück, und ihre Fällung durch Molybdänlösung wird durch die Eisenbromide nicht beeinflußt.

Ausführung. Das salzsaure Filtrat von der Kieselsäure wird nach dem Oxydieren des Eisens und Abdampfen der Salpetersäure mit Wasser mäßig verdünnt [4] und unter Umrühren vorsichtig mit 10—20 ccm

---

[1] Man muß mit verdünntem Ammoniak auswaschen, weil der Niederschlag durch reines Wasser zersetzt wird. Nachdem aber die Salze verdrängt sind, ist er auch in der Waschflüssigkeit etwas löslich. Daher muß man unnötig langes Auswaschen vermeiden und öfters auf Chlor prüfen, ob der Niederschlag ausgewaschen ist.

[2] Das Lösen des Niederschlags vom Filter ist vorteilhaft, weil das mit Salzen getränkte Papier sehr schwer verbrennt und der Niederschlag dann grau aussieht.

[3] Bauer-Deiß: Probenahme und Analyse von Eisen und Stahl. 2. Aufl. Berlin: Julius Springer 1922. — Pufahl in Lunge-Berl.: Chemisch-technische Untersuchungsmethoden, II. Bd., 7. Aufl. Berlin: Julius Springer 1922.

[4] Gibt man zu der konzentrierten Eisenchloridlösung Bromwasserstoffsäure, so kann infolge Bildung von Chlorwasserstoffsäure durch Spritzen leicht ein Verlust eintreten.

reiner Bromwasserstoffsäure[1]) (spez. Gewicht 1,49, etwa 48 % HBr enthaltend) versetzt. Die Lösung dampft man auf dem Wasserbad zur
Trockene ein, nimmt den dunkelrot aussehenden Rückstand mit wenig
Salpetersäure auf und fällt die Phosphorsäure mit Molybdänlösung
nach der Finkenerschen Methode.

Bestimmung in titanhaltigen Erzen.

Wesen der Methode. Beim Lösen des Erzes in Salzsäure geht ein
Teil der Titansäure in Lösung und wird zusammen mit der Phosphorsäure durch Molybdänlösung gefällt. Man muß deshalb vor der Fällung
der Phosphorsäure die Titansäure abscheiden. Dies geschieht durch
Schmelzen des Erzes mit Natriumkarbonat, wobei sich in Wasser unlösliches Natriumtitanat bildet. Im Filtrat hiervon fällt man dann die
Phosphorsäure.

Ausführung. 1—2 g Erz schmilzt man mit dem 6—8fachen Gewicht
Natriumkarbonat. Nach dem Erkalten bringt man die Schmelze in eine
Porzellanschale, übergießt sie mit Wasser und erhitzt schwach, bis sie
vollkommen zerfallen ist. Das Ungelöste filtriert man und wäscht das
Filter mit warmem Wasser aus. Das Filtrat säuert man in einer Porzellanschale mit Salzsäure an, dampft zur Trockene ein und scheidet die
Kieselsäure ab[2]). Den Rückstand befeuchtet man mit 1—2 ccm Salpetersäure (spez. Gewicht 1,2), setzt 30 ccm warmes Wasser hinzu, erwärmt
¼ Stunde bei bedeckter Schale auf dem Wasserbad, filtriert die Kieselsäure und wäscht sie mit Wasser aus. Das Filtrat dampft man auf ein
geringes Volumen ein und fällt in der klaren Flüssigkeit die Phosphorsäure mit Molybdänlösung, wie oben angegeben ist.

Titrimetrische Bestimmungen.

Titration mit Kaliumpermanganat.

Wesen der Methode. Da in dem gelben Phosphorsäureniederschlag
das Verhältnis des Phosphors zu der Molybdänsäure bekannt ist, so
kann man die Menge des Phosphors berechnen, wenn man die Menge
der Molybdänsäure bestimmt. Die Molybdänsäure wird zuerst durch
naszierenden Wasserstoff (entwickelt aus Zink und Schwefelsäure) zu
$Mo_{12}O_{19}$ reduziert und dieses Oxyd dann durch Kaliumpermanganat
zu MoO_3 oxydiert.

Ausführung. Den ausgewaschenen gelben Niederschlag spritzt man
mit Wasser vom Filter in einen Erlenmeyerkolben (½ Liter Inhalt),
löst den im Fällungsgefäß zurückgebliebenen Niederschlag in möglichst
wenig verdünntem Ammoniak (1:3) und gießt die Lösung durch das
abgespritzte Filter, um den darauf zurückgebliebenen Rest zu lösen,
und wäscht das Filter mit Wasser aus. Zu der Lösung gibt man darauf

---

[1]) Die Bromwasserstoffsäure (spez. Gewicht 1,49) enthält immer geringe
oder größere Mengen von Phosphorsäure. Man muß deshalb durch einen
blinden Versuch (Abdampfen der gleichen Menge und Fällen mit Molybdänlösung) den Gehalt an Phosphorsäure bestimmen.

[2]) Siehe S. 24.

ungefähr 10 g gekörntes Zink[1]) und 80 ccm verdünnte Schwefelsäure
(1:5), bedeckt die Öffnung des Kolbens mit einem kleinen Trichter
und stellt den Kolben 10 Minuten lang auf ein heißes Sandbad, wobei
man aber dafür sorgt, daß die Lösung nicht ins Kochen gerät. Nach
dieser Zeit filtriert man rasch durch ein großes Filter (10 cm Durchmesser), wäscht Kolben und Filter mit kaltem Wasser aus, bis die
Flüssigkeit im Trichterrohr farblos erscheint, und titriert mit Kaliumpermanganatlösung, bis die Lösung farblos und schließlich durch einen
Tropfen rosa gefärbt wird.

Der Titer der Permanganatlösung für Eisen multipliziert mit 0,0374
ergibt den Titer für Phosphorsäure. Mit 0,0163 multipliziert den für
Phosphor.

Nach dieser Methode bekommt man selten zufriedenstellende Resultate. Ich führe sie an, weil sie noch in einigen Laboratorien angewendet
wird[2]).

Titration mit Lauge[3]).

Wesen der Methode. Das gelbe Salz wird in einem Überschuß von
Lauge gelöst, und die überschüssige Lauge durch Säure zurückgemessen,
unter Anwendung von Phenolphthalein als Indikator.

Ausführung. Man fällt die Phosphorsäure, wie oben angegeben,
filtriert am besten durch eine Schicht von Filtermasse[4]) und wäscht den
Niederschlag und das Fällungsgefäß zuerst einige Male mit 2%iger
Salpetersäure (2—3mal) und schließlich mit möglichst wenig Wasser[5]),
bis das Durchlaufende nicht mehr sauer reagiert. (Prüfung mit Kongorot-
papier.) Nach dem Auswaschen bringt man die Filtermasse mit Hilfe
eines spitzen Glasstabes in das Fällungsgefäß zurück, entfernt den am

---

[1]) Da das Zink oftmals eine kleine Menge Eisen enthält, so entsteht
ein Mehrverbrauch an Permanganat. Um diesen zu ermitteln und in Abzug
bringen zu können, erwärmt man 10 g Zink 10 Minuten lang mit 80 ccm
verdünnter Schwefelsäure, filtriert und titriert mit Permanganat bis zur Rotfärbung. Die hierbei verbrauchte Menge zieht man von der bei der Phosphor-
titration verbrauchten ab.

[2]) Wdowiszewski schlägt eine Abänderung vor, nach der genaue
Resultate erhalten werden sollen. (Chemiker-Ztg. 1913, 37; 1069.)

[3]) Vgl. S. 174 und 190.

[4]) Die Filtermasse stellt man sich her, indem man Filtrierpapier (für
diesen Zweck braucht das Papier nicht aschefrei zu sein) in zahlreiche kleine
Stücke zerreißt, diese in ein Becherglas tut, mit Wasser übergießt und unter
häufigem Umrühren kocht. Mit einiger Übung trifft man bald den richtigen
Grad, bis zu dem das Papier aufgeweicht werden muß. Die Masse muß
dickbreiig sein. Zum Gebrauch tut man in einen Trichter zuerst einen
kleinen Pfropfen Glaswolle, hält diesen mit dem Finger fest und gießt etwas
von dem Brei darauf. Dann verrührt man in einem zweiten Becherglas
etwas Brei mit reichlich Wasser und gießt die gut umgerührte Masse in
den Trichter. Der Wasserfaden im Trichterrohr darf nicht reißen. Das
Filter muß so dicht sein, daß es den Niederschlag vollkommen zurückhält,
ohne das Filtrieren sehr zu verlangsamen. In den meisten Fällen genügt
eine Stärke von 5 mm. Dieses Filter hat den Vorteil vor einem gewöhnlichen Filter, daß selbst sehr fein verteilte Niederschläge zurückgehalten
werden, und außerdem das Auswaschen viel leichter auszuführen ist, so daß
man mit erheblich weniger Waschflüssigkeit auskommt.   [5]) Siehe S. 190.

Trichter haftenden Niederschlag mit etwas Fließpapier und verrührt den Niederschlag mit ungefähr 25—30 ccm Wasser. Darauf setzt man aus einer Bürette so viel gestellte Natronlauge zu, bis der gelbe Niederschlag sich unter Umrühren vollständig gelöst hat. Nach Zusatz einiger Tropfen Phenolphthaleinlösung, wodurch eine intensive Rotfärbung entsteht, titriert man den Überschuß der Lauge mit Salpetersäure zurück, d. h. bis die Flüssigkeit farblos wird. Aus dem Verbrauch an Lauge berechnet man den Phosphorgehalt (siehe S. 191).

Von der phosphorhaltigen Lösung verwendet man zweckmäßig nicht mehr, als etwa 0,05 g P_2O_5 entspricht, da das Auswaschen einer größeren Menge Niederschlag zu viel Zeit beansprucht, und etwas von dem Niederschlag durch Wasser gelöst wird.

Schwefel.

Wesen der Methode. Da es für den Hochofenbetrieb gleichgültig ist, ob der Schwefel in einem Erz als Sulfid oder Sulfat enthalten ist, bestimmt man stets den Gesamtschwefel, indem man allen Schwefel in Schwefelsäure überführt und letztere aus salzsaurer Lösung durch Chlorbarium als Bariumsulfat fällt und wägt.

Ausführung. Bei Abwesenheit von Titansäure übergießt man in einer flachen Porzellanschale 3 g Erz mit einem Gemisch von 20 ccm Salzsäure (spez. Gewicht 1,19) und 20 ccm Salpetersäure[1]) (spez. Gewicht 1,4), nachdem man dieses Säuregemisch vorher so weit erwärmt hat, daß es .eine gelbrote Farbe angenommen hat und sich Chlor entwickelt. Die Schale bedeckt man mit einem Uhrglas und erwärmt allmählich auf dem Wasserbad, bis das Chlor größtenteils ausgetrieben ist, darauf spritzt man das Uhrglas ab und dampft die Lösung zur Trockene ein. Nach dem Abkühlen löst man die Eisensalze in ungefähr 15 ccm Salzsäure (spez. Gewicht 1,19) unter Erwärmen auf und dampft nochmals zur Trockene ein, um die Salpetersäure vollständig zu entfernen und die Kieselsäure abzuscheiden. Nach dem Abkühlen gibt man wieder 15 ccm Salzsäure (spez. Gewicht 1,19) hinzu und dampft die Lösung bis auf etwa 5 ccm ein, um den Überschuß der Säure, der die vollständige Fällung der Schwefelsäure durch Chlorbarium erschweren würde, zu entfernen. Darauf verdünnt man mit ungefähr 50 ccm Wasser, filtriert und wäscht den Rückstand salzsäurefrei. Das Filtrat verdünnt man mit Wasser zu ungefähr 100—150 ccm. Dann fällt man das Eisen durch einen kleinen Überschuß von Ammoniak aus und setzt zu der siedend heißen Lösung ebenfalls siedend heiße verdünnte Chlorbarium- (10 ccm 10 %ige $BaCl_2$-Lösung mit 15 ccm Wasser verdünnt). Die ammoniakalische Flüssigkeit, in der jetzt Eisenhydroxyd und Bariumsulfat suspendiert sind, versetzt man mit so viel Salzsäure, daß das Eisen wieder in Lösung geht, prüft mit einem Tropfen Chlorbariumlösung, ob alle Schwefelsäure gefällt ist, stellt das Becherglas auf ein kochendes Wasserbad und filtriert nach 6 Stunden. Das Bariumsulfat wäscht

---

[1]) Man kann auch Bromsalzsäure zum Lösen des Erzes und zum Oxydieren des Schwefels anwenden.

man mit kochendem Wasser salzsäurefrei. Das Filter verascht man nach dem Trocknen in einem Porzellantiegel. Bariumsulfat enthält 13,74 % S resp. 34,30 % SO_3.

Bei Gegenwart von Titansäure und unlöslichen Sulfaten (Schwerspat) in größeren Mengen schmilzt man das Erz (2 g) zuerst gelinde, später bei mäßiger Rotglut 20—30 Minuten lang[1]) mit der 6—8fachen Gewichtsmenge Natriumkarbonat unter Zusatz von 0,5 g Natronsalpeter[2]), weicht die Schmelze mit warmem Wasser auf, filtriert und wäscht den Rückstand mit warmem Wasser[3]). Das Filtrat dampft man nach dem Ansäuern mit Salzsäure zur Trockene, um die Kieselsäure unlöslich zu machen, nimmt den Rückstand mit 15 ccm Salzsäure (spez. Gewicht 1,124) auf, dampft bis auf etwa 5 ccm ein, verdünnt mit ungefähr 100 ccm Wasser und filtriert. Das Filtrat verdünnt man mit Wasser auf ungefähr 200 ccm, erhitzt zum Sieden und fällt die Schwefelsäure, wie oben angegeben[4]).

Kieselsäure.

Wesen der Methode. Beim Auflösen des Erzes in Säuren bleibt die Kieselsäure als unlöslicher Rückstand zurück. Sie ist aber niemals rein, sondern enthält größere oder kleinere Mengen von Eisenoxyd, Manganoxyden, Tonerde, oftmals auch Titansäure, Chromoxyd, Barium- und Strontiumsulfat.

Man muß den Rückstand daher entweder mit Flußsäure behandeln, und die Kieselsäure als Fluorsilizium zu verflüchtigen und sie aus der Differenz bestimmen, oder sie durch Schmelzen mit Alkalien aufschließen und dann als reine Kieselsäure abscheiden. Bei Betriebsanalysen scheidet man die Kieselsäure selten rein ab, sondern bestimmt das in Salzsäure Unlösliche als „Rückstand".

Ausführung. 1—3 g Erz übergießt man in einem Becherglas mit 15—30 ccm Salzsäure (spez. Gewicht 1,19), erwärmt das mit einem Uhrglas bedeckte Becherglas auf einem Sandbad, bis das Erz zersetzt ist, verdünnt mit ungefähr 20—30 ccm Wasser, filtriert den Rückstand und wäscht ihn zuerst mit kaltem salzsäurehaltigen und zuletzt mit reinem Wasser aus, bis das Durchlaufende mit Silbernitrat keine Salzsäurereaktion mehr gibt[5]). Das Filter bringt man mit der Spitze nach oben noch feucht in einen gewogenen Platintiegel, bedeckt den Tiegel mit dem Deckel und erhitzt den Tiegel zuerst ganz allmählich, bis das Filter verkohlt ist. Dann nimmt man den Deckel ab, legt den Tiegel schräg und verbrennt die Filterkohle bei nach und nach gesteigerter

---

[1]) Bei sehr hoher Temperatur können Sulfate sich verflüchtigen.

[2]) Beide Salze müssen frei von Schwefelsäure sein. Man muß sich durch einen blinden Versuch hiervon überzeugen. Siehe S. 25.

[3]) Das Titan bleibt als unlösliches Natriumtitanat zurück.

[4]) Da hierbei das Filtrat eisenfrei ist, fällt das Ausfällen des Eisens durch Ammoniak fort.

[5]) Eine oft zu bemerkende dunkle Farbe des Rückstandes vor dem Glühen rührt von Staub her.

Temperatur. Zuletzt glüht man bei aufgelegtem Deckel einige Zeit (10—15 Minuten) mit der vollen Flamme eines Bunsenbrenners. Nachdem läßt man den Tiegel bedeckt im Exsikkator erkalten und wägt den „Rückstand" nach einer halben Stunde.

Will man die reine Kieselsäure bestimmen, übergießt man das Erz in einer flachen Porzellanschale mit Säure wie oben angegeben. Nachdem das Erz zersetzt ist, spritzt man das Uhrglas ab und verdampft zur Trockene, indem man zuletzt fleißig umrührt und die sich zuletzt bildenden klumpigen Massen, die im Innern feucht erscheinen, mit einem am Ende breitgedrückten Glasstab vollständig zerreibt. Dies wird so lange fortgesetzt, bis die Masse trocken ist. Darauf stellt man die Schale in einen Trockenschrank und erhitzt ½ Stunde lang auf 130⁰. Hierbei verliert die Kieselsäure das Wasser und wird unlöslich. Nach dem Erkalten durchfeuchtet man die Masse gleichmäßig mit 5—10 ccm Salzsäure[1]) (spez. Gewicht 1,124), erwärmt (unter einem Uhrglas) nicht länger als ¼ Stunde[2]), verdünnt mit ungefähr 100 ccm heißem Wasser und filtriert. Den Rückstand auf dem Filter wäscht man zuerst mit salzsäurehaltigem kalten Wasser[3]), bis das Durchlaufende nicht mehr gelb gefärbt erscheint. Dann träufelt man verdünnte heiße Salzsäure auf den Rand des Filters und wäscht schließlich den Rückstand mit kaltem Wasser salzsäurefrei. Den Rückstand glüht man im Platintiegel, wie vorher angegeben.

Die auf diese Weise erhaltene Kieselsäure ist niemals ganz rein. Um sie auf Reinheit zu prüfen, übergießt man die geglühte und gewogene Masse mit 2—3 ccm Wasser[4]), fügt 1—2 Tropfen konzentrierte Schwefelsäure[5]) hinzu und dann 5—6 ccm reine Flußsäure. Den Tiegel erhitzt man auf einem Wasserbad, bis keine Dämpfe mehr entweichen, legt dann den Tiegel schräg auf ein Dreieck, erhitzt über freier Flamme ganz allmählich und raucht so die freie Schwefelsäure ab. Wenn die überschüssige Schwefelsäure entfernt ist, glüht man mit der vollen Flamme eines Bunsenbrenners, wägt die zurückbleibenden Oxyde, zieht deren Gewicht von der oben erhaltenen Summe ab und erhält so die Menge der reinen Kieselsäure.

Ist das Erz frei von Titansäure und von Barium- und Strontiumsulfat, so besteht der Rückstand aus Eisenoxyd, Tonerde evtl. Manganoxyd und Kalziumsulfat.

---

[1]) Dies ist notwendig, um die basischen Salze, besonders von Fe, Al, Mg, die sich beim Erhitzen bilden und in Wasser unlöslich sind, wieder in Lösung zu bringen.

[2]) Länger darf man die Säure nicht einwirken lassen, weil sonst Kieselsäure wieder in Lösung geht.

[3]) Wäscht man gleich mit heißem Wasser, so bilden sich leicht basische Eisenchloride, die in Wasser unlöslich sind und sich auch beim nachträglichen Behandeln mit Salzsäure schwer lösen.

[4]) Man darf die Flußsäure niemals auf die trockene Kieselsäure gießen, weil die Masse stark aufbraust und Verluste entstehen würden.

[5]) Die Schwefelsäure soll das Eisenoxyd in Ferrisulfat überführen, das beim Glühen unter Abgabe von Schwefelsäure wieder in Oxyd übergeht. Ohne Zusatz von Schwefelsäure würde sich Eisenfluorid bilden, das beim Glühen flüchtig ist.

Aufschließen des Rückstandes durch Schmelzen mit Kaliumnatriumkarbonat.

Zu dem Rückstand bringt man die 5—6fache Gewichtsmenge Kaliumnatriumkarbonat[1]), mengt das Ganze mit einem angewärmten Glasstab gut durcheinander, verschließt den Tiegel mit dem Deckel und erhitzt ihn über einem Bunsenbrenner ganz gelinde, ohne daß der Tiegel ins Glühen kommt. Nach 5—10 Minuten erhitzt man den Tiegel von der Seite her bis zu ganz schwacher Rotglut und führt die Flamme allmählich um den Tiegel herum, so daß nur immer ein Teil der äußeren Tiegelwandung ins Glühen kommt, und hier der Inhalt zu schmelzen beginnt. Man vermeidet also, den Inhalt von der ganzen Bodenfläche aus zu erhitzen[2]). Ist der Inhalt ringsherum geschmolzen, erhitzt man vom Boden her und verstärkt die Hitze ganz allmählich auf helle Rotglut, bis die Masse ruhig fließt. Der Tiegel wird noch glühend heiß (bedeckt) auf einen blanken Eisenamboß gestellt und muß hierauf vollständig erkalten. Auf diese Weise läßt sich nach dem Erkalten die Schmelze durch leichtes Drücken des Tiegels herausbringen. Die geschmolzene Masse bringt man in eine flache Porzellanschale, gibt ungefähr 50 ccm heißes Wasser dazu und erhitzt die mit einem Uhrglas bedeckte Schale auf einem Wasserbad, bis die Schmelze ganz zerfallen ist. Die im Tiegel zurückbleibenden Reste behandelt man genau so und bedeckt zweckmäßig den Tiegel mit dem Deckel, um daran haftende Schmelze zu entfernen und gibt den Tiegelinhalt in die Schale. Läßt sich die Schmelze gar nicht oder nur teilweise aus dem Tiegel herausbringen, so legt man den Tiegel mit Deckel in eine halbkugelige Porzellanschale und gießt so viel heißes Wasser hinein, daß der Tiegel beinahe bedeckt ist. Von Zeit zu Zeit dreht man den Tiegel, damit wieder neue Teile mit der Flüssigkeit in Berührung kommen. Man stellt auch hier die Schale bedeckt auf ein heißes Wasserbad, bis die Schmelze vollkommen zerfallen ist. Tiegel und Deckel nimmt man mit einem Glasstab heraus und spritzt sie ab. In beiden Fällen wird die Schale vom Wasserbad genommen und in die mit einem Uhrglas bedeckte Schale nach und nach Salzsäure zugesetzt, bis das starke Aufbrausen nachläßt[3]).

---

[1]) Man verwendet das Gemenge beider Karbonate, weil dieses leichter schmilzt als das Na_2CO_3. Am leichtesten schmilzt ein Gemisch, in dem die Karbonate im Verhältnis ihrer Molekulargewichte gemischt sind. 106 Gewichtsteile Na_2CO_3 und 138 Gewichtsteile K_2CO_3. Das Gemisch muß in gut verschlossener Flasche aufbewahrt werden, weil das K_2CO_3 aus der Luft Wasser anzieht. Hierbei wird der Tiegel meistens etwas angegriffen, und es gehen Spuren von Platin in Lösung. Bei der titrimetrischen Bestimmung des Eisens nach der Reinhardtschen Methode wirkt das Platin störend. In diesem Fall benutzt man für den Aufschluß besser wasserfreies reines Na_2CO_3, oder verfährt, wie auf S. 5 angegeben ist.

[2]) Glüht man gleich den Tiegel vom Boden aus, so kommt der untere Teil des Gemisches ins Schmelzen und die entweichende Kohlensäure kann leicht ein Verstäuben des darüberliegenden Pulvers verursachen. Beim Erhitzen von der Seite aus bilden sich aber Kanäle, durch die die Kohlensäure leicht entweichen kann.

[3]) Läßt man die Schmelze nicht erst in Wasser zerfallen, sondern setzt gleich Salzsäure hinzu, so überzieht sich der Schmelzkuchen mit ausgeschiedener Kieselsäure und diese schützt das Innere vor dem Angriff der Salzsäure.

Dann erwärmt man die Schale wieder auf dem Wasserbad, bis die Kohlensäure ausgetrieben ist. (Die Flüssigkeit muß deutlich sauer reagieren.) Nun spritzt man das Uhrglas ab, verdampft zur Trockene und behandelt den Rückstand weiter, wie oben angegeben.

Enthielt das Erz Barium-, Strontium- und Kalziumsulfat, so bleiben die beiden ersten vollständig, das Kalziumsulfat teilweise mit der Kieselsäure zurück. In diesem Fall entfernt man die Kieselsäure durch Abrauchen mit Flußsäure und schmilzt den Rückstand, wie oben beschrieben, mit Kaliumnatriumkarbonat und läßt den Aufschluß in etwa 100 ccm heißem Wasser vollkommen zerfallen. Nach dem Erkalten filtriert man die Karbonate und wäscht sie mit kaltem Wasser, dem man etwas neutrales Ammoniumkarbonat zugesetzt hat, aus, bis das Durchlaufende auf einem Platinblech ohne Glührückstand verdampft. Das Filter samt Niederschlag bringt man in die Schale zurück und kocht die Karbonate 15 Minuten lang mit 200—300 ccm einer Lösung, bestehend aus 1 Teil Kaliumkarbonat und 6 Teilen Kaliumsulfat, gelöst in 60 Teilen Wasser und filtriert nach dem Absetzen. Den Rückstand, der aus Bariumsulfat, Strontium- und Kalziumkarbonat besteht, wäscht man mit kaltem Wasser, dem man etwas neutrales Ammoniumkarbonat zugesetzt hat, aus, bis das Durchlaufende auf Platinblech keinen Glührückstand hinterläßt. Die auf dem Filter befindlichen Salze behandelt man vorsichtig mit verdünnter warmer Salpetersäure und wäscht das Filter mit heißem Wasser aus. Im Filtrat befinden sich die Nitrate von Strontium und Kalzium, während auf dem Filter Bariumsulfat zurückbleibt. Dieses wird im Porzellantiegel geglüht und gewogen.

Die Nitrate dampft man in einer Porzellanschale unter andauerndem Rühren zur Trockene, setzt nach dem Erkalten 20 ccm absoluten Alkohol hinzu[1]) und verrührt damit etwa 15 Minuten lang[2]). Dann filtriert man und wäscht das Filter mit möglichst wenig absolutem Alkohol aus. Nach dem Trocknen bringt man die Hauptmenge vom Filter in einen geräumigen Porzellantiegel, löst den auf dem Filter zurückgebliebenen Rest mit heißem Wasser hinzu, verdampft zur Trockene, glüht anfangs sehr vorsichtig, zuletzt stark und wägt das Strontiumoxyd, SrO.

Den Kalk bestimmt man aus der Differenz oder dampft das Filtrat vom Strontiumnitrat zur Trockene[3]), nimmt den Rückstand mit Wasser auf und fällt den Kalk durch Ammoniumoxalat.

Tonerde.

Wesen der Methode[4]). Versetzt man eine eisenchloridhaltige neutrale Aluminiumsalzlösung mit einem Überschuß von Natriumthiosulfat

---

[1]) Man tut gut, dem Alkohol ⅓ des Volumens Äther hinzuzufügen, um die Löslichkeit des Strontiumnitrats zu verringern.

[2]) Das Kalziumnitrat löst sich vollkommen, aber nur langsam in dem Alkohol-Äther-Gemisch, weshalb man fleißig umrühren muß.

[3]) Wegen des Äthers ist Vorsicht geboten.

[4]) Diese Methode ist zuerst von Wöhler angegeben und später von Chancel abgeändert worden. (Cpt. rend. 46, S. 987.)

und kocht, so wird die Mineralsäure gebunden, und das Aluminium fällt als Hydroxyd aus.

$$2\,AlCl_3 + 6\,HOH \rightleftharpoons 2\,Al(OH)_3 + 6\,HCl$$

$$6\,HCl + 3\,Na_2S_2O_3 = 6\,NaCl + 3\,H_2O + 3\,SO_2 + 3\,S$$

Bei Gegenwart von Phosphorsäure fällt das Aluminium als Phosphat.

Ferrisalz wird durch Natriumthiosulfat zu Ferrosalz reduziert und fällt nicht aus.

Ausführung. Man löst 1 g Erz, wie auf S. 23 angegeben, in Salzsäure und scheidet die Kieselsäure ab. Im Filtrat oxydiert man das Eisen durch einige Tropfen Salpetersäure, verdampft die Lösung und nimmt den Rückstand mit Salzsäure auf. Die Eisenchloridlösung verdünnt man in einem Erlenmeyerkolben von 1 Liter Inhalt mit Wasser auf 400 bis 500 ccm und stumpft die Säure mit Ammoniak so weit ab, daß die Lösung dunkelrot aussieht, aber keinen deutlichen Niederschlag enthält (höchstens eine leichte Trübung). Dann setzt man 4 ccm Salzsäure (spez. Gewicht 1,12) und 2 g in ungefähr 20 ccm Wasser gelöstes Natriumphosphat hinzu, rührt gut um, bis der anfangs entstehende Niederschlag vollständig verschwunden ist und die Lösung wieder ganz klar wird. Nun setzt man 20 g in 50 ccm Wasser gelöstes Natriumthiosulfat und 15 ccm Essigsäure (spez. Gewicht 1,04) hinzu, erhitzt zum Sieden, bis der Geruch nach Schwefeldioxyd verschwunden ist (etwa 15 Minuten lang), filtriert so schnell wie möglich durch ein großes Filter (12 cm Durchmesser) und wäscht gut mit heißem Wasser aus[1]). Nach dem Trocknen glüht man in einem Porzellantiegel und wägt das $AlPO_4$.

Beim Glühen des Niederschlages steigere man die Temperatur nur ganz allmählich, da das Aluminiumphosphat leicht schmilzt und die Verbrennung der Filterkohle unmöglich macht.

Barium, Strontium und Titan dürfen nicht in der Lösung enthalten sein.

Arsen.

Wesen der Methode[2]). Das in einer Lösung als Arsentrioxyd vorhandene Arsen läßt sich durch Destillation mit Salzsäure als Arsentrichlorid verflüchtigen. Liegt Arsensäure vor, so muß dieselbe vorher reduziert werden. Die Reduktion kann durch Zusatz von Ferro- oder Kuprosalzen bewirkt werden. Das überdestillierte Arsentrichlorid kann entweder in alkalischer Lösung mit Jod titriert oder gewichtsanalytisch als Sulfid bestimmt werden.

Ausführung. In einem Rundkolben von 500 ccm Inhalt mengt man 5 g Erz mit 3—5 g Kaliumchlorat, gibt 80 ccm Salzsäure (spez. Gewicht 1,19) hinzu und läßt die Säure zuerst einige Zeit in der Kälte einwirken. Dann erwärmt man in einem langsam bis zum Kochen er-

---

[1]) Der Niederschlag ist dicht und läßt sich leicht filtrieren und waschen.
[2]) Methode von Emil Fischer: Ann. Chem. Pharm. 1881, 208, 182.

hitzten Wasserbad, bis der Geruch nach Chlor verschwunden ist[1]). Durch erneuten Zusatz von Salzsäure bringt man die etwa ausgeschiedenen Chloride wieder in Lösung. Nach dem Abkühlen gießt man in den Kolben 200 ccm Salzsäure (spez. Gewicht 1,19) und bringt 50 cm gesättigte arsenfreie Eisenchlorürlösung oder 25—30 g arsenfreies Kupfer

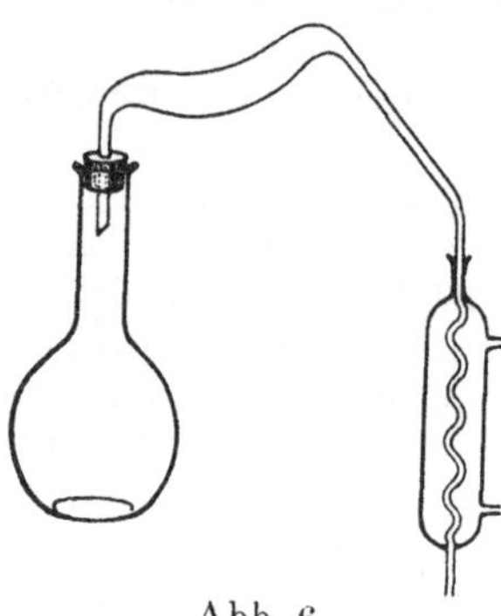

Abb. 6.

chlorür[2]) dazu. Den Kolben verschließt man mit einem grauen Gummistopfen, durch den eine sog. Ente[3]) gesteckt ist (Abb. 6). Diese verbindet man mit einem Liebigkühler, unter den man ein geräumiges Becherglas stellt. Durch Erhitzen des Kolbens destilliert man die Flüssigkeit bis auf ein geringes Volumen über, bis der Rückstand anfängt zu stoßen. Das Arsen befindet sich vollständig als Chlorür im Becherglas[4]).

Die im Becherglas befindliche Flüssigkeit verdünnt man mit luftfreiem kalten Wasser[5]) und versetzt so lange mit festem Ammoniumkarbonat[6]), bis sie nur noch ganz schwach sauer reagiert, und gibt dann etwa 4 g saures kohlensaures Natrium hinzu. Hat man den Zusatz von Ammoniumkarbonat richtig bemessen, so genügen 3—4 g saures kohlensaures Natrium. Die so vorbereitete Lösung versetzt man mit einigen Kubikzentimeter Stärkelösung und titriert mit Jodlösung bis zur Blaufärbung[7]).

---

[1]) Das Arsen wird hierbei zu Pentachlorid oxydiert. Die Oxydation ist nötig, weil sonst beim Erwärmen Arsentrichlorid sich verflüchtigen würde. Gleichzeitig wird der im Erz enthaltene Sulfidschwefel zu Schwefelsäure oxydiert, wodurch verhindert wird, daß beim Destillieren Schwefelwasserstoff sich bildet und in der Vorlage ein Teil des Arsens als Trisulfid gefällt wird.

[2]) Zur Reduktion von 56 Teilen Eisen (als Chlorid) sind 99 Teile Kupferchlorür nötig. Besser reduzierend als Ferrosalze oder Kupferchlorür wirkt Hydrazinbromid oder eine Mischung von 3 g Hydrazinsulfat und 1 g Kaliumbromid. Bei letzterem hat man den Vorteil, daß man die Lösung im Kolben noch für andere Bestimmungen verwenden kann. Sehr stark reduzierende Substanzen, wie Zinnchlorür oder Natriumhypophosphit, können die Abscheidung des Arsens als Metall verursachen, das in dieser Form nicht destilliert werden kann. Durch Zink, Eisen usw. können durch Bildung von Arsenwasserstoff Verluste eintreten.

[3]) Die sonst gebräuchlichen Destillationsapparate, z. B. nach Ledebur (Leitfaden für Eisenhütten-Laboratorien), sind erheblich teurer und haben außerdem den Nachteil, daß beim Destillieren leicht etwas Eisenchlorür mitgerissen wird, das die Titration mit Jod unmöglich macht. Bei Anwendung der Ente (von Volhard zuerst angegeben) geht sogar zuletzt, wenn die Flüssigkeit anfängt zu stoßen, kein Eisenchlorür mit über.

[4]) Ein erneuter Zusatz von Salzsäure und nochmaliges Destillieren hat sich als überflüssig erwiesen.

[5]) Durch Auskochen luftfrei gemacht und gekühlt.

[6]) Zuerst in Stücken, später als Pulver, zuletzt kann man eine gesättigte Lösung verwenden. Hat man zuviel zugesetzt, so macht man die Lösung mit einigen Tropfen Salzsäure ganz schwach sauer. Beim Neutralisieren mit Ammoniak würde die Lösung sich stark erwärmen und muß ständig gekühlt werden. [7]) Siehe Seite 177 und 193.

Sehr bequem kann man auch das Arsen, wenn es als arsenige Säure in salzsaurer Lösung vorliegt, nach der Methode von St. Györy[1]) bestimmen.

Wesen der Methode. Versetzt man eine salzsaure Lösung von arseniger Säure mit einer Lösung von Kaliumbromat, so wird die arsenige Säure zu Arsensäure oxydiert.

$$2\,KBrO_3 + HCl + 3\,As_2O_3 = 3\,As_2O_5 + 2\,HBr + 2\,KCl.$$

Sobald die arsenige Säure zu Arsensäure oxydiert ist, bewirkt der nächste Tropfen Kaliumbromatlösung eine Ausscheidung von Brom.

$$KBrO_3 + 5\,HBr + HCl = 3\,Br_2 + KCl + 3\,H_2O\,.$$

Das ausgeschiedene Brom wird durch Methylorange kenntlich gemacht.

Fügt man zur ursprünglichen sauren Lösung einige Tropfen Methylorangelösung (1:1000), so bleibt, solange noch arsenige Säure vorhanden ist, die Lösung rot. Ist die Oxydation aber beendet, wird durch den nächsten Tropfen Kaliumbromatlösung Brom frei, das den Indikator entfärbt. Der Umschlag von Rosa in Farblos ist sehr deutlich zu erkennen.

Ausführung. Man versetzt die im Becherglas befindliche salzsaure Lösung von arseniger Säure nach mäßigem Verdünnen mit luftfreiem Wasser mit einigen Tropfen Methylorangelösung und läßt in der Kälte $^1/_{10}$ N Kaliumbromatlösung bis zur Entfärbung zufließen, zuletzt sehr langsam unter beständigem Umrühren.

Die Kaliumbromatlösung bereitet man durch Lösen von 2,7837 g des bei 100° bis zur Gewichtskonstanz getrockneten Salzes in 1 Liter Wasser. 1 ccm dieser Lösung entspricht 3,748 mg Arsen.

Die gewichtsanalytische Bestimmung des Arsens ist sehr zeitraubend und wird wohl selten ausgeführt, da in jedem Laboratorium eine gestellte Jodlösung, die lange Zeit haltbar ist, vorhanden ist.

Zur gewichtsanalytischen Bestimmung des Arsen leitet man in das salzsaure Destillat Schwefelwasserstoff bis zur Sättigung ein, verdrängt hierauf den Überschuß des Schwefelwasserstoffs durch Einleiten von Kohlensäure, filtriert durch ein bei 105° getrocknetes und gewogenes kleines Filter[2]), wäscht mit ausgekochtem heißen Wasser aus, trocknet das Filter bei 105° bis zum konstanten Gewicht und wägt das As_2S_3, das 60,91 % As enthält.

Chrom.

Titration mit Kaliumpermanganat.

Wesen der Methode. Da der Chromeisenstein in allen Säuren unlöslich ist, muß er durch Schmelzen mit Alkalikarbonaten oder Natriumsuperoxyd aufgeschlossen werden, wodurch das Chrom in chromsaures Alkali übergeht[3]). Die in der Lösung befindliche Chromsäure wird

---

[1]) Zeitschr. f. analyt. Chem. 1893, S. 415.
[2]) Oder einen Goochtiegel, siehe S. 195.
[3]) Chromoxyd wird in alkalischer Lösung durch Wasserstoffsuperoxyd oxydiert. Im Gegensatz hierzu kann man ein Chromat in saurer Lösung durch Wasserstoffsuperoxyd zu Chromoxyd reduzieren. (Siehe Anm. 5 auf S. 30.)

durch eine gemessene Menge Ferrosalz zu Chromoxyd reduziert, wobei das Ferrosalz in Ferrisalz übergeht. Die zur Reduktion nicht verbrauchte Menge Ferrosalz wird durch Titration mit Kaliumpermanganat ermittelt. Der Unterschied zwischen den beiden verbrauchten Volumen Permanganat entspricht der Menge Eisenoxydul, die durch die Chromsäure oxydiert worden war. Hieraus läßt sich die Chrommenge berechnen (siehe S. 194).

Ausführung. Das Aufschließen des Erzes gelingt am schnellsten und besten mit Natriumsuperoxyd. Zu diesem Zweck mengt man in einem dickwandigen Porzellantiegel[1]) von ungefähr 25 ccm Inhalt 0,2 g Chromeisenerz[2]) mit 4 g Natriumsuperoxyd oder 1 g chromhaltiges Eisenerz mit 8 g Natriumsuperoxyd mit Hilfe eines trockenen Glasstabes[3]) und erhitzt den mit Deckel versehenen Tiegel 10—20 Minuten lang mit kleiner Flamme, bis zum Schmelzen des Gemisches[4]). Nach dieser Zeit ist das Erz aufgeschlossen, und das Chrom befindet sich als lösliches Natriumchromat in der Schmelze. Nach dem Erkalten bringt man Tiegel und Deckel in ein Becherglas, übergießt mit ungefähr 200 ccm heißem Wasser und erhitzt zum Sieden, bis die Schmelze ganz zerfallen ist[5]). Darauf setzt man vorsichtig unter Umrühren bei einer Einwage von 0,2 g 10 ccm, bei einer Einwage von 1 g 20 ccm Schwefelsäure (1:1) hinzu[6]) und läßt die Lösung abkühlen. Tiegel und Deckel spritzt man ab und nimmt sie heraus.

Unterdessen wägt man ungefähr 28 g Mohrsches Salz ab, bringt es in ein Becherglas und löst es in einem Gemisch von 700 ccm Wasser und 150 ccm konzentrierter Schwefelsäure und verdünnt die Lösung zu einem Liter. Hiervon entnimmt man mit einer Pipette 25 ccm, bringt sie in ein Becherglas verdünnt mit 200 ccm Wasser und titriert mit Kaliumpermanganatlösung bis auf Rosa.

---

[1]) Der Porzellantiegel wird hierdurch stark angegriffen, hält aber bei vorsichtigem Arbeiten 4—6 Schmelzungen aus. Nickeltiegel werden ebenfalls angegriffen und haben dem Porzellan gegenüber den Nachteil, daß die Lösung durch Nickelsalze gefärbt ist, was bei der Titration störend wirkt.

[2]) Das Erz muß so fein als irgend möglich gepulvert sein.

[3]) Man zieht den Glasstab einige Male durch eine Flamme und benutzt den noch lauwarmen Stab zum Umrühren. Die am Stab haftende Menge streift man mit einer Federfahne ab.

[4]) Man erhitze nicht zu stark, weil sonst der Tiegel durchgeschmolzen wird. Fürchtet man, daß ein schon öfter benutzter Tiegel eine neue Schmelzung vielleicht nicht mehr aushält, kann man ihn in einen zweiten, etwas größeren Porzellantiegel stellen und diesen erhitzen.

[5]) Läßt man die Schmelze in siedendem Wasser nicht vollständig zerfallen, so könnte sich noch unzersetztes Natriumsuperoxyd vorfinden, das beim Ansäuern mit Schwefelsäure Wasserstoffsuperoxyd entwickeln würde, wodurch die Chromsäure unter Sauerstoffentwicklung zu Chromoxyd reduziert wird. $2 H_2CrO_4 + H_2O_2 + 3 H_2SO_4 = Cr_2(SO_4)_3 + 6 H_2O + 4 O$. Die Lösung ist dann statt gelb anfangs blau, später grün gefärbt.

[6]) Es darf nur Kieselsäure ungelöst bleiben. Bemerkt man einen schwarzen Rückstand, so gießt man die Lösung ab, wäscht einige Male mit Wasser, bringt den Rückstand auf ein kleines Filter, verascht dieses und schmilzt den Rückstand mit Natriumsuperoxyd, wie oben angegeben. Darauf vereinigt man beide Lösungen.

Zu der erkalteten Lösung, die die Chromsäure enthält, läßt man aus einer Pipette 50 ccm der Mohrschen Salzlösung (bei chromhaltigen Eisenerzen) oder 75—100 ccm bei Chromerzen[1]) fließen, rührt gut um und titriert mit Kaliumpermanganatlösung, bis die grüne Farbe der Lösung deutlich ins Rötliche umschlägt und einige Sekunden bestehen bleibt. Da die grüne Farbe der Lösung das Erkennen der Endreaktion stört, verdünne man die Lösung stark (750—1000 ccm). Gegen Ende der Titration macht sich die gelblichgrüne Farbe der Lösung, die durch das Entstehen des Ferrisalzes hervorgerufen wird, störend bemerkbar. Um bis zu Ende eine reine grüne Lösung zu behalten, kann man Phosphorsäure, wie bei der Eisentitration, zusetzen. Der Unterschied zwischen den beiden verbrauchten Volumen Permanganat entspricht der Menge Eisenoxydul, die durch die Chromsäure oxydiert worden war. Der Titer der Kaliumpermanganatlösung auf Eisen multipliziert mit 0,31 ergibt den Titer auf Chrom. (Berechnung siehe S. 194).

Bei Anwesenheit von Vanadin erhält man zu hohe Resultate, da Vanadinsäure durch Ferrosulfat ebenfalls reduziert wird (siehe S. 32 u. 147).

Titration mit Natriumthiosulfat.

Wesen der Methode. Setzt man zu einer Lösung von Chromsäure eine Jodkaliumlösung und säuert schwach mit Salzsäure oder Schwefelsäure an, so wird in der Kälte eine der Chromsäure äquivalente Menge Jod frei gemacht und die Chromsäure zu grünem Chromisalz reduziert. Das ausgeschiedene Jod kann man mit einer Natriumthiosulfatlösung. von bekanntem Wirkungswert titrieren.

Ausführung. Das Aufschließen des Erzes erfolgt genau so wie bei der vorigen Methode. Nachdem die Schmelze durch Behandeln mit heißem Wasser vollkommen zerfallen ist, filtriert man vom Eisenoxyd ab[2]) und dampft das Filtrat in einer Porzellanschale fast zur Trockene ein[3]). Den Rückstand löst man in möglichst wenig Wasser, spült die Lösung mit recht wenig Wasser in ein hohes enges Becherglas, fügt 15—20 ccm einer 10 %igen Jodkaliumlösung hinzu, säuert mit verdünnter Salzsäure an, verdünnt auf ungefähr 500 ccm und titriert das ausgeschiedene Jod mit Natriumthiosulfatlösung[4]).

Berechnung und Titerstellung S. 176 u. 192.

---

[1]) Um sicher zu sein, genügend Ferrosalz zugesetzt zu haben, nimmt man 1 Tropfen der Lösung heraus und bringt ihn mit 1 Tropfen einer 2 %igen Ferrizyankaliumlösung zusammen (siehe S. 14, Anm. 3).

[2]) Unterläßt man es, das Eisenoxyd zu filtrieren, so entsteht beim Ansäuern mit Salzsäure Eisenchlorid, das aus dem Jodkalium ebenfalls Jod frei macht.

[3]) Treadwell (Kurzes Lehrbuch der analytischen Chemie) empfiehlt das Eindampfen bis fast zur Trockene als absolut notwendig, um sicher zu sein, daß jede Spur von überschüssigem Natriumsuperoxyd zerstört ist.

[4]) Herstellung siehe S. 176.

Vanadin.

Titration der Vanadinsäure mit Ferrosulfat[1].

Wesen der Methode. In schwach schwefelsaurer kalter Lösung wird die V_2O_5 durch eine auf Permanganat eingestellte Lösung von Ferrosulfat zu V_2O_4 reduziert, wobei das Ferrosulfat zu Ferrisulfat oxydiert wird.. Den Endpunkt der Titration erkennt man daran, daß ein Tropfen der Flüssigkeit, mit Ferrizyankalium[2]) zusammengebracht, Blaufärbung gibt.

$$V_2O_5 + 2\,FeSO_4 + H_2SO_4 = V_2O_4 + Fe_2(SO_4)_3 + H_2O.$$

Aus der Gleichung ergibt sich, daß 55,84 Teile als Ferrosalz verbrauchtes Eisen 51,0 Teilen Vanadin entsprechen.

Diese Methode besitzt den Vorzug, daß Chrom, auch in größerer Menge vorhanden, nicht stört[3]), da dasselbe nach der Behandlung mit Schwefelwasserstoff als Chromchlorid sich in der Lösung befindet und in dieser Oxydstufe bleibt, da die Oxydation des Vanadintetroxyds in salzsaurer Lösung ausgeführt wird.

Ausführung. Man mischt 5—10 g des fein gepulverten Erzes mit der 4—5fachen Menge Kaliumnatriumkarbonat unter Zusatz von etwas Salpeter in einem Platintiegel oder Eisenschälchen und erhitzt anfangs über einem Bunsenbrenner, später eine halbe Stunde lang über dem Gebläse[4]). Die grüne manganhaltige Schmelze behandelt man mit heißem Wasser, bis sie zerfallen ist, fügt einige Tropfen Alkohol hinzu, um das Manganat zu reduzieren, und filtriert. Den Rückstand wäscht man mit heißem Wasser, bis das Durchlaufende nicht mehr alkalisch reagiert. Das Filtrat säuert man mit Salzsäure an, erhitzt auf 60^0—70^0 und leitet Schwefelwasserstoff bis zur Sättigung ein. Nach 24stündigem Stehen an einem warmen Ort filtriert man, entfernt aus dem bläulich gefärbten Filtrat durch Kochen den Schwefelwasserstoff, dampft bis auf ein geringes Volumen ein und oxydiert das Vanadintetroxyd zu Vanadinsäure durch Zusatz einiger Kristalle von Kaliumchlorat Durch weiteres Eindampfen verjagt man das Chlor, läßt die Lösung erkalten und setzt Ammoniak in geringem Überschuß hinzu, um etwa noch vorhandenes Chlor vollständig zu binden. Darauf säuert man mit Schwefelsäure schwach an, spült die Lösung in einen Meßkolben von 300 ccm Inhalt und verdünnt mit Wasser bis zur Marke. Nach gutem Mischen entnimmt man mit einer Pipette 100 ccm und setzt aus einer Bürette so lange Ferrosulfatlösung[5]) unter Umrühren hinzu, bis ein Tropfen der Flüssigkeit auf einer Porzellanplatte mit Ferrizyankaliumlösung[6]) zusammengebracht, die Endreaktion durch Blaufärbung anzeigt.

---

[1]) Methode von Lindemann: Zeitschr. f. analyt. Chem. 1879, 18, 102.
[2]) Siehe S. 14, Anm. 3.
[3]) Im Bohnerz von Haverlah am Harz und von Salzgitter kommen Vanadin und Chrom zusammen vor.
[4]) Siehe S. 25.   [5]) Siehe S. 30.   [6]) Siehe S. 14, Anm. 3.

Die ersten 100 ccm der Lösung verwendet man, um den ungefähren Verbrauch an Ferrosulfatlösung festzustellen, um dann durch die zweite Titration den endgültigen Verbrauch zu ermitteln. Den Rest von 100 ccm kann man zur Kontrolle benutzen.

Titration mit Kaliumpermanganat nach Campagne.

Wesen der Methode. Man trennt die Vanadinsäure vom Eisen durch Behandeln mit Äther nach dem Verfahren von Rothe[1]) und reduziert die Vanadinsäure durch mehrfaches Eindampfen mit Salzsäure, verjagt die Salzsäure durch Eindampfen mit Schwefelsäure und oxydiert das V_2O_4 durch Kaliumpermanganat zu V_2O_5.

$$V_2O_5 + 2\,HCl = V_2O_4 + H_2O + 2\,Cl$$
$$5\,V_2O_4 + 2\,KMnO_4 + 3\,H_2SO_4 = 5\,V_2O_5 + K_2SO_4 + 2\,MnSO_4 + 3\,H_2O.$$

Ausführung. 5—10 g Erz löst man in einer flachen Porzellanschale in Salzsäure, oxydiert das Eisen mit wenig Salpetersäure und dampft zur Abscheidung der Kieselsäure ein (S. 23). Das Filtrat dampft man auf ein geringes Volumen ein (S. 16) und entfernt das Eisen durch Ausschütteln mit Äther (S. 42). Die eisenfreie Lösung behandelt man weiter, wie auf S. 128 angegeben ist.

Berechnung.

$$5\,V_2O_4 + 2\,KMnO_4 + 3\,H_2SO_4 = 5\,V_2O_5 + K_2SO_4 + 2\,MnSO_4 + 3\,H_2O$$
$$5\,(102 + 64) + \ldots\ldots$$
$$10\,FeSO_4 + 2\,KMnO_4 + \ldots\ldots$$
$$10\,(55{,}84 + 32 + 64) + \ldots\ldots$$

Hiernach entsprechen 558,4 Gewichtsteile Eisen 510 Gewichtsteilen Vanadin, da beide dieselbe Menge Permanganat zur Oxydation gebrauchen. Folglich entspricht 1 Gewichtsteil Eisen $\dfrac{510}{558{,}4} = 0{,}913$ Gewichtsteilen Vanadin. Man muß also den Titer der Permanganatlösung auf Eisen mit 0,913 multiplizieren, um den Titer für Vanadin zu erhalten.

Ferner entsprechen 558,4 Gewichtsteile Eisen 910 Gewichtsteilen Vanadinsäure. Oder 1 Gewichtsteil Eisen $\dfrac{910}{558{,}4} = 1{,}63$ Gewichtsteilen Vanadinsäure. Man muß also den Titer der Permanganatlösung auf Eisen mit 1,63 multiplizieren, um den Titer für Vanadinsäure zu erhalten.

Titansäure.

Wesen der Methode. Das titanhaltige Eisenerz wird durch Glühen im Wasserstoffstrom zu metallischem Eisen reduziert, letzteres durch verdünnte Schwefelsäure gelöst und der zurückbleibende Rückstand, der der Hauptsache nach aus Titansäure und Kieselsäure besteht, zur

---

[1]) Siehe S. 42, Nickel und Kobalt.

Vertreibung der Kieselsäure mit Flußsäure behandelt und die Titansäure durch Schmelzen mit saurem schwefelsaurem Kali in lösliche Form übergeführt. Die in Lösung befindliche Titansäure wird entweder gewichtsanalytisch oder kolorimetrisch bestimmt.

Ausführung. In ein Glasrohr aus schwer schmelzbarem Glas bringt man die in einem oder zwei Porzellanschiffchen eingewogene Erzmenge (5—6 g von titanarmen Erzen, 1—4 g von titanreichen Erzen) und erhitzt unter ständigem Durchleiten von Wasserstoff die Erzprobe in einem Verbrennungsofen.

Vor dem Erhitzen des Rohres überzeugt man sich, daß die Luft im Rohr durch Wasserstoff verdrängt ist.

Den aus einem Kippschen Apparat kommenden Wasserstoff trocknet man vor dem Eintritt in das Rohr durch Hindurchleiten durch konzentrierte Schwefelsäure. Nachdem die Luft aus dem Glasrohr verdrängt ist, beginnt man allmählich es zu erwärmen, steigert schließlich die Temperatur bis zur vollen Rotglut und erhitzt etwa 1 Stunde. Infolge der Reduktion sammeln sich im hinteren Teile des Glasrohrs Wassertropfen an, die von Zeit zu Zeit durch Fächeln mit einer Gasflamme entfernt werden. Wenn sich in dem kalten Teile des Rohres kein Wasserdampf mehr kondensiert, ist die Reduktion beendet; man läßt nun das Erz unter ständigem Durchleiten von Wasserstoff erkalten[1]).

Das reduzierte Erz bringt man in ein geräumiges Becherglas, übergießt es mit verdünnter Schwefelsäure (1 : 40)[2]) und kocht gelinde, bis keine Wasserstoffentwicklung mehr stattfindet. Danach filtriert man und wäscht den Rückstand, der hauptsächlich aus Titansäure und Kieselsäure besteht, mit heißem Wasser aus, bis das Durchlaufende nicht mehr auf Eisen reagiert. Das Filter bringt man noch feucht in einen Platintiegel und glüht, bis die Filterkohle verbrannt ist. Zur Entfernung der Kieselsäure befeuchtet man den Rückstand mit etwas Wasser[3]), fügt 1—2 Tropfen konzentrierte Schwefelsäure hinzu und dann 5—6 ccm reine Flußsäure. Den Tiegel stellt man auf ein heißes Wasserbad, bis keine Dämpfe mehr entweichen, legt ihn dann schräg auf ein Dreieck und erhitzt über freier Flamme ganz allmählich, ohne daß die Masse spritzt, bis zum Glühen. Nach dem Erkalten bringt man 5—6 g saures schwefelsaures Kalium in den Tiegel und erhitzt den bedeckten Tiegel bei gelinder Rotglut ungefähr ½ Stunde lang, bis keine unangegriffene Substanz mehr vorhanden ist[4]). Die erkaltete Schmelze bringt man in eine Porzellanschale, zerstößt den Schmelz-

---

[1]) Läßt man nicht vollständig im Wasserstoffstrom erkalten, sondern bringt das reduzierte Eisen noch warm an die Luft, so tritt unter Aufglühen Oxydation des Eisens ein.

[2]) Für 1 g Erz ungefähr 40—50 ccm verdünnte Schwefelsäure.

[3]) Siehe S. 24, Anm. 4.

[4]) Zum Aufschließen des Rückstandes verwendet man etwa die 14fache Menge $KHSO_4$. Man erhitze nur bis zu gelinder Rotglut, bis Schwefelsäuredämpfe entweichen und in der gelblichen Schmelze keine ungelösten Teile mehr zu erkennen sind. Noch während Schwefelsäuredämpfe entweichen, wird das Schmelzen unterbrochen und die Schmelze nach dem Erkalten gelöst. Bei zu starkem Glühen entweicht zu viel Schwefelsäure, und die entstandenen Sulfate können in unlösliche Oxyde übergehen.

kuchen vorsichtig und löst ihn unter häufigem Umrühren und Zerreiben in schwach schwefelsäurehaltigem, kaltem Wasser[1]). In der vollkommen klaren Lösung stumpft man die Säure mit Ammoniak beinahe ab und leitet Schwefelwasserstoff bis zur Sättigung ein[2]). Dann erhitzt man die Flüssigkeit in einem Erlenmeyerkolben, den man mit einem kleinen Trichter bedeckt, um ein allzu schnelles Verdampfen zu verhüten, zum Sieden und kocht etwa 1 Stunde, indem man das verdunstete Wasser durch schwefelwasserstoffhaltiges Wasser ergänzt. Den Niederschlag, der aus Titansäure, Schwefelkupfer und Schwefelplatin besteht, filtriert man und wäscht ihn mit schwach schwefelsäurehaltigem Schwefelwasserstoffwasser aus. Dann verschließt man das Trichterrohr mit einem kleinen Korken, füllt das Filter mit frisch bereitetem Chlorwasser ganz an und bedeckt den Trichter mit einem Uhrglas. Nach 5—10 Minuten entfernt man den Korken und wäscht das Filter mit heißem, schwach schwefelsäurehaltigem Wasser chlorfrei[3]). Durch das Behandeln mit Chlorwasser gehen Schwefelkupfer, Schwefelplatin und etwa mitgefallenes Eisen in Lösung, während die Titansäure rein zurückbleibt. Das Filter verascht man in einem Platintiegel, setzt etwas Ammonkarbonat hinzu und glüht wieder. Die Titansäure hält hartnäckig Schwefelsäure zurück[4]).

Enthält das Erz mehr als 0,1% Phosphorsäure, so würde diese mit der Titansäure zusammen gefällt werden. In diesem Fall schmilzt man nach dem Abrauchen der Kieselsäure den im Platintiegel verbliebenen Rückstand mit wasserfreiem Na_2CO_3[5]), behandelt die Schmelze mit Wasser, wobei die Phosphorsäure in Lösung geht und schmilzt dann die zurückbleibende Titansäure mit Kaliumbisulfat.

Bestimmung der Titansäure ohne vorherige Reduktion des Erzes nach Arnold.

Wesen der Methode. Setzt man beim Lösen des Erzes etwas Ammoniumphosphat hinzu (für den Fall, daß das Erz nicht genügend Phosphorsäure enthält), so bleibt das Titan vollständig als unlösliches Eisenphosphotitanat im Rückstande, in dem das Titan nach dem Auswaschen des Eisens durch Schmelzen mit saurem schwefelsauren Kalium in Lösung gebracht wird und wie oben bestimmt werden kann[6]).

---

[1]) Treadwell empfiehlt, durch die Flüssigkeit einen Luftstrom zu leiten, um sie in steter Bewegung zu halten, wodurch die Lösung der Schmelze ungleich rascher erfolgt.

[2]) Hierdurch wird das etwa vorhandene Ferrisulfat reduziert und Kupfer und Platin (aus dem Tiegel stammend) gefällt. Enthält die Lösung Ferrisalze, so fällt beim Kochen die Titansäure eisenhaltig aus.

[3]) Beim Waschen mit reinem Wasser geht die Titansäure durch das Filter.

[4]) Das vielfach ausgeführte Verfahren, die Sulfide von Kupfer und Platin zuerst zu filtrieren und dann im Filtrat die Titansäure durch Kochen zu fällen, führt zu groben Fehlern, weil die Sulfide erhebliche Mengen von Titansäure beim Ausfallen mitreißen.

[5]) Nicht mit Kaliumnatriumkarbonat, da Kaliumtitanat in Wasser löslich ist.

[6]) Ist nicht genügend Phosphorsäure vorhanden, so wird ein Teil der Titansäure durch Eisenchlorid in Lösung gehalten.

Ausführung. Zu der abgewogenen Probe setzt man 1 g Ammoniumphosphat (in wenig Wasser gelöst), zersetzt das Erz mit Salzsäure und verfährt zur Abscheidung der Kieselsäure, wie auf S. 23 angegeben ist. Nachdem der Rückstand eisenfrei gewaschen ist [1]), glüht man ihn samt Filter im Platintiegel, schmilzt ihn mit der 10fachen Menge Natriumkarbonat [2]), digeriert die Schmelze mit heißem Wasser, filtriert und wäscht den Rückstand mit heißem Wasser gut aus, bis im Durchlaufenden kein Alkali mehr nachzuweisen ist. Den Rückstand glüht man wieder mit Filter im Platintiegel, gibt nach dem Erkalten etwa die 14fache Menge Kaliumbisulfat hinzu und schmilzt bei dunkler Rotglut etwa ½ Stunde lang, bis keine unzersetzten Teile mehr wahrzunehmen sind [3]). Die erkaltete Schmelze nimmt man mit 1 ccm Salzsäure (spez. Gewicht 1,124), 50 ccm schwefliger Säure und Wasser auf, filtriert und wäscht den Rückstand mit Wasser aus. Zu dem Filtrat gibt man vorsichtig so viel Ammoniak, bis die Lösung fast neutral ist, setzt 20 g in wenig Wasser gelöstes neutrales Natriumazetat und $^1/_6$ des Volumens konzentrierte Essigsäure hinzu und kocht einige Minuten lang. Die ausgeschiedene Titansäure filtriert man nach dem Absetzen, wäscht sie mit schwach essigsäurehaltigem Wasser aus, trocknet das Filter, glüht und wägt die reine Titansäure.

Kolorimetrische Bestimmung des Titans.

Wesen der Methode. Saure Titansäurelösungen werden durch Wasserstoffsuperoyxd infolge Bildung von Titantrioxyd gelb bis rotgelb gefärbt [4]).

Ausführung. Man behandelt das Erz genau so, wie bei einer der beiden Methoden oben angegeben ist. Die Kaliumbisulfatschmelze löst man in schwach schwefelsäurehaltigem, kaltem Wasser und spült die vollkommen klare Lösung in einen 250-ccm-Meßkolben, wenn das Erz wenig Titansäure enthält, oder in einen 500-ccm-Meßkolben, wenn das Erz reich an Titansäure ist, füllt mit schwefelsäurehaltigem Wasser (5 % H_2SO_4) [5]) bis zur Marke auf und mischt die Flüssigkeit durch häufiges langsames Umschwenken des Kolbens. Von dieser Lösung bringt man je nach dem Titangehalt der Flüssigkeit 5—20 ccm in einen kleinen in $^1/_{10}$ ccm geteilten Meßzylinder von etwa 30 ccm Inhalt [6]), setzt einige Kubikzentimeter fluorwasserstofffreies Wasserstoffsuperoxyd [7]) hinzu

---

[1]) Siehe Anm. 3 auf S. 24.

[2]) Um die Kieselsäure in wasserlösliches kieselsaures Alkali überzuführen.

[3]) Siehe Anm. 4 auf S. 34.

[4]) Vanadinsäure, Molybdänsäure und Chromsäure verhalten sich ähnlich, dürfen also nicht zugegen sein.

[5]) Die Lösung muß mindestens 5 % Schwefelsäure enthalten, ein Überschuß davon stört die Reaktion nicht. Man findet zu wenig Titansäure, wenn man die Kaliumbisulfatschmelze in Wasser oder in zu wenig Schwefelsäure enthaltendem Wasser löst.

[6]) Sehr gut hierzu geeignet sind die für die kolorimetrische Kohlenstoffbestimmung nach Eggertz benutzten Meßzylinder. Siehe S. 81.

[7]) Ein geringer Gehalt an Flußsäure oder Kieselfluorwasserstoff schwächt die Färbung oder verhindert sie ganz. Am besten bereitet man sich die

und mischt durch mehrmaliges Umschwenken. Die entstehende Färbung vergleicht man mit derjenigen, die man durch Behandeln einer gemessenen Menge Normaltitansäurelösung mit Wasserstoffsuperoxyd erhält.

Die Methode kann nur angewendet werden, um kleine Mengen von Titan zu bestimmen. Intensiv gefärbte Lösungen zu vergleichen ist unsicher, am besten lassen sich die hellgelben Farbentöne vergleichen.

Herstellung der Normaltitansäurelösung.

In einem Platintiegel schmilzt man 0,5 g reine Titansäure mit 5 bis 6 g Kaliumkarbonat bis zum ruhigen Fließen der Schmelze[1]). Nach dem Erkalten löst man den Schmelzkuchen und die im Tiegel zurückgebliebenen Reste der Schmelze in einem Becherglas in 200 ccm 30 %iger Schwefelsäure unter gelindem Erhitzen auf[2]). Nach dem Erkalten bringt man die Lösung in einen 500-ccm-Meßkolben, füllt mit 30 %iger Schwefelsäure bis zur Marke auf und mischt durch Umschwenken.

1 ccm dieser Lösung enthält 0,001 g TiO_2.

Von dieser Normallösung bringt man 1 ccm in einen Meßzylinder, setzt einige Kubikzentimeter Wasserstoffsuperoxydlösung, 7—8 ccm Wasser hinzu und schwenkt gut um. Mit dieser Lösung vergleicht man die auf ihren Titangehalt zu untersuchende Lösung. Ist die aus dem Erz erhaltene Lösung dunkler gefärbt, so verdünnt man so lange mit Wasser, bis Farbengleichheit hergestellt ist. Ist die Normallösung zu hell gefärbt, so verwendet man dann 2, 3 oder mehr Kubikzentimeter.

Zum Vergleichen der Farbentöne benutzt man zweckmäßig ein Holzgestell mit Milchglasscheibe, wie es bei der kolorimetrischen Kohlenstoffbestimmung nach Eggertz verwendet wird[3]). Um Täuschungen zu vermeiden, tut man gut, einmal das Röhrchen mit der Normallösung auf die linke Seite der zu untersuchenden Probe, ein anderes Mal auf die rechte Seite zu stellen.

Blei.

In einer Porzellanschale löst man 10 g Erz in 60—70 ccm Salzsäure (spez. Gewicht 1,19) unter Zusatz von 20 ccm einer gesättigten Eisenchlorürlösung und dampft soweit wie möglich ein. Arsen wird hierbei als Trichlorid verflüchtigt[4]). Die dickflüssige Masse versetzt man mit etwa 10 ccm Salzsäure (spez. Gewicht 1,124), verdünnt mit Wasser und erwärmt bei aufgelegtem Uhrglas, um alles bis auf die

---

Wasserstoffsuperoxydlösung kurz vor dem Gebrauch selbst durch Auflösen von reinem Natriumsuperoxyd in verdünnter Schwefelsäure. Oder man verdünnt 30%iges Perhydrol mit 5%iger Schwefelsäure auf das zehnfache Volumen. Ein Überschuß von Wasserstoffsuperoxyd beeinflußt die Genauigkeit der Bestimmung nicht.

[1]) Mit Berücksichtigung der auf S. 25 angegebenen Vorsichtsmaßregeln.

[2]) Enthält die Lösung 30% Schwefelsäure, so fällt beim Erhitzen keine Titansäure aus. Man kann das Becherglas in kochendes Wasser legen, ohne zu fürchten, daß Titansäure ausfällt. In schwach schwefelsäurehaltigen Lösungen fällt beim Erhitzen Metatitansäure aus, die sich selbst bei Zusatz von mehr Schwefelsäure schwer wieder löst.

[3]) Siehe S. 82, Abb. 17 und 18.   [4]) Siehe S. 27.

Gangart in Lösung zu bringen. Dann spült man den Inhalt der Schale, ohne zu filtrieren, in ein Becherglas und leitet in die mäßig verdünnte Lösung Schwefelwasserstoff bis zur Sättigung ein und filtriert. Den Niederschlag wäscht man mit schwach salzsaurem schwefelwasserstoffhaltigen Wasser aus, spritzt ihn in eine Porzellanschale, verdampft das Wasser, bis der Niederschlag noch eben feucht erscheint und oxydiert die Sulfide mit Salzsäure (spez. Gewicht 1,19) unter Zusatz von chlorsaurem Kali unter Erwärmen. Die Lösung gießt man durch das eben benutzte Filter, um die daran haftenden Reste ebenfalls zu oxydieren. Das Filter wäscht man mit siedend heißem Wasser aus, dem man Ammonazetat zugesetzt hat, um etwa auf dem Filter vorhandene geringe Mengen von Bleisulfat zu lösen, die sich durch die beim Oxydieren der Sulfide entstandene Schwefelsäure gebildet haben können. Zu dem Filtrat gibt man 5—10 ccm Schwefelsäure (1:1), verdampft das Wasser auf dem Wasserbad und erhitzt die Schale auf dem Finkenerturm, bis Schwefelsäuredämpfe in reichlicher Menge entweichen. Nach dem Erkalten verdünnt man vorsichtig mit Wasser und filtriert. Den Niederschlag wäscht man mit schwach schwefelsäurehaltigem Wasser (5 ccm H_2SO_4 und 100 ccm Wasser) und verdrängt die Schwefelsäure durch Alkohol [1]). Das Filter trocknet man im Luftbad, bringt die Hauptmenge des Bleisulfats vom Filter herunter, verascht dieses [2]), bringt die Hauptmenge dazu, glüht und wägt das $PbSO_4$, das 68,31 % Pb enthält.

Kupfer.

Wesen der Methode. Versetzt man eine Kupfersulfatlösung mit Natriumthiosulfat, so bildet sich ein Doppelsalz von Kupferoxydulthiosulfat und Natriumthiosulfat ($3\,Cu_2S_2O_3 + 2\,Na_2S_2O_3 + 8\,H_2O$). Erhitzt man diese Verbindung, so zerfällt sie in Kupfersulfür und Schwefelsäure ($Cu_2S_2O_3 + H_2O = Cu_2S + H_2SO_4$). Das Kupfersulfür wird durch Glühen in CuO übergeführt und gewogen.

Ausführung. Man benutzt hierzu das Filtrat vom Bleisulfat [3]). Man setzt zu dem Filtrat einige Tropfen Salzsäure, erhitzt es zum Sieden und setzt so lange eine wäßrige Lösung von reinem Natriumthiosulfat [4]) hinzu, als noch ein schwarzer Niederschlag entsteht, kocht weiter, bis der Niederschlag sich zusammengeballt hat [5]) und filtriert noch

---

[1]) Das schwefelsäurehaltige Filter würde beim Trocknen verkohlen und leicht zerreißen. Zuerst ist das Filtrat milchig getrübt. Man gießt es auf das Filter zurück, bis es vollkommen klar ist.

[2]) Das Verbrennen muß bei möglichst niedriger Temperatur in einem Porzellantiegel geschehen. Bilden sich hierbei kleine Kugeln von metallischem Blei, so bringt man in den Tiegel einige Tropfen Salpetersäure (1,2), erwärmt bis zur Lösung des Metalls, setzt dann einige Tropfen konz. Schwefelsäure hinzu und erhitzt über freier Flamme vorsichtig, bis die Schwefelsäure fortgeraucht ist und glüht stark.   [3]) Siehe S. 37.

[4]) Für je 0,1 g Kupfer gebraucht man 1 g krist. Natriumthiosulfat. Ein Überschuß stört nicht.

[5]) Man darf nicht zu lange kochen. Wenn die schweflige Säure ausgetrieben ist, die in saurer Lösung Zinn, Antimon und Arsen als Sulfüre in Lösung hält, fallen diese Metalle zum Teil mit aus.

heiß das aus der durch ausgeschiedenen Schwefel milchig getrübten
Flüssigkeit abgeschiedene Kupfersulfür, wäscht es mit siedend heißem
Wasser aus[1]), trocknet das Filter, bringt, wenn der Niederschlag
bedeutend ist, die Hauptmenge herunter, verascht das Filter, tut
die Hauptmenge in den Porzellantiegel, erhitzt zuerst mit ganz
kleiner Flamme, damit das Sulfür nicht schmilzt und glüht zuletzt
stark bei reichlichem Luftzutritt. Das Kupfersulfür geht hierbei in
Kupferoxyd über.

Vorübergehend entstandenes Kupfersulfat verliert beim starken
Glühen die Schwefelsäure vollständig und geht in Oxyd über. Man wägt
das CuO, glüht noch einmal stark und überzeugt sich von der Gewichtskonstanz. CuO enthält 79,89 % Cu.

Etwa mitgefällte kleine Mengen von Zinn, Arsen und Antimon verflüchtigen sich vollständig während des Verkohlens des Filters.

Größere Mengen von Salzsäure in der Lösung bedingen einen unnötig hohen Aufwand von Natriumthiosulfat, während eine kleine
Menge Salzsäure auf die Abscheidung günstig wirkt.

Eisenoxydul neben Eisenoxyd.

Wesen der Methode. Man bestimmt in einer Probe der Substanz
den Gesamteisengehalt und in einer zweiten den Gehalt an Oxydul,
indem man das Erz unter Luftabschluß löst, und das in Lösung befindliche Oxydul durch Titration ermittelt. Subtrahiert man das als Oxydul
vorhandene Eisen von der Gesamtmenge, so muß man die sich hierbei
ergebende Differenz auf Eisenoxyd umrechnen.

Ausführung. Man bringt 1 g des Erzes in einen etwa 150—200 ccm
fassenden Kolben, gibt etwas Natriumbikarbonat hinzu[2]) und 30 ccm
Salzsäure (spez. Gewicht 1,19), verschließt den Kolben schnell mit einem
dicht schließenden Stopfen, durch dessen Bohrung ein zweimal im
rechten Winkel gebogenes Glasrohr geht. Das freie Ende des Glasrohres
taucht bis beinahe auf den Boden eines Becherglases, in dem sich eine
Lösung von Natriumbikarbonat in Wasser befindet. Man erhitzt den
Kolben mit kleiner Flamme, ohne daß die Flüssigkeit ins Kochen
kommt, bis das Erz zersetzt ist, d. h. am Boden sich nur ungefärbte
Gangart befindet. Darauf läßt man die Lösung im Kolben erkalten.
Hierbei wird aus dem Becherglas Natriumbikarbonatlösung angesaugt,
die, mit der sauren Lösung zusammentreffend, sofort Kohlensäure entwickelt und die Natriumbikarbonatlösung zurückdrängt. Dies wiederholt sich so lange, bis ein Gleichgewichtszustand eingetreten ist. Auf
diese Weise kühlt sich die Eisenlösung ohne Luftzutritt ab. Dann
entleert man den Inhalt des Kolbens in eine Porzellanschale von

---

[1]) Wegen seiner dichten Beschaffenheit läßt sich der Niederschlag
leicht filtrieren und schnell mit luftfreiem, siedend heißem Wasser auswaschen, ohne sich zu oxydieren.

[2]) Die aus dem Natriumbikarbonat sich entwickelnde Kohlensäure soll
die im Kolben befindliche Luft austreiben, um eine Oxydation des Eisen-
chlorürs zu verhindern.

ungefähr 1 Liter Inhalt, spült den Kolben mehrmals mit kaltem Wasser aus und gibt zu der Eisenlösung 60 ccm Mangansulfatlösung (siehe S. 173), verdünnt mit kaltem Wasser zu ungefähr 1 Liter und titriert mit Kaliumpermanganatlösung bis auf hellrot.

Die hierzu verbrauchte Anzahl Kubikzentimeter, multipliziert mit dem Eisentiter, ergibt den Gehalt an Fe, dieses mit 1,2865 multipliziert, den Gehalt an FeO.

Eine zweite Einwage von 1 g löst man in Salzsäure und bestimmt den Gehalt an Gesamteisen nach S. 13.

Zum Lösen unter Luftabschluß kann man auch einen mit einem Contat-Göckelschen Aufsatz versehenen Erlenmeyerkolben benutzen. Der Aufsatz ist mit Natriumbikarbonatlösung gefüllt (Abb. 7).

Abb. 7.

In Salzsäure schwer löslichen Magneteisenstein löst man in Schwefelsäure (1 : 1) und kann in der schwefelsauren Lösung ohne Zusatz von Mangansulfatlösung mit Kaliumpermanganatlösung titrieren.

Zink.

Wesen der Methode. Aus der schwefelsauren Lösung des Erzes fällt man zuerst durch Schwefelwasserstoff die aus saurer Lösung fällbaren Metalle und im Filtrat hiervon das Zink durch Schwefelwasserstoff aus schwach schwefelsaurer Lösung als Sulfid, das entweder als solches gewogen wird oder bei geringen Mengen durch Rösten in Oxyd übergeführt werden kann.

Ausführung. 5—10 g fein gepulvertes Erz löst man in einer flachen Porzellanschale in 50—75 ccm Königswasser (1 Volumen HNO_3, spez. Gewicht 1,4 und 3 Volumen Salzsäure, spez. Gewicht 1,19) und erhitzt in bedeckter Schale, bis das Erz zersetzt ist, setzt 15—30 ccm Schwefelsäure (1 : 1) hinzu, erhitzt auf dem Wasserbad, bis keine Säure mehr entweicht, und zuletzt auf einem Finkenerturm, bis reichlich Dämpfe von Schwefelsäure fortrauchen. Nach dem Erkalten nimmt man den noch feuchten Rückstand[1]) mit 75—100 ccm Wasser auf, spült ihn in ein Becherglas und leitet, ohne vorher zu filtrieren, Schwefelwasserstoff bis zur Sättigung ein. Den Niederschlag, der die Gangart Bleisulfid und die Sulfide des Kupfers, Arsens, Antimons und Zinns enthält, filtriert man und wäscht ihn mit schwach schwefelsäurehaltigem Schwefelwasserstoffwasser aus. Aus dem Filtrat entfernt man den

---

[1]) Siehe S. 7, Blei.

Schwefelwasserstoff durch Kochen, neutralisiert nach dem Erkalten die Lösung mit Ammoniak, indem man einen Streifen Kongopapier[1] in die Lösung tut und vorsichtig verdünntes Ammoniak zusetzt, bis das Papier nur noch schwach violett erscheint[2]. Darauf setzt man 1 ccm Normalschwefelsäure hinzu, verdünnt mit Wasser auf 400 ccm[3] und leitet 1—1½ Stunde lang Schwefelwasserstoff ein[4]. Man läßt den Niederschlag bedeckt über Nacht stehen und filtriert am nächsten Tage durch ein dichtes Filter. Den Niederschlag von Schwefelzink wäscht man mit schwefelwasserstoffhaltigem Wasser, dem man etwas Ammoniumsulfat zugesetzt hat, aus[5]. Da das Schwefelzink leicht durch das Filter geht, gießt man zuerst die Flüssigkeit hindurch und stellt, ehe man den Niederschlag auf das Filter bringt, ein anderes Becherglas unter den Trichter. Eine nach einiger Zeit eintretende opalisierende Trübung des Filtrats rührt von Schwefel her, der durch den Luftsauerstoff aus dem Schwefelwasserstoff ausgeschieden wird. Das Filter trocknet man im Trockenschrank, verascht das Filter in einem gewogenen Rosetiegel bei möglichst niedriger Temperatur, bringt nach dem Erkalten das gleiche Volumen Schwefel[6] hinzu, legt den Deckel auf, leitet durch ein Porzellanrohr Wasserstoff langsam in den Tiegel, bis die Luft daraus verdrängt ist (10 Minuten lang) und erhitzt bei allmählich steigender Temperatur auf schwache Rotglut, bis der überschüssige Schwefel verbrannt ist[7], verkleinert die Flamme allmählich, löscht sie schließlich aus und läßt den Tiegel im Wasserstoffstrom erkalten. Nachdem man die Flamme gelöscht hat, drückt man den Wasserstoffzuleitungsschlauch einen Augenblick zu, um die im Innern des Tiegels brennende Flamme auszulöschen.

Man wägt das ZnS, das 67,09 % Zn enthält

Kleine Mengen von Schwefelzink kann man durch Rösten bei möglichst niedriger Temperatur in ZnO, das 80,34 % Zn enthält, überführen.

---

[1] Lackmuspapier kann man hierzu nicht verwenden, da neutrale Lösungen von Zinksulfat Lackmus röten.

[2] Erhitzt sich die Lösung beim Neutralisieren, so kühlt man durch Einstellen des Glases in kaltes Wasser.

[3] 100 ccm Lösung sollen nicht mehr als 0,1 g Zink enthalten.

[4] Beginnt die Ausfällung des Zinks erst nach 15 Minuten oder später, dann enthält die Lösung zu viel freie Säure und es setzt sich Schwefelzink ziemlich fest an den Wandungen des Glases als regenbogenfarbiges Häutchen an, das sich oft schwer abreiben läßt.

[5] In 330 ccm Wasser löst man ungefähr 5 g Ammoniumsulfat auf. Das aus saurer Lösung gefällte Schwefelzink läßt sich besser filtrieren und auswaschen als das aus alkalischer Lösung gefällte, weil es weit weniger zur Bildung von kolloidalen Lösungen neigt. Schwefelsaure Lösung ist salzsaurer vorzuziehen, weil ein im Schwefelzink verbleibender Rückstand an Chlorammon Veranlassung zur Verflüchtigung von $ZnCl_2$ beim Glühen im Wasserstoffstrom geben kann.

[6] Der hierzu verwendete Schwefel muß, ohne Rückstand zu hinterlassen, verbrennen. Man verwendet am besten aus Schwefelkohlenstoff kristallisierten Schwefel.

[7] Am Deckel darf keine blaue Flamme mehr sichtbar sein und kein Geruch nach SO_2 mehr zu bemerken sein.

Bei der Fällung des Schwefelzinks aus schwach schwefelsaurer Lösung stört die Anwesenheit von Eisen, Mangan, Nickel und Kobalt nicht, da diese Metalle nicht als Sulfide mitgefällt werden. (Methode von Finkener.)

Nickel und Kobalt.

Wesen der Methode. Aus der salzsauren Lösung des Erzes entfernt man das Eisen durch Schütteln mit Äther nach Rothe, das Kupfer aus mäßig saurer Lösung, und das Zink aus schwach saurer Lösung durch Schwefelwasserstoff. Darauf fällt man Mangan, Nickel und Kobalt zusammen durch Schwefelammonium aus, bringt Schwefelmangan durch Behandeln der Sulfide mit verdünnter Salzsäure in Lösung und führt die Sulfide von Nickel und Kobalt durch Rösten in Oxyde über.

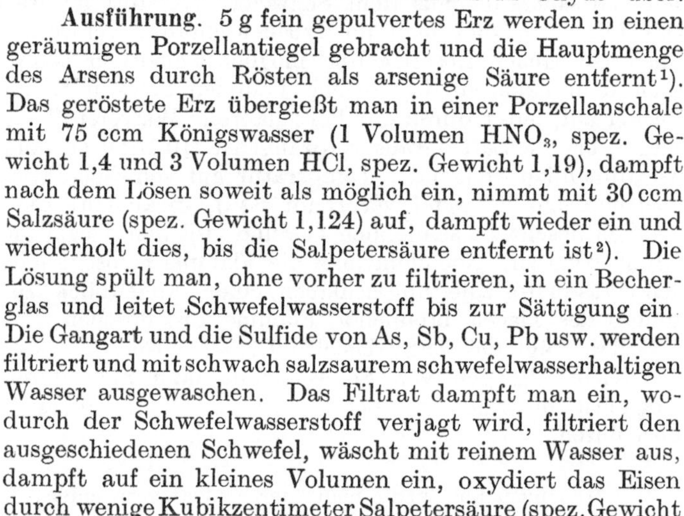

Ausführung. 5 g fein gepulvertes Erz werden in einen geräumigen Porzellantiegel gebracht und die Hauptmenge des Arsens durch Rösten als arsenige Säure entfernt[1]). Das geröstete Erz übergießt man in einer Porzellanschale mit 75 ccm Königswasser (1 Volumen HNO_3, spez. Gewicht 1,4 und 3 Volumen HCl, spez. Gewicht 1,19), dampft nach dem Lösen soweit als möglich ein, nimmt mit 30 ccm Salzsäure (spez. Gewicht 1,124) auf, dampft wieder ein und wiederholt dies, bis die Salpetersäure entfernt ist[2]). Die Lösung spült man, ohne vorher zu filtrieren, in ein Becherglas und leitet Schwefelwasserstoff bis zur Sättigung ein. Die Gangart und die Sulfide von As, Sb, Cu, Pb usw. werden filtriert und mit schwach salzsaurem schwefelwasserhaltigen Wasser ausgewaschen. Das Filtrat dampft man ein, wodurch der Schwefelwasserstoff verjagt wird, filtriert den ausgeschiedenen Schwefel, wäscht mit reinem Wasser aus,

Abb. 8. dampft auf ein kleines Volumen ein, oxydiert das Eisen durch wenige Kubikzentimeter Salpetersäure (spez. Gewicht 1,2) und überzeugt sich von der vollständigen Oxydation durch Prüfen mit Ferrizyankalium[3]). Die Salpetersäure vertreibt man durch mehrmaliges Eindampfen mit Salzsäure, wie oben beschrieben. Nach dem letzten Aufnehmen mit Salzsäure dampft man so weit ein, daß sich eben etwas festes Eisenchlorid[4]) ausscheidet und löst dieses durch Zufügen einiger Tropfen Salzsäure. Dann läßt man die Lösung erkalten und bringt die rein salzsaure, stark konzentrierte Lösung in die obere Kugel des Rotheschen Apparates (Abb. 8). Die Schale spült man einige Male mit wenig verdünnter Salzsäure (20 %ige)[5]) nach. Das Volumen der Eisenlösung,

---

[1]) Nickel und Kobalt kommen meistens als Arsenverbindung im Erz vor.

[2]) Nach dem Aufnehmen mit Salzsäure darf kein Geruch nach Chlor mehr wahrzunehmen sein. Oder man prüft mit Jodkaliumstärkepapier.

[3]) Siehe S. 14, Anm. 3.   [4]) Siehe S. 16.

[5]) Hergestellt durch Verdünnen von 1 Liter HCl (spez. Gewicht 1,124) mit $^1/_4$ Liter Wasser.

einschließlich der zum Ausspülen benutzten Salzsäure, soll höchstens 60 ccm betragen. (Zum Ausspülen der Schale gebraucht man 15—20 ccm Salzsäure. Man gießt etwa 2 ccm Salzsäure in die Schale, spült durch Wenden der Schale aus und gießt die Flüssigkeit in den Apparat. Dies wiederholt man so oft, bis die Salzsäure durch Eisenchlorid nicht mehr gelb gefärbt wird.) Dann bringt man in den Apparat rauchende Äthersalzsäure[1]), und zwar für je 1 g in Lösung befindlichen Eisens 6 ccm und zuletzt 50 ccm reinen Äther; kühlt die Flüssigkeiten unter der Wasserleitung gut ab[2]), schüttelt kräftig durch und überläßt den Apparat einige Minuten der Ruhe. Es bilden sich zwei voneinander scharf getrennte Schichten. Die obere olivengrüne, ätherische Lösung enthält das Eisen, die untere gelb gefärbte, salzsaure Lösung die anderen Metalle (Al, Ni, Co und Mn) und etwas Eisen. Die untere Lösung wird in die zweite Kugel abgelassen und zu der ätherischen Lösung einige Kubikzentimeter verdünnte Äthersalzsäure gebracht[3]), um die letzten Reste besonders von Kobalt zu entfernen. Darauf wird wieder geschüttelt und die zu unterst angesammelte salzsaure Flüssigkeit in das untere Gefäß abgelassen. Dies wiederholt man noch zweimal. Jetzt kann man sicher sein, daß sich in der ätherischen Lösung nur noch Eisen befindet. In das untere Gefäß bringt man durch den seitlich angebrachten Hahn 50 ccm reinen Äther und schüttelt die Flüssigkeiten (nun ohne vorher zu kühlen)[4]) tüchtig durcheinander. Es bilden sich wieder zwei voneinander scharf getrennte Flüssigkeiten, von denen die obere ätherische den Rest des Eisens aufgenommen hat, während die untere salzsaure die übrigen Metalle enthält. Die salzsaure Lösung läßt man in eine Porzellanschale ab, bedeckt diese mit einem Uhrglas, und stellt sie auf ein kochendes Wasserbad, unter dem die Flamme gelöscht ist. Nach dem Verdunsten des Äthers nimmt man das Uhrglas ab und dampft die Flüssigkeit zur Trockene. Den Rückstand nimmt man mit einigen Kubikzentimetern Salzsäure auf, verdünnt mit wenig Wasser, setzt ungefähr 30 ccm gesättigtes Schwefelwasserstoffwasser hinzu und erwärmt die bedeckte Schale, bis das Schwefelkupfer sich zusammengeballt hat. Dann setzt man nochmals 10 ccm Schwefelwasserstoffwasser hinzu und filtriert. Das Schwefelkupfer wäscht man mit schwach salzsaurem schwefelwasserstoffhaltigen Wasser aus und dampft das Filtrat zur Trockene. Den Rückstand nimmt man mit einigen Kubikzentimetern Salzsäure auf, verdünnt mit wenig Wasser, spült die Lösung in ein Becherglas, verdünnt auf etwa 100 ccm, übersättigt schwach mit Ammoniak, setzt Schwefelammonium hinzu und erhitzt zum Sieden[5]). Dann entfernt man die Flamme, säuert mit 5 %iger Salzsäure schwach an, filtriert schnell und wäscht den Niederschlag mit schwach salz-

---

[1]) Bereitung, siehe S. 178.

[2]) Ohne vorherige Kühlung würde sich die Flüssigkeit stark erwärmen, wodurch eine teilweise Reduktion des Eisens zu Chlorür eintreten könnte. Eisenchlorür wird aber von Äther nicht aufgenommen.

[3]) Bereitung, siehe S. 178.   [4]) Jetzt tritt keine Erwärmung mehr ein.

[5]) Nach dem Absetzen des Niederschlages muß die überstehende Flüssigkeit durch Schwefelammon gelb gefärbt erscheinen.

saurem Schwefelwasserstoffwasser aus[1]). Nach dem Trocknen verascht man das Filter samt Niederschlag in einem Porzellantiegel bei niedriger Temperatur, glüht zuletzt stark bei gutem Luftzutritt und wägt NiO + CoO.

Enthält das Erz reichlich Nickel und Kobalt neben viel Mangan, so nimmt man den Rückstand vom Filtrat des Schwefelkupfers mit Salzsäure auf, verdünnt mit etwa 50 ccm Wasser, setzt einen Überschuß von Natronlauge und Bromwasser[2]) hinzu und erhitzt zum Sieden. Den alles Nickel, Kobalt und Mangan enthaltenden schwarzbraunen Niederschlag filtriert man nach dem Zusammenballen, läßt aber den an der Wandung der Schale festhaftenden Teil des Niederschlages in derselben, wäscht Schale und Filter mit heißem Wasser bis zum Verschwinden der alkalischen Reaktion aus. Den Niederschlag spritzt man mit möglichst wenig Wasser in die Schale zurück, löst den auf dem Filter gebliebenen Rest durch Auftropfen von warmer schwefliger Säure unter Zusatz von Schwefelsäure in die Schale hinein, so daß evtl. unter erneutem Zusatz von schwefliger Säure und Schwefelsäure der gesamte Niederschlag in Lösung geht. Die Lösung dampft man auf dem Wasserbad ein, erhitzt auf dem Finkenerturm bis zum Entweichen von Schwefelsäuredämpfen, löst nach dem Erkalten den noch feuchten Rückstand[3]) in wenig Wasser, spült die Lösung in ein Becherglas, übersättigt stark mit Ammoniak[4]), fügt 5—10 ccm einer gesättigten Lösung von Ammoniumsulfat hinzu, bringt Platinspirale und Konus hinein und fällt Nickel und Kobalt zusammen als Metalle elektrolytisch bei Zimmertemperatur durch einen Strom von 2,8—3,3 Volt und 0,5—1,5 Ampere für je 100 qcm Kathodenfläche). Hierbei scheidet sich das Mangan als wasserhaltiges MnO_2 ab, das in der Flüssigkeit in Flocken schwimmt und zum kleinen Teil die Spirale überzieht. Da ein hoher Mangangehalt die Abscheidung des Nickels beeinträchtigt, nimmt man nach einigen Stunden, wenn die größte Menge von Nickel und Kobalt gefällt ist, den Konus heraus, spült ihn ab, trocknet ihn durch Eintauchen in absoluten Alkohol, entfernt den Alkohol durch Einstellen des Konus in eine erwärmte Platinschale und wägt ihn nach dem Erkalten. Die Gewichtszunahme ist Ni + Co. Die im Becherglas befindliche Flüssigkeit, die den Rest von Nickel und Kobalt enthält, säuert man mit Salzsäure an und erwärmt, bis das Mangan sich gelöst hat, dann macht man ammoniakalisch, setzt Schwefelammonium hinzu usw., wie auf S. 43 beschrieben ist.

---

[1]) Durch Schwefelammon werden Zink, Mangan, Nickel und Kobalt als Sulfide gefällt. Beim Ansäuern mit Salzsäure wird Schwefelmangan und Schwefelzink gelöst.

[2]) Die Flüssigkeit muß alkalische Reaktion beibehalten. Das allein durch Natronlauge gefällte $Ni(OH)_2$ ist schwer zu filtrieren und schlecht auszuwaschen.

[3]) Sollte der Rückstand keine überschüssige Schwefelsäure mehr enthalten, so setzt man einige ccm H_2SO_4 (1:1) hinzu und erwärmt damit kurze Zeit.

[4]) Das für diesen Zweck verwendete Ammoniak darf beim Neutralisieren mit Salpetersäure nicht rot werden. Unreines Ammoniak verzögert die Ausfällung sehr.

Ist die Menge der Sulfide bedeutend, so führt man sie nicht durch
Rösten in Oxyde über und wägt sie, sondern löst sie in Königswasser,
dampft die Lösung mit Schwefelsäure ab, wie oben beschrieben, und
fällt aus der nun manganfreien Lösung Nickel und Kobalt elektrolytisch. Um sich zu überzeugen, ob die Fällung beendet ist, nimmt man mit
einer Pipette einige Kubikzentimeter Flüssigkeit heraus, bringt sie in
ein Reagenzglas, setzt etwas Schwefelwasserstoffwasser hinzu und kocht
auf. Bei vollständiger Fällung darf sich die Flüssigkeit nicht braun
färben[1]). Ergibt die Prüfung, daß die Fällung noch nicht beendet ist,
so setzt man die Elektrolyse noch weiter fort. Die im Reagenzglas
befindliche kleine Menge von Nickel- und Kobaltsulfid filtriert man,
wäscht mit schwefelwasserstoffhaltigem Wasser aus, trocknet das Filter,
verascht es und wägt den Rückstand als Oxyd.

Eine Trennung von Nickel und Kobalt wird nur in seltenen Fällen
nötig sein. Sollte sie verlangt werden, so löst man das am Konus haftende
metallische Nickel und Kobalt in Salpetersäure, dampft die Lösung bis
auf ein kleines Volumen ein, fällt das Nickel aus schwach ammonia-
lischer Lösung mit Dimethylglyoxim und bestimmt das Kobalt aus
der Differenz. Vgl. Elektrolytische Fällung des Nickels auf S. 137 und
die Fällung des Nickels durch Dimethylglyoxim auf S. 135.

Antimon und Zinn.

Wesen der Methode. Aus der salzsauren Lösung des Erzes entfernt
man das Eisen durch Ausschütteln mit Äther, das Blei durch Eindampfen
mit Schwefelsäure. Im Filtrat von Bleisulfat fällt man Kupfer, Antimon
und Zinn durch Schwefelwasserstoff, löst die Sulfide von Antimon und
Zinn in Schwefelnatrium und trennt Antimon und Zinn durch Eisen.

Ausführung. 10 g fein gepulvertes Erz löst man in einer Porzellanschale in 75 ccm Salzsäure (spez. Gewicht 1,19) und oxydiert nach der
Zersetzung des Erzes etwa vorhandenes Eisenchlorür mit möglichst
wenig Salpetersäure, die man zu der siedenden Lösung tropfenweise
zusetzt (Prüfung mit Ferrizyankalium), verdünnt mit ungefähr 75 ccm
Wasser, läßt die Lösung erkalten[2]), filtriert und wäscht den Rückstand
mit kaltem salzsäurehaltigen Wasser aus[3]). Das Filtrat dampft man
ein, bis sich eben eine Haut von Eisenchlorid abscheidet[4]), die man durch
Zugabe weniger Tropfen Salzsäure löst. Die erkaltete Lösung behandelt
man mit Äther nach der Methode von Rothe[5]). Zu der eisenfreien
Lösung setzt man 5 ccm Schwefelsäure (1:1), dampft anfangs auf dem

---

[1]) Oder man prüft mit Dimethylglyoxim. Zu diesem Zweck versetzt
man einige Kubikzentimeter, nötigenfalls nach dem Filtrieren, mit so viel
Salzsäure, daß die Lösung nur noch schwach ammoniakalisch ist, setzt
3—4 ccm einer 1%igen alkoholischen Dimethylglyoximlösung hinzu und
erwärmt. Bei weniger als 0,1 mg Nickel färbt sich die Flüssigkeit zuerst
gelb und nach kurzer Zeit scheidet sich rotes Nickeldimethylglyoxim ab.
Vgl. S. 135.

[2]) Kalte verdünnte Eisenchloridlösungen lassen sich schneller filtrieren
als heiße konzentrierte.   [3]) Siehe S. 24.   [4]) Siehe S. 16.   [5]) Siehe S. 42

Wasserbad[1]) bis zur Entfernung des Äthers und der Salzsäure ein und erhitzt danach die Porzellanschale auf dem Finkenerturm, bis Schwefelsäuredämpfe in reichlicher Menge fortgehen. Zu dem erkalteten Rückstand, der noch überschüssige Schwefelsäure enthalten muß[2]), gibt man etwa 50 ccm Wasser, erwärmt einige Zeit auf dem Wasserbad, filtriert das Bleisulfat und wäscht es mit schwach schwefelsäurehaltigem Wasser aus[3]). In das Filtrat leitet man etwa 20 Minuten lang Schwefelwasserstoff ein, unterbricht das Einleiten, erhitzt bis beinahe zum Sieden und leitet von neuem Schwefelwasserstoff ein, bis die Flüssigkeit erkaltet und mit Schwefelwasserstoff gesättigt ist. Nach dem Absetzen des Niederschlages filtriert man durch ein möglichst kleines Filter und wäscht mit schwefelwasserstoffhaltigem Wasser aus, bis das Durchlaufende, auf Platinblech verdunstet, keinen Rückstand mehr hinterläßt. Darauf verschließt man das Trichterrohr mit einem kleinen Korken und gießt auf das Filter so viel gesättigte kalte Ammoniumkarbonatlösung, daß der Niederschlag ganz bedeckt ist[4]). Nach ½ Stunde entfernt man den Korken und wäscht das Filter einige Male mit Ammoniumkarbonatlösung aus. Die auf dem Filter zurückgebliebenen Sulfide des Antimons, Kupfers und Zinns spritzt man mit möglichst wenig Wasser in eine kleine halbrunde Porzellanschale, gibt 10—15 ccm kalt gesättigte Schwefelnatriumlösung hinzu und erwärmt 15 Minuten lang bei mäßiger Temperatur. Darauf gießt man die Flüssigkeit durch das eben benutzte Filter, um die noch auf dem Filter verbliebenen Reste zu lösen, und wäscht einige Male mit schwefelnatriumhaltigem Wasser aus. Auf dem Filter bleibt Schwefelkupfer zurück. Das Filtrat säuert man mit Salzsäure an, um die Sulfide von Antimon und Zinn zu fällen. Nachdem sich diese abgesetzt haben, gießt man die Flüssigkeit durch ein Filter, so daß möglichst wenig von den Sulfiden auf das Filter kommt. Dann stellt man das Glas, in dem sich die Sulfide befinden, unter den Trichter, löst die auf dem Filter befindliche kleine Menge der Sulfide durch Auftropfen von heißer Salzsäure (spez. Gewicht 1,124) und wäscht das Filter mit Wasser, dem man $^1/_3$ Volumen Salzsäure zugesetzt hat, aus. In das Becherglas gibt man etwas Kaliumchlorat[5]) und rauchende Salzsäure (spez. Gewicht 1,19), kocht im bedeckten Glase, bis die Sulfide vollständig zersetzt sind und dampft, ohne den ausgeschiedenen Schwefel vorher zu filtrieren, bis auf etwa 20 ccm ein. Jetzt filtriert man in einen Erlenmeyerkolben, wäscht das Filter mit schwach salzsäurehaltigem Wasser aus und setzt zu der Lösung einen Überschuß von metallischem Eisen[6]),

---

[1]) Solange noch Äther in der Lösung ist, darf unter dem Wasserbad keine Flamme brennen. Die Schale muß anfangs bedeckt werden.

[2]) Siehe S. 7, Blei.   [3]) Siehe S. 38, Blei.

[4]) Um etwa vorhandenes Schwefelarsen zu lösen. Die Hauptmenge des Arsens hat sich beim Lösen und Eindampfen verflüchtigt.

[5]) Verwendet man statt Kaliumchlorat Brom zum Oxydieren, so muß man der Lösung vor dem Eindampfen 1—2 g Kaliumchlorid zugeben, um der nicht unmerklichen Verflüchtigung von Zinnchlorid vorzubeugen. Kaliumzinnchlorid ist nicht flüchtig.

[6]) Man verwendet am besten chemisch reines Eisen (Ferrum reductum). In Ermangelung dieses kann man auch Späne von kupferfreiem Stahl oder Blumendraht nehmen.

bedeckt den Kolben mit einem kleinen Trichter und erhitzt ½ Stunde
lang auf einem kochenden Wasserbad. Erwärmt dann noch so lange,
bis nur noch wenig Eisen ungelöst ist und filtriert durch ein Filter,
auf das man etwas metallisches Eisen gebracht hat, wäscht zuerst
mit salzsäurehaltigem Wasser, später mit luftfreiem (ausgekochtem)
Wasser aus. Das Antimon ist als Metall gefällt, während das Zinn als
Stannochlorid sich in dem Filtrat befindet[1]. Das Antimon spritzt man
mit möglichst wenig Wasser in eine Porzellanschale, löst es in Salzsäure
und wenig chlorsaurem Kali unter Zusatz von etwas Weinsäure[2],
filtriert durch dasselbe Filter, um noch anhaftende Reste zu lösen,
wäscht mit salzsäurehaltigem Wasser aus, verdünnt das Filtrat stark
und fällt das Antimon durch Schwefelwasserstoff, und zwar nach
Treadwell sö, daß man in die kalte schwach saure Lösung 20 Minuten
lang Schwefelwasserstoff einleitet, die Lösung langsam zum Sieden erhitzt, ohne den Schwefelwasserstoffstrom zu unterbrechen, und noch
etwa 15 Minuten lang einleitet, dann entfernt man die Flamme und läßt
den dicht gewordenen Niederschlag sich absetzen. Man filtriert und
wäscht den Niederschlag zuerst im Glase durch 4—5 maliges Dekantieren mit 50—70 ccm heißer, verdünnter, mit Schwefelwasserstoff
gesättigter Essigsäure aus, bringt den Niederschlag auf das Filter und
wäscht, um die Salzsäure vollkommen zu entfernen, weiter mit der
heißen essigsauren Waschflüssigkeit und schließlich 2—3 mal mit
heißem Wasser aus. Zunächst geht, wie Treadwell beobachtet hat,
die Flüssigkeit vollkommen klar durch das Filter, nachdem aber die
Salzsäure vollkommen entfernt ist, zeigt das Filtrat einen ganz schwachen
Stich ins Orange, herrührend von unwägbaren Spuren von Antimonsulfid. Sobald diese Erscheinung eintritt, ist das Auswaschen beendet.
Ist die Menge des Schwefelantimons gering, so löst man es auf dem Filter
durch Auftropfen von warmen Ammoniumsulfid in eine kleine Porzellanschale hinein[3] und wäscht das Filter mit Wasser nach, dampft ein,
bedeckt die Schale mit einem Uhrglas und läßt aus einer Pipette tropfenweise rauchende Salpetersäure einfließen. Das Schwefelantimon wird
augenblicklich fast ohne Schwefelabscheidung oxydiert. Nach kurzem
Erwärmen spült man die Lösung mit wenig Wasser in einen gewogenen
Porzellantiegel, dampft auf einem Wasserbad ab, verdampft schließlich die Schwefelsäure vorsichtig über freier Flamme (am besten auf dem
Finkenerturm), glüht den Rückstand stark und wägt als Sb_2O_4, das
78,98 % Sb enthält.

Das Glühen des Antimonpentoxyds geschieht im offenen Porzellantiegel. Man stellt den Tiegel in den kreisrunden Ausschnitt eines Stückes
Asbestpappe, um die Flammengase, die eine teilweise Reduktion zu
flüchtigem Trioxyd veranlassen würden, fernzuhalten. Die Temperatur
beim Glühen soll nicht höher als 800° kommen, da bei höherer Tempera-

---

[1] $2\,SbCl_3 + 3\,Fe = Sb_2 + 3\,FeCl_2$. $SnCl_4 + Fe = SnCl_2 + FeCl_2$.

[2] Der Zusatz von Weinsäure ist nötig, um das Antimon vollständig in
Lösung zu bringen.

[3] Das Antimonsulfid ist gelöst, wenn der Rand des Filters nach dem
Eintrocknen der Lösung nicht mehr braunrot gefärbt ist.

tur das Tetroxyd in Trioxyd und Sauerstoff zerfällt[1]). Da das Tetroxyd etwas hygroskopisch ist, wägt man im bedeckten Tiegel.

Ist die Menge des Schwefelantimons groß, so spritzt man die Hauptmenge in einen gewogenen geräumigen Porzellantiegel, dampft den Inhalt beinahe zur Trockene ein, bedeckt den Tiegel mit einem durchbohrten Uhrglas, gießt auf das Uhrglas rauchende Salpetersäure (spez. Gewicht 1,52) und bewirkt so bei gewöhnlicher Temperatur die Oxydation des Schwefelantimons. Nachdem die heftige Reaktion vorüber ist, setzt man noch etwas Salpetersäure zu, bis der Schwefel vollkommen oxydiert ist, setzt den Tiegel auf ein Wasserbad, erhitzt dieses allmählich zum Kochen und dampft den Inhalt etwas ein. Den auf dem Filter verbliebenen Rest behandelt man, wie oben angegeben, mit Ammoniumsulfid, bringt dann die Lösung aus der Porzellanschale ebenfalls in den Tiegel, dampft auf dem Wasserbad ein, erhitzt auf dem Finkenerturm, bis die Schwefelsäure fortgeraucht ist, glüht und wägt.

Das zinnhaltige Filtrat von der mit Eisen bewirkten Antimonfällung versetzt man so lange mit Ammoniak, bis es nur noch schwach sauer ist, verdünnt und leitet zur Fällung des Zinns Schwefelwasserstoff bis zur Sättigung ein. Man läßt über Nacht stehen, bis der Geruch nach Schwefelwasserstoff verschwunden ist[2]), filtriert und wäscht mit luftfreiem (ausgekochtem) kalten Wasser, in dem man einige Gramm Ammoniumsulfat aufgelöst hat, aus[3]). Nach dem Trocknen bringt man die Hauptmenge des Niederschlages vom Filter herunter, verascht das Filter im Porzellantiegel, befeuchtet den Rückstand mit einigen Tropfen Salpetersäure[4]) und bringt nach dem Verdampfen der Säure die Hauptmenge in den Tiegel. Darauf erhitzt man anfangs im bedeckten Tiegel[5]), später im offenen Tiegel zuerst gelinde, bis kein Geruch nach schwefliger Säure mehr wahrzunehmen ist, und schließlich stark bei heller Rotglut. Nach dem Erkalten legt man in den Tiegel ein erbsengroßes Stück Ammoniumkarbonat[6]), bedeckt ihn mit einem Deckel, glüht zuerst schwach und schließlich bei abgenommenem Deckel stark bei Luftzutritt bis zur Gewichtskonstanz. Man wägt nach dem Erkalten im Exsikkator das Zinndioxyd, das 78,81 % Zinn enthält.

Kohlensäure.

Wesen der Methode. Die im Erz enthaltene Kohlensäure wird durch Behandeln des Erzes mit Säuren frei gemacht und entweder aus dem Gewichtsverlust, den das Erz erleidet, bestimmt, oder durch Auffangen

---

[1]) Zweckmäßig benutzt man einen Heräus-Tiegelofen. (Siehe S. 197.)

[2]) Schwefelzinn ist in schwefelwasserstoffhaltigem Wasser etwas löslich.

[3]) Ohne Zusatz von Ammoniumsulfat geht der Niederschlag durch das Filter. Die Salzsäure muß vollständig ausgewaschen werden, damit beim späteren Glühen keine Zinnverflüchtigung eintritt.

[4]) Zur Oxydation des durch Reduktion entstandenen Zinns.

[5]) Um Verluste durch Dekrepitieren zu vermeiden.

[6]) Beim Rösten des Schwefelzinns kann etwas Sulfat entstehen, das durch bloßes Glühen nicht zerlegt wird. Beim Glühen mit Ammoniumkarbonat entsteht leicht flüchtiges Ammoniumsulfat.

in einem Kaliapparat durch die Gewichtszunahme dieses Apparates ermittelt.

Ausführung. Für die meisten Zwecke genügt es, die Bestimmung mit dem Apparat von Fresenius-Will auszuführen und die Kohlensäure aus dem Gewichtsverlust zu bestimmen, den das Erz bei der Behandlung mit Schwefelsäure erleidet. Man verfährt dabei nach Ledebur[1]) folgendermaßen: Der Apparat (Abb. 9) besteht aus zwei kleinen Stehkolben, von denen der Kolben A ungefähr 50 ccm Inhalt besitzt, der Kolben B ungefähr 40 ccm Inhalt. Beide Kolben besitzen einen zweifach durchbohrten möglichst kleinen Gummistopfen und sind durch ein Glasrohr miteinander verbunden. Außerdem besitzt jeder Kolben noch ein zweites Glasrohr. In den Kolben A bringt man das abgewogene Erz und füllt ihn bis zur Hälfte mit luftfreiem (ausgekochtem) Wasser an. Der

Kolben B ist bis zur Hälfte mit konzentrierter Schwefelsäure[2]) gefüllt. Das Glasrohr a ist an dem oberen Ende durch ein kurzes Stück Gummischlauch, in dessen oberen Ende ein kurzer Glasstab steckt, verschlossen. In den Kolben A bringt man 1 g des Erzes und ungefähr 15 ccm ausgekochtes Wasser, den Kolben B füllt man bis zur Hälfte mit konzentrierter Schwefelsäure. Dann setzt man die Gummistopfen mit den daran befindlichen Glasröhren auf die Kolben und wägt den Apparat[3]). Um sich zu überzeugen, ob der Apparat dicht ist, saugt man vorsichtig

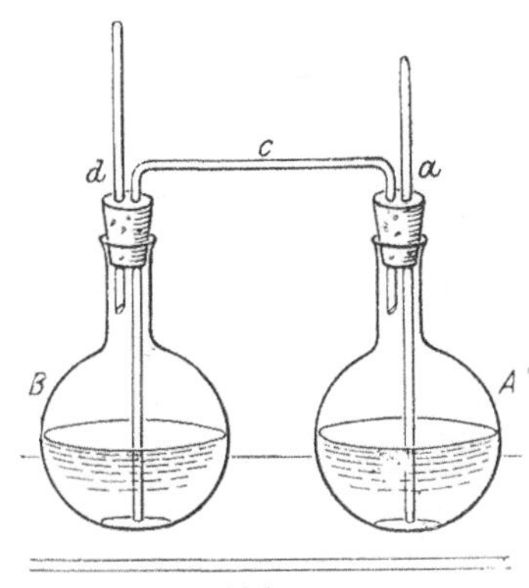

Abb. 9.

an dem Rohr d[4]), so daß einige Luftblasen aus A nach B übertreten. Nachdem man mit Saugen aufgehört hat, steigt in dem linken Schenkel des Rohres c die Schwefelsäure etwas empor und bleibt stehen, wenn der Apparat dicht ist. Wenn dies der Fall ist, saugt man nach einigen Sekunden stärker an dem Rohr d und bewirkt hierdurch, daß etwas Schwefelsäure in den Kolben A fließt. Die Zersetzung des Erzes beginnt, und die hierbei frei werdende Kohlensäure entweicht durch die im Kolben B befindliche Schwefelsäure, wobei die mitgerissene Feuchtigkeit zurückgehalten wird. Läßt die Kohlensäureentwicklung nach, bringt man auf dieselbe Weise wie vorher von neuem etwas Schwefelsäure in den Kolben A und fährt so fort, bis keine Kohlensäure mehr entwickelt wird. Man muß aber dafür Sorge tragen, daß im Kolben B noch genügend Schwefelsäure vorhanden ist, um die mit der Kohlensäure fortgenommene Feuchtigkeit zurückzuhalten. Darauf erwärmt man

---

[1]) Leitfaden für Eisenhütten-Laboratorien.

[2]) Die Schwefelsäure füllt man mit einem Trichter ein, damit der Hals des Kolbens nicht benetzt wird.

[3]) Der Apparat wiegt ungefähr 100 g.

[4]) Zweckmäßig steckt man auf das Rohr ein Stück Gummischlauch und saugt an diesem, um das Rohr nicht zu benetzen.

den Kolben A mit kleiner Flamme, bis die Flüssigkeit schwach siedet. Hierbei tritt meistens eine nochmalige stärkere Kohlensäureentwicklung auf. Das Sieden unterhält man so lange, als noch durch B Gasblasen entweichen. Dann entfernt man den Gummiverschluß von dem Rohr a, verbindet dieses durch einen Gummischlauch mit einem Chlorkalziumrohr und entfernt die Flamme. Infolge der Abkühlung tritt durch das Chlorkalziumrohr getrocknete Luft in den Kolben A ein. Während dieser Zeit verschließt man zweckmäßig das Rohr d durch ein mit Glasstab einseitig geschlossenes Stück Schlauch. Wenn die Abkühlung beendet ist und keine Luftblasen mehr in A aufsteigen, saugt

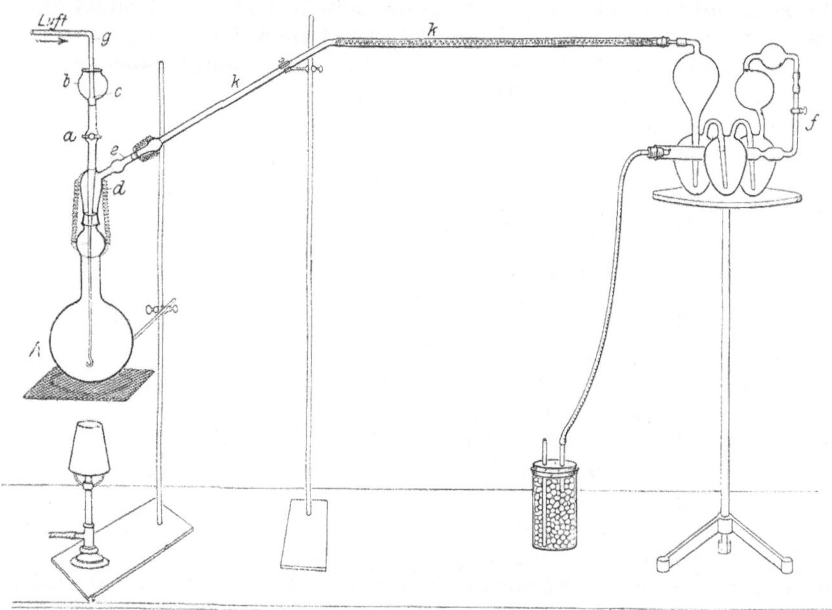

Abb. 10.

man kurze Zeit an d, um alle noch vorhandene Kohlensäure zu entfernen, verschließt das Rohr a wieder mit dem vorher benutzten Verschluß und wägt den Apparat. Die Gewichtsabnahme entspricht der Kohlensäure.

Für genaue Bestimmungen benutzt man nebenstehenden, von Finkener angegebenen Apparat (Abb. 10), leitet die Kohlensäure in einen Kaliapparat und bestimmt die Gewichtszunahme des Kaliapparates.

In den Zersetzungskolben A von ungefähr 100 ccm Fassungsraum bringt man 1—3 g der Erzprobe, befestigt das mit Zuleitungsrohr und seitlichem Ansatz versehene übergeschliffene Trichterrohr d durch Federverschluß an dem Zersetzungskolben. Das Zuleitungsrohr ist unten etwas aufgebogen, um ein Verstopfen durch Erzpulver zu verhüten. Außerdem besitzt es einen Glashahn a, um ein Zurücksteigen der in dem Trichter b befindlichen Säure beim Lüften des Glasschliffes c zu verhüten. An dem Ansatze befindet sich ein übergeschliffenes Glasrohr k von ungefähr 10 mm lichter Weite, das anfangs in einer Länge von etwa 30 cm in einem Winkel von ungefähr 130° aufwärts gebogen ist und dann in derselben Länge horizontal verläuft. An dieses Rohr ist durch ein kurzes Stück Gummischlauch der Kaliapparat f angeschlossen. Das Rohr k ist in seinem horizontalen Teil mit gekörntem, neutralen[1]) wasserfreien Chlorkalzium gefüllt. In dem aufwärts gebogenen Teil befindet sich ein ungefähr 15 cm langes aufgerolltes Stück Fließpapier, um das Chlorkalzium vor starker Durchnässung zu schützen. Nachdem man den Apparat zusammengesetzt hat, öffnet man den Hahn a und läßt durch den Trichter so viel Wasser in den Kolben A einfließen, daß die nach oben gerichtete Austrittsöffnung des Trichterrohres eben vom Wasser bedeckt ist, setzt das in den Trichter eingeschliffene Rohr g ein und leitet aus einem Gasometer kommende kohlensäurefreie[2]) Luft durch den Apparat, mit einer solchen Geschwindigkeit, daß man die durch das Wasser gehenden Blasen bequem zählen kann. Nach 20—25 Minuten, wenn alle kohlensäurehaltige Luft aus dem Apparat vertrieben ist, überzeugt man sich durch Verschließen der Austrittsöffnung des horizontalen Rohres, ob der Apparat dicht ist. Wenn dies der Fall ist, schließt man, ohne den Luftstrom zu unterbrechen, den gewogenen Kaliapparat[3]) an. Nun wird der Hahn a ge-

---

[1]) Das käufliche Chlorkalzium darf man niemals ohne weiteres benutzen. Es enthält stets basisches Chlorid und nimmt nicht unerhebliche Mengen von Kohlensäure auf. Mit Wasser übergossen, reagiert es deutlich alkalisch. Um brauchbares Chlorkalzium daraus herzustellen, verfährt man folgendermaßen: In eine halbkugelige Porzellanschale von etwa 16 cm Durchmesser und 7 cm Höhe tut man 5 g möglichst reines Chlorammonium und füllt die Schale bis beinahe zur Hälfte mit käuflichem, gekörntem, porösem Chlorkalzium an. Darauf erhitzt man die auf einem Drahtnetz stehende Schale mit einem kräftigen Bunsenbrenner und rührt das Chlorkalzium fleißig um. Es entwickeln sich dicke weiße Dämpfe von Chlorammonium. Man erhitzt so lange, bis die weißen Dämpfe etwas nachlassen, aber immer noch in reichlicher Menge auftreten. Dann entfernt man die Flamme und zerstößt das sehr spröde Chlorkalzium zu erbsengroßen Stücken und füllt es, noch warm, nachdem man es gesiebt hat, in eine mit gut eingeschliffenem Glasstopfen versehene Flasche. Ein zurückbleibender Rest an Chlorammonium stört nicht. Das auf diese Weise behandelte Chlorkalzium enthält kein basisches Chlorid mehr und absorbiert keine Kohlensäure. Das oftmals empfohlene Verfahren, das käufliche Chlorkalzium durch andauerndes Überleiten von Kohlensäure in ein Gemenge von neutralem Chlorid und Kalziumkarbonat überzuführen, ist nicht immer sicher.

[2]) Durch Hindurchleiten durch Kalilauge von Kohlensäure befreit.

[3]) Der Apparat wird mit Kalilauge vom spez. Gewicht 1,23 gefüllt, hergestellt durch Auflösen von 1 Teil KOH in 2 Teilen Wasser. Jedes Waschgefäß wird reichlich zur Hälfte mit Lauge beschickt. Das an das letzte Waschgefäß angeschlossene horizontale Rohr enthält Chlorkalziumstücke, die die austretende Luft trocknen sollen. Ohne dieses Rohr würde der Apparat nach und nach an Gewicht abnehmen, da das in den Apparat eintretende Gas vollkommen trocken ist, sich aber beim Hindurchgehen durch die Lauge mit Feuchtigkeit sättigt. An dieses horizontale Rohr ist ein mit Ätzkalistücken beschicktes Absorptionsgefäß angeschlossen, das nicht mitgewogen wird, sondern den Zweck hat, den Zutritt von Luftkohlensäure und Feuchtigkeit zum Kaliapparat zu hindern. Bei reichlicher Kohlensäureentwicklung im Lösungskolben kann es nämlich geschehen, daß die im Kaliapparat befindliche Lauge der Kohlensäure entgegensteigt, wodurch ein An-

schlossen, das in den Trichter eingeschliffene Rohr *g* herausgenommen, die zum Lösen verwendete Säure in den Trichter gegossen, das Rohr wieder eingesetzt[1]), der Hahn *a* so weit geöffnet, daß die Säure langsam in den Lösungskolben fließt und durch den Kaliapparat jede Sekunde eine Blase geht. Genügt die im Trichter befindliche Säure nicht, so schließt man den Hahn *a* wieder und verfährt wie oben gesagt, bis der Lösungskolben knapp bis zur Hälfte mit Säure gefüllt ist. Ist die Kohlensäureentwicklung sehr heftig, so wartet man mit dem weiteren Zusatz von Säure, bis die Gasentwicklung nachgelassen hat. Maßgebend für die Beurteilung ist das Tempo, mit dem die Blasen im Kaliapparat auftreten. Während der ganzen Operation leitet man Druckluft durch den Apparat. Wenn bei gewöhnlicher Temperatur keine Kohlensäure mehr entweicht, erhitzt man den Lösungskolben mit ganz kleiner Flamme, ohne daß vorläufig die Flüssigkeit ins Sieden kommt. Erst wenn im Kaliapparat im ersten Gefäß keine Absorption von Kohlensäure mehr zu bemerken ist, erhitzt man die Flüssigkeit zum Sieden, um die letzten Reste von Kohlensäure auszutreiben. Man muß das Sieden so leiten, daß das im leeren Teil des Rohres *k* befindliche Fließpapier höchstens bis zur Hälfte feucht wird. Dann löscht man die Flamme und leitet, um die letzten Reste der Kohlensäure aus dem Apparat zu verdrängen, noch etwa 20 Minuten lang Druckluft durch den Apparat. Hierauf entfernt man den Kaliapparat, verschließt ihn und wägt ihn nach einer halben Stunde. Die Gewichtszunahme ist Kohlensäure Vor dem Wägen lüftet man die zum Verschließen benutzten kleinen Korke einen Augenblick, um den Druck auszugleichen. Die ganze Operation dauert 1 ½—2 ½ Stunden.

Zum Lösen verwendet man meistens verdünnte Salzsäure, nur bei bleihaltigen Erzen verdünnte Salpetersäure[2]), weil das durch Salzsäure entstehende Bleichlorid die Substanz umhüllt und vor weiterer Zersetzung schützen würde.

Enthält das Erz Sulfide, so gibt man in den Lösungskolben etwas Quecksilberchloridlösung, um den Schwefelwasserstoff als Quecksilbersulfid zu binden.

---

saugen von Luft eintritt. Anstatt des Kaliapparates ein Natronkalkrohr zu benutzen, ist nicht zu empfehlen, da es vor dem Kaliapparat keinen Vorteil besitzt, aber den Nachteil, daß man keine Blasen aufsteigen sieht und man daher den Gang der Kohlensäureentwicklung nicht beobachten kann. Außerdem kann man nicht gut beurteilen, ob der Natronkalk noch Kohlensäure aufzunehmen vermag. Anders beim Kaliapparat. Nach einiger Zeit trübt sich in der ersten Kugel die Lauge durch Ausscheidung von kohlensaurem Kali, während die beiden anderen Kugeln noch absorptionsfähige Lauge enthalten. Selbst im ersten Gefäß nimmt die Lauge noch Kohlensäure auf und das ausgeschiedene kohlensaure Kali löst sich unter Bildung von saurem kohlensauren Kali. Man tut aber gut, den Apparat neu zu füllen, wenn im ersten Gefäß eine Trübung eintritt. Füllen des Apparates siehe S. 72.

[1]) Durch diese von Finkener angegebene Vorrichtung wird ein Zurücksteigen der Säure und ein Herausspritzen aus dem Trichter vollkommen vermieden.

[2]) Salzsäure vom spez. Gewicht 1,10. Salpetersäure vom spez. Gewicht 1,07. Bei dieser Konzentration entweichen beim Erwärmen keine Gase.

Entwickelt das Erz mit Salzsäure Chlor, so benutzt man zum Lösen, wenn es möglich ist, verdünnte Schwefelsäure. Bei Benutzung von Salzsäure setzt man ein oxydierbares Salz hinzu, z. B. Ferrochlorid oder Stannochlorid.

Wasser und organische Substanz.

Man bestimmt beide Körper meistens zusammen, indem man 1 g Erz in einen geräumigen Porzellantiegel einwägt, den Tiegel anfangs bedeckt und dann den schräg gestellten Tiegel zuerst gelinde, später stark glüht. Nach dem Erkalten im Exsikkator wägt man den mit einem Deckel verschlossenen Tiegel. Durch nochmaliges Glühen überzeugt man sich von der Gewichtskonstanz, oder wiederholt das Glühen nötigenfalls. Der Gewichtsverlust ist Wasser + organische Substanz.

Enthält das Erz aber Kohlensäure oder Eisenoxydul, so ist dieses Verfahren nicht anwendbar, da beim Glühen auch die Kohlensäure ausgetrieben und das Eisenoxydul oxydiert wird.

Bei Erzen, die Eisenoxydul enthalten, verfährt man folgendermaßen: In einem mit Deckel versehenen Platintiegel schmilzt man ungefähr 5 g entwässerten (umgeschmolzenen) Borax so lange, bis keine Luftblasen mehr entweichen. Dann läßt man den Tiegel bei aufgelegtem Deckel erkalten und wägt. Nun erhitzt man wieder bei aufgelegtem Deckel, um Verluste durch zerspringenden Borax zu verhüten, bis zum Schmelzen des Borax, lüftet den Deckel, und schüttet 0,5—1 g Erz in die Schmelze, legt den Deckel wieder auf und erhitzt einige Minuten lang unter öfterem Wenden des Tiegels, bis keine Blasen mehr entweichen, dann läßt man bei aufgelegtem Deckel[1]) erkalten und wägt. Der Gewichtsverlust ist Kohlensäure + Wasser. Hat man vorher die Kohlensäure bestimmt, so ergibt sich der Gehalt an Wasser.

Die organische Substanz kann man in solchen Erzen nur durch Verbrennen derselben im Sauerstoffstrom bestimmen, indem man das Wasser in einen Chlorkalziumrohr vorher auffängt und die Kohlensäure, die aus der organischen Substanz entstanden ist, in einem Kaliapparat. Enthält das Erz auch noch Kohlensäure, so muß man diese in einer besonderen Einwage bestimmen und von der im Kaliapparat absorbierten abziehen.

Die Bestimmung der Feuchtigkeit (hygroskopisches Wasser) ermittelt man, indem man auf einem Uhrglas 2 g des feingepulverten Erzes ausbreitet und im Trockenschrank 2 Stunden lang bei 110° erhitzt. Nach dieser Zeit bedeckt man das Uhrglas mit einem zweiten, das auf das erste gut aufgeschliffen ist, hält beide durch eine federnde Klemme zusammen, läßt im Exsikkator erkalten und wägt. Durch nochmaliges einstündiges Erhitzen überzeugt man sich, ob die Feuchtigkeit völlig ausgetrieben ist.

---

[1]) Um Verluste durch zerspringenden Borax zu verhüten.

Barium und Strontium.

In einer flachen Porzellanschale löst man 5 g Erz in 60 ccm Salzsäure (spez. Gewicht 1,19), setzt nach dem Lösen 15 ccm Schwefelsäure (1:1) hinzu, verdampft anfangs auf dem Wasserbad und zuletzt auf dem Finkenerturm, bis Schwefelsäuredämpfe entweichen. Nach dem Erkalten setzt man 75—100 ccm wäßrige schweflige Säure hinzu und erwärmt bei bedeckter Schale, bis die schweflige Säure verschwunden ist und die löslichen Sulfate durch Zugabe von Wasser in Lösung gegangen sind[1]). Dann filtriert man und wäscht den Rückstand mit schwefelsäurehaltigem Wasser (1 ccm H_2SO_4 in 100 ccm Wasser) eisenfrei. Das noch feuchte Filter verascht man in einem Platintiegel, raucht die Kieselsäure mit Flußsäure[2]) ab und schmilzt den Rückstand mit der 5—6fachen Menge Kaliumnatriumkarbonat[3]). Die erkaltete Schmelze bringt man in eine Porzellanschale, übergießt mit ungefähr 100 ccm heißem Wasser und kocht gelinde, bis die Schmelze vollkommen zerfallen ist. Dann filtriert man und behandelt die Karbonate weiter, wie auf S. 26 angegeben ist.

Sind nur Barium und Strontium zugegen, so bestimmt man das Strontium als Karbonat, indem man das Filtrat vom Bariumsulfat mit Ammoniak neutralisiert, auf 50° erwärmt und neutrales Ammoniumkarbonat hinzufügt. Nach mehrstündigem Stehen bei gewöhnlicher Temperatur filtriert man das gefällte Strontiumkarbonat, wäscht mit ammoniumkarbonathaltigem Wasser aus, trocknet den Niederschlag, glüht ihn bei dunkler Rotglut und wägt ihn als als $SrCO_3$.

Kalk und Magnesia.

Gesamtuntersuchung.

Wesen der Methode. Die nach Abscheidung der Kieselsäure erhaltene Erzlösung, die das Eisen als Chlorid enthalten muß, wird mit Natriumkarbonatlösung neutralisiert, mit Natriumazetatlösung versetzt und gekocht. Es fallen Eisen, Tonerde und Titansäure als basische Azetate aus, außerdem enthält der Niederschlag die gesamte Phosphorsäure[4]). Im Filtrat hiervon fällt man das Mangan durch Brom und im Filtrat vom Mangan Kalk und Magnesia.

---

[1]) Eisenoxydulsulfat ist in Wasser leichter löslich als Eisenoxydsulfat.

[2]) Siehe S. 24.   [3]) Siehe S. 25.

[4]) Aber nur, wenn Eisen im Überschuß vorhanden, wie es bei Eisenerzen stets der Fall ist. Versetzt man eine saure Lösung, die Eisenoxyd und Phosphorsäure im Verhältnis 1:1 enthält, so wird durch Ammoniak normales Phosphat $FePO_4$ gefällt, das gelblichweiß ist. Ist Eisenoxyd im Überschuß in der Lösung enthalten, so enthält der Niederschlag Eisenhydroxyd und Phosphat, ist überschüssige Phosphorsäure zugegen, so befindet sich ein Teil dieser im Filtrat. Sind außer Eisenoxyd und Phosphorsäure noch andere Metalle, wie Mangan, Kalzium und Magnesium, zugegen, so würde der Niederschlag, da diese durch Ammoniak auch als Phosphate gefällt werden, Mangan-, Kalzium- und Magnesiumphosphat enthalten. Es verhalten sich nun möglichst neutrale phosphorsäurehaltige Ferrilösungen gegen Ammonazetat oder Natriumazetat und Essigsäure bei der Fällung in

Ausführung. 5 g Erz löst man in einer flachen Porzellanschale in 50—60 ccm Salzsäure (spez. Gewicht 1,19), oxydiert nach dem Lösen etwa vorhandenes Ferrosalz durch Zufügen einiger Tropfen Salpetersäure (Prüfung mit Ferrizyankalium), dampft zur Trockene und scheidet die Kieselsäure ab, filtriert und wäscht aus[1]). Das Filtrat bringt man in einen Meßkolben von 500 ccm und füllt bis zur Marke mit Wasser auf. Hiervon entnimmt man

> 100 ccm zur Bestimmung der Sulfate[2]) (siehe S. 22),
> 100 ccm zur Bestimmung des Phosphors (siehe S. 15),
> 300 ccm zur Bestimmung des Kalks und der Magnesia.

Die Lösung versetzt man so lange mit Natriumkarbonatlösung[3]), bis nach längerem Umrühren ein ganz geringer Niederschlag bleibt. Dann setzt man tropfenweise so viel verdünnte Salzsäure (spez. Gewicht 1,124 mit dem gleichen Volumen Wasser verdünnt) hinzu, bis die Trübung nach öfterem Umrühren und einiger Zeit der Einwirkung sich eben löst, die Lösung also klar geworden ist. Darauf wird die Lösung so weit verdünnt, daß sie in 500 ccm ungefähr 1 g Eisen enthält[4]). Zu der braunroten Flüssigkeit setzt man eine Lösung von Natriumazetat[5]), erhitzt schnell zum Kochen und läßt 1 Minute lang sieden[6]), dann entfernt man die Flamme, läßt den Niederschlag absitzen[7]), gießt die klare Flüssigkeit durch ein schnell laufendes Filter, wäscht den Niederschlag anfangs im Becherglas durch Dekantieren mit siedend heißem Wasser, dem etwas Natriumazetat[8]) zugesetzt ist, und schließlich auf dem Filter, bis das durchlaufende Wasser nicht mehr auf Salzsäure re-

---

der Wärme ähnlich wie gegen Ammoniak, hierbei bleiben aber die in Essigsäure löslichen Phosphate, wie Mangan-, Kalzium- und Magnesiumphosphat, in Lösung.   [1]) Siehe S. 24.   [2]) Sofern das Erz keine Sulfide enthält.

[3]) 10 g kristallisiertes Salz in 100 ccm Wasser gelöst. Man tut gut, die Lösung jedesmal frisch zu bereiten, da Sodalösung bei längerem Stehen nicht unbedeutende Mengen Kieselsäure aus dem Glase löst.

[4]) Der Eisengehalt des Erzes ist vorher durch Titration zu bestimmen.

[5]) Eine durch Alkali neutralisierte Lösung von Eisenchlorid enthält das Eisen in Form einer Lösung von Hydroxyd in Chlorid. Um diese Lösung in basische Azetatlösung überzuführen, d. h. um das Chlor des Chlorids an Natrium zu binden, ist nur so viel Natriumazetat nötig, als dem vorhandenen Eisenchlorid entspricht. Kessler hat gefunden, daß bei der Trennung des Eisens vom Mangan die Beschränkung des Azetatzusatzes auf das gerade Notwendige deshalb von Wichtigkeit ist, weil ein Überschuß von Azetat die Bildung von Manganazetat bedingt, dieses Salz aber leicht in Säure und Basis zerlegt wird. Dieser Umstand erklärt das Mitfallen von Mangan mit dem Eisen. Für je 0,1 g Eisen gebraucht man 1,5 g kristallisiertes Natriumazetat. Das kristallisierte Natriumazetat enthält oft etwas Natriumkarbonat. Nach dem Lösen in Wasser muß man es deshalb mit Essigsäure schwach ansäuern.

[6]) Durch zu langes Kochen wird der Niederschlag schleimig und läßt sich schlecht filtrieren. Es bildet sich stärker basisches Ferriazetat und freie Essigsäure.

[7]) Bei richtigem Arbeiten ist die überstehende Flüssigkeit klar und farblos. Ist die Flüssigkeit jedoch gelblich gefärbt, so war entweder die Neutralisation nicht vollständig oder man hatte zu viel Essigsäure zugesetzt.

[8]) Ohne Azetat würde der Niederschlag nach Entfernung der Salze trübe durch das Filter gehen, da Kolloide mit reinem Wasser Pseudolösungen bilden.

agiert. Das Auswaschen des Niederschlages kann man beschleunigen, wenn man ihn auf dem Filter mit dem Wasserstrahl aus der Spritzflasche aufrührt und dafür sorgt, daß der Niederschlag stets mit heißem Wasser bedeckt ist. Den Niederschlag kann man nach dem Glühen nicht wägen, da er natriumhaltig ist.

Den sorgfältig ausgewaschenen Niederschlag bringt man mit Hilfe eines Spatels soweit als möglich vom Filter herunter in das für die Fällung benutzte Becherglas, stellt das Glas unter den Trichter und löst nun das noch am Filter Haftende in heißer Salzsäure, wäscht mit Wasser aus und gibt in das Becherglas gerade noch so viel Salzsäure, daß der Niederschlag sich löst. Darauf filtriert man die Lösung durch ein möglichst kleines Filter, um Papierfasern und etwas Kieselsäure, die sich abgeschieden haben, zu entfernen. Die Lösung dampft man in einer Porzellanschale so weit ein, daß sich eben eine Haut von Eisenchlorid bildet, die durch wenige Tropfen Salzsäure gelöst wird (siehe S. 16). Darauf bringt man die konzentrierte Eisenchloridlösung in einen Rotheschen Schüttelapparat und entfernt das Eisen (siehe S. 42). Enthält das Erz Titansäure, so scheidet sich diese zum Teil in der eisenfreien Lösung in Flocken ab. Man läßt die eisenfreie Lösung, die Titansäure und Tonerde enthält, in eine Porzellanschale ab, verdampft zur Trockene (anfangs bei aufgelegtem Uhrglas, siehe S. 43), löst den Rückstand in ungefähr 5 ccm Salzsäure (spez. Gewicht 1,124) und verdünnt mit wenig Wasser. Darauf löst man in einer Porzellanschale oder besser Platinschale etwa 5—6 g reinstes Ätznatron in 15—20 ccm Wasser, erhitzt die Flüssigkeit zum Sieden und gießt in diese tropfenweise die salzsaure Tonerde-Titansäurelösung. Die Tonerde bleibt in Lösung, während die Titansäure ausfällt. Darauf verdünnt man mit ungefähr 100 ccm Wasser, läßt erkalten, filtriert und wäscht den Niederschlag, der die mit etwas Eisen verunreinigte Titansäure enthält, mit heißem Wasser, dem man etwas Ammonnitrat zusetzt, aus. Den getrockneten Niederschlag verascht man, schmilzt ihn mit saurem schwefelsauren Kali und bestimmt in der schwefelsauren Lösung das Titan kolorimetrisch mit Wasserstoffsuperoxyd (siehe S. 36).

Das alkalische Filtrat säuert man mit Salzsäure an, erhitzt zum Sieden, entfernt die Flamme und setzt unter Umrühren tropfenweise Ammoniak hinzu, bis die Flüssigkeit schwach danach riecht[1]). Man erhitzt wieder zum Sieden und fügt tropfenweise verdünnte Essigsäure hinzu, bis die Flüssigkeit neutral ist[2]). Nach dem Absetzen des Niederschlages filtriert man, wäscht mit siedend heißem Wasser aus, glüht nach dem Trocknen und wägt als Al_2O_3.

Ist die Menge der Tonerde sehr gering, so tut man besser, vor dem Zusatz von Ammoniak einige Kubikzentimeter einer Eisenchlorid-

---

[1]) Hierbei kann es vorkommen, daß die über der Flüssigkeit befindliche Luft deutlich nach Ammoniak riecht, während die Flüssigkeit selbst noch sauer ist. Um diese Täuschung zu verhindern, muß man die Flüssigkeit gut umrühren, die darüber befindliche Luft fortblasen und sich nun durch den Geruch davon überzeugen, ob die Flüssigkeit ammoniakalisch ist.

[2]) Weil Aluminiumhydroxyd in überschüssigem Ammoniak etwas löslich ist.

lösung von bekanntem Eisengehalt zuzufügen[1]) und dann, wie oben beschrieben, zu fällen. Von dem geglühten Niederschlag $Fe_2O_3 + Al_2O_3$ zieht man die bekannte Menge Eisen ab. Auf diese Weise gelingt es leichter, die Tonerde vollständig auszufällen.

Enthält das Erz keine Titansäure und nur wenig Phosphorsäure (höchstens 0,1 %), so kann man die Tonerde mit ausreichender Genauigkeit auf die Weise bestimmen, daß man die aus dem Rotheschen Apparat abgelassene Flüssigkeit zur Trockene dampft, mit einigen Tropfen Salzsäure (spez. Gewicht 1,124) den Rückstand aufnimmt, mit Wasser mäßig verdünnt und, wie oben angegeben, die Tonerde mit Ammoniak fällt. Der Niederschlag enthält neben Aluminiumhydroxyd etwas Eisenhydroxyd. Nach dem Glühen und Wägen bestimmt man das Eisen nach S. 59 und zieht es vom Al_2O_3 ab.

Enthält das Erz reichlich Phosphorsäure, so löst man den nach dem Abdunsten des Äthers erhaltenen Rückstand in Salzsäure und verfährt, wie es bei titanhaltigem Erz beschrieben ist (siehe S. 20). Die alkalische Lösung säuert man mit Salzsäure an, gibt zu der siedenden Lösung 2 ccm einer gesättigten Natriumphosphatlösung und fällt die Tonerde nach dem Versetzen mit Ammoniak als Phosphat (siehe S. 26).

Das Filtrat von der Azetatfällung dampft man bis auf ungefähr 200 ccm ein[2]). Die klare Lösung erhitzt man bis nahe zum Sieden, setzt Bromwasser hinzu, bis die über dem braunschwarzen Niederschlag[3]) befindliche Flüssigkeit durch weiteren Bromsatz nicht mehr getrübt wird. Färbt sich die Flüssigkeit infolge Bildung von Übermangansäure rot, ein Zeichen, daß die Oxydation vollständig ist, so setzt man einige Tropfen Alkohol hinzu, um das gelöste Mangan wieder als Superoxyd auszuscheiden. Sobald der Niederschlag sich abgesetzt hat, filtriert man und wäscht mit heißem Wasser aus. Der Niederschlag ist nicht rein, sondern enthält Kalk und Magnesia, die als Manganite mit gefallen sind. Um diese zu lösen, läßt man den Niederschlag auf dem Filter kalt werden und wäscht ihn mit verdünnter kalter Salzsäure (1 Teil HCl spez. Gewicht 1,124 + 1 Teil Wasser)[4]). Das Filtrat von der Manganfällung dampft man bis auf etwa 100 ccm ein, setzt etwa 10 ccm Salzsäure (spez. Gewicht 1,124) hinzu[5]), macht mit Ammoniak schwach

---

[1]) Man löst 71,49 g reines Eisenoxyd (Fe_2O_3) in Salzsäure und verdünnt die Lösung mit Wasser zu 1 Liter. 10 ccm enthalten 0,5 g Fe. Der Eisengehalt ist durch Titration genau zu bestimmen.

[2]) War die Lösung für die Azetatfällung zu sauer, so enthält das Filtrat etwas Eisen, das sich beim Eindampfen ausscheidet, weil ein Teil der Essigsäure verdampft. In diesem Fall dampft man so weit ein, bis die Hauptmenge der Essigsäure fort ist, filtriert den Niederschlag, wäscht aus und bringt ihn zum Azetatniederschlag.

[3]) Ein Gemenge von höheren Oxyden des Mangans.

[4]) Hierdurch wird Kalk und Magnesia gelöst, während Mangan völlig unlöslich ist. Oftmals färbt sich die durchlaufende Salzsäure gelb. Diese Färbung rührt von Bromiden her und verschwindet beim Eindampfen der Lösung.

[5]) Enthält die Lösung kein Chlorammon, so fällt mit dem Kalk auch Magnesia aus.

alkalisch[1]), erhitzt zum Sieden und setzt tropfenweise so lange Ammoniumoxalatlösung hinzu, als noch ein Niederschlag entsteht, setzt dann noch etwas Ammoniumoxalat im Überschuß hinzu, kocht 1 Minute lang und filtriert nach 4stündigem Stehen in der Wärme den feinkörnigen Niederschlag von Kalziumoxalat. Man wäscht mit heißem Wasser chlorfrei[2]), trocknet und glüht im Platintiegel anfangs bei niedriger Temperatur, bis die Filterkohle verbrannt ist, und zuletzt, bei aufgelegtem Deckel 10 Minuten lang stark auf dem Gebläse. Nach dem Erkalten im Exsikkator wägt man das CaO im bedeckten Tiegel[3]).

Man kann auch den Kalk titrimetrisch bestimmen.

Titrimetrische Bestimmung des Kalks.

Wesen der Methode. Die im Kalziumoxalat an das Kalzium gebundene Oxalsäure wird in schwefelsaurer Lösung durch Kaliumpermanganat zu Kohlensäure oxydiert, wobei der Endpunkt leicht durch die Rotfärbung erkannt werden kann (siehe S. 195).

Ausführung. Den auf dem Filter befindlichen gut ausgewaschenen Niederschlag von Kalziumoxalat spritzt man mit wenig Wasser in einen mit Trichter bedeckten Erlenmeyerkolben, löst die auf dem Filter zurückbleibende kleine Menge, indem man mehrmals heiße verdünnte Schwefelsäure (1:6) durch das Filter laufen läßt und wäscht das Filter einige Male mit heißem Wasser aus. Zu der im Erlenmeyerkolben befindlichen, durch ausgeschiedenes Kalziumsulfat etwas getrübten Flüssigkeit gibt man noch 10 ccm Schwefelsäure (1:1), verdünnt mäßig mit Wasser, erhitzt auf etwa 60°[4]) und setzt unter Umschwenken Kaliumpermanganatlösung[5]) bis zur Rotfärbung hinzu[6]). Der Eisentiter der Kaliumpermanganatlösung durch 2 dividiert, ergibt den Titer für Kalziumoxyd[7]).

Nachdem man das Waschwasser vom Kalziumoxalatniederschlag für sich eingedampft hat[8]), bringt man es zu dem Hauptfiltrat, setzt

---

[1]) Man setze niemals zuerst Ammoniumoxalat und dann Ammoniak hinzu. Enthält die Lösung zu wenig Ammoniumsalze, so fällt auf Zusatz von Ammoniak Magnesiumhydroxyd aus; man kann durch Auflösen des Niederschlags in Salzsäure und erneutem Zusatz von Ammoniak diesen Fehler wieder gut machen. Umgekehrt verfahren, ist dieser Fehler nicht zu erkennen. Außerdem kann man die Menge der zuzusetzenden Ammoniumoxalatlösung nicht beurteilen, wenn man die Lösung nicht vorher ammoniakalisch gemacht hat.   [2]) Das Waschwasser fängt man gesondert auf.

[3]) Kalziumoxyd zieht leicht Wasser und Kohlensäure an.

[4]) So daß man den Kolben gerade noch anfassen kann.

[5]) Dieselbe Lösung, die zur Eisentitration benutzt wird. S. 170.

[6]) Oftmals verfährt man auch so, daß man das Filter mit Niederschlag in den Erlenmeyer-Kolben bringt, die Oxalsäure in verdünnter heißer Schwefelsäure löst und titriert. In diesem Fall muß man mit dem Zusatz von Permanganatlösung aufhören, sobald die Rotfärbung durch die ganze Flüssigkeit hindurch eingetreten ist. Da das Papier bei längerer Berührung entfärbend auf Permanganat wirkt, darf man sich durch eine, nach einiger Zeit eintretende Entfärbung nicht irreführen lassen.   [7]) Siehe S. 195.

[8]) Dampft man zu weit ein, so scheiden sich leicht in Wasser unlösliche basische Magnesiumsalze aus, die man durch Zusatz von einigen Tropfen Salzsäure wieder löst.

$^1/_3$ des Volumens Ammoniak hinzu (spez. Gewicht 0,96) und setzt zu der kalten Lösung tropfenweise unter Umrühren[1]) so lange Natriumphosphatlösung hinzu, als noch ein Niederschlag entsteht, und dann noch etwa das gleiche soeben verbrauchte Volumen. Nach 4—5stündigem Stehen, am besten unter einer Glasglocke, filtriert man den Niederschlag, bringt das am Glase Haftende mit Hilfe eines Gummiwischers und einiger Kubikzentimeter von dem klaren Filtrat auf das Filter und wäscht ihn mit einem Gemenge von 1 Volumen Ammoniak (spez. Gewicht 0,96) und 3 Volumen Wasser chlorfrei[2]). Nach dem Trocknen bringt man die Hauptmenge des Niederschlages vom Filter, verascht das Filter in einem Porzellantiegel[3]), bringt nach dem Erkalten die Hauptmenge dazu, glüht und wägt das Magnesiumpyrophosphat, $Mg_2P_2O_7$.

Für genaues Arbeiten empfiehlt es sich, den Rückstand nach dem Veraschen des Filters, der meistens grau aussieht, mit einigen Tropfen 10%iger Ammoniumnitratlösung zu durchfeuchten, vorsichtig zu trocknen und nochmals zu glühen[4]).

Bequemer und mindestens ebenso genau erreicht man denselben Zweck bei Anwendung eines Gooch-Tiegels[5]).

Die Bestimmung kleiner Mengen Eisen.

Diese Methode eignet sich besonders für die Bestimmung des Eisens in solchen Niederschlägen, die eigentlich frei von Eisen sein sollen, z. B. Kieselsäure, Tonerde u. dgl.

Wesen der Methode. Ferrisalze werden unter geeigneten Bedingungen[6]) durch Jodkalium in saurer Lösung im Sinne folgender Gleichung zu Ferrosalzen reduziert.

$$2\,FeCl_3 + 2\,KJ = 2\,FeCl_2 + 2\,KCl + J_2\,.$$

Die ausgeschiedene Jodmenge wird durch Titration mit Natriumthiosulfat bestimmt.

Nach obiger Gleichung entsprechen 253,84 J = 111,68 Fe oder 1 Jod = 0,43996 Fe.

Ausführung. Man behandelt den eisenhaltigen Niederschlag mit rauchender Salzsäure (spez. Gewicht 1,19) und bringt durch Erwärmen das Eisen in Lösung, spült die Lösung in eine Porzellanschale und verdampft zur Trockene. Enthält die Lösung Ferrosalz, so oxydiert man dieses vor dem Eindampfen durch etwas Kaliumchlorat, das aber vor der

---

[1]) Man hüte sich, die Wände des Glases zu berühren, da der Niederschlag an diesen Stellen sich so fest ansetzt, daß er nur mühsam zu entfernen ist.

[2]) Der Niederschlag ist in reinem Wasser etwas löslich, und sogar in dem Waschwasser nach Verdrängung der Salze nicht vollkommen unlöslich, weshalb man unnötig langes Auswaschen vermeiden muß und das Durchlaufende öfters nach Ansäuern mit Salpetersäure auf Chlor prüfen muß.

[3]) Platintiegel darf man nicht benutzen, da sich bei Gegenwart von Filterkohle Phosphorplatin bildet.

[4]) Der Zusatz von Ammoniumnitrat bezweckt, die Kohlenteilchen, die von den organischen Substanzen des Ammoniaks herrühren, zu verbrennen.

[5]) Siehe S. 195.   [6]) Siehe S. 193.

Titration zerstört werden muß. Den Rückstand durchfeuchtet man mit etwa 2—3 ccm Salzsäure (spez. Gewicht 1,124), setzt 50 ccm kaltes Wasser und 7—10 g Jodkalium hinzu, rührt um, bis das Jodkalium sich gelöst hat und titriert das ausgeschiedene Jod unter Verwendung von Stärkelösung mit Natriumthiosulfat[1]).

Nach Treadwell bringt man die salzsaure Ferrilösung in eine ungefähr 300 ccm fassende Flasche mit eingeschliffenem Stopfen, stumpft den größten Teil der Säure durch Natronlauge ab und verdrängt die Luft durch Einleiten von Kohlensäure. Dann setzt man ungefähr 5 g Jodkalium zu, verschließt die Flasche, schüttelt und läßt 20 Minuten in der Kälte stehen. Hierauf titriert man das ausgeschiedene Jod unter Verwendung von Stärkelösung mit Natriumthiosulfat bis auf farblos. Sobald die Blaufärbung verschwunden ist, leitet man wieder Kohlensäure ein, verschließt die Flasche und beobachtet, ob nach einigen Minuten eine Nachbläuung stattfindet. Zeigt sich eine solche, so entfärbt man durch weiteren Zusatz von Thiosulfatlösung, verschließt die Flasche und beobachtet von neuem, ob die Blaufärbung wieder auftritt. Ist dies der Fall, so enthält die Lösung zu wenig Jodkalium, und man muß die Bestimmung wiederholen, indem man 1—2 g mehr Jodkalium verwendet als zuvor. Bei genügend Jodkalium und nur wenig freier Salzsäure ist die Reaktion bei gewöhnlicher Temperatur nach 20 Minuten sicher beendet.

Gesamtuntersuchung des Chromeisensteins[2]).

Der Chromeisenstein enthält 30—62 % Cr_2O_3, 18—39 % FeO, 0—18 % MgO, 0—13 % Al_2O_3, 0—11 % SiO^2, außerdem noch manchmal Kalzium, Mangan und Nickel.

Da der Chromeisenstein, obwohl er kein Silikat ist, in allen Säuren unlöslich ist, so muß er durch Schmelzen aufgeschlossen werden. Vorschriften für die Untersuchung gibt es eine große Zahl, hier seien nur zwei angeführt, die sich gut bewährt haben.

Treadwell[3]) empfiehlt folgendes Verfahren.

0,5 g des aufs feinste gepulverten und gebeutelten Minerals werden in einem schief stehenden offenen Platintiegel mit 4 g reinem Natriumkarbonat zwei Stunden lang über einem guten Teclubrenner geschmolzen. Nach dem Erkalten laugt man die Schmelze mit Wasser aus, säuert mit Salzsäure an[4]), verdampft in einer Porzellanschale zur staubigen Trockene, befeuchtet mit Salzsäure, nimmt mit Wasser auf[5]), filtriert die Kieselsäure ab, glüht, wägt und prüft sie durch Abrauchen mit Schwefelsäure und Flußsäure auf Reinheit[6]). Das Filtrat der Kieselsäure wird hierauf heiß mit Schwefelwasserstoff gesättigt und der Niederschlag von Schwefel und Platinsulfid (vom Tiegel herrührend) abfiltriert.

---

[1]) Siehe S. 175 und S. 192.
[2]) Will man nur Chrom bestimmen, so verfährt man nach S. 29.
[3]) Kurzes Lehrbuch der analytischen Chemie.
[4]) Sollte bei der Behandlung mit Salzsäure ein dunkler Rückstand von nicht aufgeschlossenem Mineral bleiben, so wird er filtriert und nochmals mit Soda geschmolzen.   [5]) Siehe S. 23.   [6]) Siehe S. 24.

Das Filtrat bringt man in einen Erlenmeyerkolben, fügt 10 ccm Salmiak-
lösung hinzu, dann kohlensäurefreies Ammoniak bis zur schwach alkalischen Reaktion und schließlich etwas frisch bereitetes farbloses Ammonsulfid, verkorkt und läßt über Nacht stehen, filtriert, wäscht zweimal mit Wasser, dem man einige Tropfen Schwefelammonium zugesetzt
hat, löst in Salzsäure auf und wiederholt die Fällung mit Schwefelammonium. Aus dem Filtrat wird nach dem Eindampfen das Kalzium
und Magnesium nach S. 54 bestimmt. Den Schwefelammoniumnieder-
schlag löst man in verdünnter Salzsäure, filtriert von etwa ungelöst
bleibendem Nickel- und Kobaltsulfid ab, trocknet, glüht im Rosetiegel
bei Luftzutritt, dann im Wasserstoffstrom und wägt als Metall. Eine
Trennung des Nickels vom Kobalt lohnt wegen der sehr geringen Menge
nicht. Das Filtrat vom Nickel- und Kobaltsulfid wird zunächst durch
Kochen von Schwefelwasserstoff befreit, dann durch Eindampfen mit
Kaliumchlorat und Salzsäure oxydiert und Eisen, Aluminium und
Chrom von etwa vorhandenem Mangan durch Baryumkarbonat getrennt.
Zu diesem Zweck versetzt man die in einem Erlenmeyerkolben befindliche schwach saure Lösung tropfenweise mit Natriumkarbonatlösung[1]),
bis eine geringe bleibende Trübung entsteht, die durch Zusatz einiger
Tropfen verdünnter Salzsäure zum Verschwinden gebracht wird. Hierauf setzt man in Wasser aufgeschlämmtes, reines Bariumkarbonat[2])
hinzu, bis nach längerem Umschütteln ein kleiner Überschuß davon am
Boden des Kolbens sichtbar wird. Nun verschließt man den Kolben
und läßt mehrere Stunden unter häufigem Schwenken stehen. Dann
wird die klare Flüssigkeit dekantiert, der Rückstand mit kaltem Wasser
versetzt und nochmals dekantiert. Das Dekantieren wiederholt man
dreimal, bringt den Niederschlag schließlich auf das Filter und wäscht
völlig mit kaltem Wasser aus. Der Niederschlag enthält alles Eisen,
Aluminium, Chrom und den Überschuß des Bariumkarbonats. Das
Filtrat enthält Mangan. Den Niederschlag löst man in verdünnter
Salzsäure, bringt die Lösung in einen Erlenmeyerkolben, kocht, um die
Kohlensäure völlig zu vertreiben, neutralisiert mit Ammoniak und
versetzt hierauf tropfenweise mit frisch bereitetem, farblosem Schwefelammonium, bis keine weitere Färbung entsteht und die Flüssigkeit deutlich nach Schwefelammonium riecht. Hierauf füllt man den Kolben
fast ganz mit ausgekochtem Wasser an, verkorkt und läßt 12 Stunden
stehen. Die klare überstehende Flüssigkeit gießt man, ohne den Niederschlag aufzurühren, durch ein dichtes Filter, übergießt den Niederschlag mit einer Lösung, die in 100 ccm 5 g Ammonazetat und 2 ccm
Schwefelammonium enthält, schüttelt, läßt absitzen und gießt die trübe
überstehende Lösung durch das Filter, fängt aber das Filtrat in einem
anderen Becherglas auf, und, sollte es trübe sein, so gießt man es nochmals durch das Filter. Das Dekantieren wiederholt man dreimal,
bringt alsdann den Niederschlag auf das Filter und wäscht zuerst völlig
mit der Waschflüssigkeit aus, indem man das Filter stets voll hält

---

[1]) Siehe S. 55, Anm. 3.
[2]) Das Bariumkarbonat muß frei von Alkalikarbonat sein.

und zuletzt mit schwefelammonhaltigem Wasser[1]). Der Niederschlag enthält das Eisen als Sulfid, das Aluminium und Chrom als Hydroxyde. Man trocknet ihn und glüht bei niedriger Temperatur. Die Oxyde schmilzt man im Platintiegel mit Natriumkarbonat unter Zusatz von etwas Salpeter, laugt die Schmelze mit Wasser aus, filtriert und wäscht mit heißem Wasser aus. Den in Wasser unlöslichen Rückstand, der das Eisen enthält, löst man in Salzsäure, übersättigt mit Ammoniak, filtriert das Eisenhydroxyd, wäscht aus, glüht und wägt als Fe_2O_3[2]). Im Filtrat der Schmelze befinden sich Chrom als Natriumchromat und Aluminium als Natriumaluminat. Man neutralisiert das Filtrat genau mit Salpetersäure, ohne einen Überschuß anzuwenden (siehe S. 63), erhitzt zum Sieden, entfernt die Flamme und setzt tropfenweise unter Umrühren Ammoniak hinzu, bis die Flüssigkeit schwach danach riecht[3]), erhitzt wieder zum Sieden und setzt tropfenweise verdünnte Essigsäure hinzu, bis die Lösung neutral ist[4]). Darauf filtriert man, wäscht mit siedend heißem Wasser aus, trocknet, glüht und wägt als Al_2O_3. Das Filtrat von der Tonerde dampft man ein, setzt etwas Salzsäure und Alkohol zu und erwärmt. Hierdurch wird das Chromat zu Chromochlorid reduziert, wobei die rote oder gelbe Farbe der Lösung in grüne bzw. violette übergeht. Darauf entfernt man den Alkohol durch Erwärmen, erhitzt zum Sieden und fällt das Chrom durch Ammoniak genau so, wie für Aluminium (S. 56) angegeben ist[5]). Man wäscht das Chromoxydhydrat mit heißem Wasser, dem etwas Ammonnitrat zugesetzt wird, aus, trocknet es und glüht es anfangs in einem mit Deckel verschlossenen Platintiegel[6]) und wägt das grüne Chromioxyd, Cr_2O_3.

Im Filtrat von der Bariumkarbonatfällung bestimmt man das Mangan, indem man zu der in einem 100 ccm fassenden Erlenmeyerkolben befindlichen Lösung etwa 2 g Chlorammonium bringt und dann farbloses Schwefelammonium in geringem Überschuß. Dann füllt man den Kolben mit ausgekochtem kalten Wasser fast ganz an und läßt 24 Stunden oder besser noch länger stehen. Nach dieser Zeit hat sich der fleischrote Niederschlag gut abgesetzt. Zuerst gießt man die überstehende klare Flüssigkeit, ohne den Niederschlag aufzurühren, durch ein dichtes Filter, dekantiert den Niederschlag dreimal mit einer 2 %igen Ammonnitratlösung, der man 1 ccm Ammonsulfid zugesetzt hat und

---

[1]) Meistens findet man die Angabe, daß man das Barium zuerst mit Schwefelsäure ausfällen und erst dann die Trennung des Eisens, Aluminiums und Chroms vornehmen soll. Da aber mit dem Bariumsulfat stets kleine Mengen der Metalle mitgefällt werden, so hält Treadwell das oben angegebene Verfahren für richtiger.

[2]) Die Farbe des Fe_2O_3 ist bedingt durch die Temperatur, bei der es geglüht worden ist, und wird bei deren Steigerung dunkler. Diese Erscheinung beruht nicht etwa auf der Bildung von Fe_3O_4, die erst bei etwa 1200° eintritt, sondern ist nur durch eine Vergröberung des Korns verursacht.

[3]) Siehe Anmerkung 1, S. 56.

[4]) Im Überschuß von Ammoniak ist die Tonerde etwas löslich.

[5]) Zweckmäßig setzt man am Schlusse des Kochens mit Ammoniak etwas Ammoniumsulfid hinzu, damit das etwa gelöste Chrom vollständig gefällt wird.

[6]) Man muß anfangs vorsichtig glühen, da ein Aufglimmen eintritt.

bringt zuletzt den Niederschlag auf das Filter, auf dem man ihn mit verdünntem Ammonsulfidwasser wäscht, bis 20 Tropfen des Filtrats auf einem Porzellantiegeldeckel verdampft und schwach geglüht keinen Rückstand hinterlassen. Dann trocknet man den Niederschlag, bringt die Hauptmenge vom Filter herunter, verbrennt es in einem dünnwandigen kleinen Porzellantiegel, bringt nach dem Erkalten die Hauptmenge dazu und erhitzt anfangs über kleiner Flamme, bis der Schwefel zum größten Teil verbrannt ist. Dann steigert man die Temperatur, glüht stark bis zum konstanten Gewicht und wägt als Mn_3O_4 [1]).

Duparc und Leuba[2]) empfehlen für die Untersuchung des Chromeisensteins folgendes Verfahren.

0,2—0,3 g von dem äußerst fein gepulverten Erz werden mit 5—6 g reiner Soda gemengt und in einem mit Deckel verschlossenen Platintiegel 8 Stunden lang erhitzt. Zuletzt verstärkt man die Hitze und läßt den Tiegel halb offen. Nach Beendigung der Aufschließung taucht man den Tiegel in eine 100 ccm kaltes Wasser enthaltende Porzellanschale, worin er einige Stunden verbleibt. Nachdem die Schmelze aus dem Tiegel mit Wasser herausgewaschen ist, säuert man mit Salzsäure an, erwärmt auf dem Wasserbad, um das Eisenoxyd zu lösen, dampft zur Trockene, feuchtet mit Salzsäure an, dampft wieder ein und wiederholt dies dreimal, um die Kieselsäure abzuscheiden. Zuletzt nimmt man mit Salzsäure auf, verdünnt mit Wasser, filtriert, glüht und wägt die Kieselsäure [3]). Das Filtrat wird mit Ammoniak in geringem Überschuß versetzt und im Wasserbad bis zum Verschwinden des Ammoniakgeruchs erwärmt. Den Niederschlag, der die Hydroxyde des Chroms, Eisens und Aluminiums enthält, filtriert man, wäscht mit heißem Wasser, trocknet, glüht im Platintiegel und wägt. Im Filtrat bestimmt man Kalk und Magnesia nach S. 54. Die geglühten Oxyde pulvert man sehr fein, wägt einen Teil davon ab und schließt abermals mit Soda auf. Die Schmelze digeriert man mit Wasser, wobei das Eisen als unlösliches Oxyd zurückbleibt, während Chrom und Aluminium als Natriumchromat bzw. als Natriumaluminat in Lösung gehen. Man filtriert, wäscht den Rückstand mit Wasser aus, löst in Salzsäure und fällt das Eisen durch Ammoniak. Das chrom- und aluminiumhaltige Filtrat neutralisiert man ganz genau mit Salpetersäure [4]), setzt Ammoniak in geringem Überschuß zu, verjagt den Überschuß durch Kochen, filtriert, löst den Niederschlag in Salzsäure auf und wiederholt die Fällung. Den Niederschlag wäscht man zuerst mit natriumkarbonathaltigem, schließlich mit reinem Wasser, trocknet, glüht und wägt die vollkommen weiße Tonerde. Die vereinigten Filtrate von der Tonerdefällung dampft man ein und fällt das Chrom, wie auf S. 62 angegeben ist.

---

[1]) Mengen bis zu 0,2 g kann man auf diese Weise glatt in Mn_3O_4 überführen. Bei größeren Mengen enthält das Mn_3O_4 noch unzersetztes Mangansulfat. Größere Mengen von Mangansulfid glüht man unter Zusatz von Schwefel im Rose-Tiegel im Wasserstoffstrom. (Siehe S. 41.)

[2]) Lunge-Berl: Chemisch-technische Untersuchungsmethoden. 7. Aufl. Berlin: Julius Springer 1922.   [3]) Siehe S. 23.

[4]) Wendet man beim Neutralisieren auch nur den geringsten Überschuß von Salpetersäure an, so fällt durch Ammoniak chromhaltige grüne Tonerde aus.

Die Untersuchung der Zuschläge.

Die Untersuchung der Zuschläge unterscheidet sich von derjenigen der Erze nur dadurch, daß man für die Bestimmung der einzelnen Körper andere Einwagen verwendet. Da die basischen Zuschläge meist arm an Eisen, Kieselsäure, Mangan, Phosphorsäure und Tonerde sind, verwendet man für deren Bestimmung eine verhältnismäßig größere Menge zur Untersuchung, während man sich für die Bestimmung des Kalks und der Magnesia mit einer kleinen Einwage begnügt.

Gangart, Eisen, Mangan, Kalzium und Magnesium.

1 g gepulverte Substanz bringt man in ein Becherglas von ungefähr 150 ccm Inhalt, durchfeuchtet die Masse mit etwas Wasser[1]), bedeckt das Glas und läßt aus einer Pipette in kleinen Portionen nach und nach etwa 15—20 ccm Salzsäure[2]) (spez. Gewicht 1,124) zufließen. Nachdem die Kohlensäureentwicklung beinahe aufgehört hat, erwärmt man gelinde und später stärker, bis alles, bis auf die Gangart in Lösung gegangen ist. Das in der Lösung vorhandene Eisen oxydiert man durch Salpetersäure, indem man die Lösung zum Sieden erhitzt, dann die Flamme entfernt und nun tropfenweise Salpetersäure (spez. Gewicht 1,4) hinzufügt, bis die anfangs entstehende tief dunkelbraune Farbe[3]) der Lösung in eine gelbe übergeht, und sich durch weiteren Zusatz von Salpetersäure nicht mehr ändert. Dann kocht man, bis die braunen Dämpfe verschwunden sind, spritzt das Uhrglas ab, verdünnt mit etwa 30 ccm Wasser und filtriert. Die auf dem Filter befindliche Gangart wäscht man mit heißem Wasser aus, bringt das noch feuchte Filter in einen Platintiegel, verascht, glüht und wägt.

Das Filtrat erhitzt man zum Sieden und versetzt tropfenweise mit Ammoniak, bis ein geringer Überschuß davon vorhanden ist[4]). Diesen nimmt man mit verdünnter Essigsäure fort, so daß die Lösung neutral oder ganz schwach essigsauer wird. Den

---

[1]) Um ein Verstäuben zu verhüten, das leicht durch die entweichende Kohlensäure beim Zusatz der Säure entstehen kann.

[2]) Ein großer Überschuß von Salzsäure ist nötig, um reichliche Mengen von Ammoniumchlorid zu bekommen, damit bei der späteren Trennung von Kalzium und Magnesium durch Ammoniumoxalat ein Mitfallen von Magnesium-Ammonium-Oxalat verhindert wird.

[3]) Das durch die Reduktion der Salpetersäure entstehende Stickoxyd verbindet sich mit dem Ferrosalz zu einer sehr unbeständigen braunen Verbindung. Beim Zerfall dieser Verbindung tritt infolge des Entweichens des Stickoxyds eine lebhafte Gasentwicklung auf, wodurch bei nichtgenügender Vorsicht (Entfernen der Flamme) leicht ein Überkochen der Flüssigkeit eintreten kann. Bei geringen Eisenmengen ist diese Erscheinung nicht wahrzunehmen.

[4]) Da das Ammoniak fast stets kohlensaures Ammon enthält, so fallen Karbonate des Kalziums und Magnesiums mit dem Eisenhydroxyd aus. Diese werden durch den Zusatz von Essigsäure wieder gelöst.

Niederschlag von Eisenhydroxyd filtriert man und behandelt ihn nach S. 56[1]).

Im Filtrat fällt man Kalzium und Magnesium, wie auf S. 54 beschrieben ist. Enthält die Substanz Mangan, so setzt man zu dem Filtrat von der Eisenfällung 2—3 ccm Wasserstoffsuperoxyd hinzu, macht ammoniakalisch, erhitzt zum Sieden und fällt den Kalk durch Ammoniumoxalat. Hierbei wird sämtliches Mangan (wenn es nur in geringer Menge vorhanden ist) zusammen mit dem Kalziumoxalat als Superoxydhydrat gefällt. In diesem Fall kann man den Kalk nicht titrimetrisch bestimmen, sondern muß ihn nach dem Auswaschen mit Wasser im Platintiegel anfangs über einem Bunsenbrenner, später über einem Gebläse längere Zeit stark glühen und das Gemenge von CaO und Mn_3O_4 wägen. Dann wird der Glührückstand mit Wasser angefeuchtet und das Kalziumoxyd durch tropfenweisen Zusatz von Salpetersäure (spez. Gewicht 1,2) in der Kälte als Nitrat gelöst. Die in der Lösung schwimmenden Flocken von Mangano-Manganioxyd filtriert man durch ein kleines Filter, wäscht sie mit heißem Wasser aus, verascht das Filter, glüht und wägt als Mn_3O_4.

Aus der Differenz der ersten und zweiten Wägung ergibt sich das Gewicht des CaO.

Zur Bestimmung der Kohlensäure verwendet man 0,5 g und verfährt nach S. 49 oder 50. Zur Bestimmung der Phosphorsäure verwendet man 3—5 g und verfährt, wie auf S. 15 beschrieben ist.

Schwefel wird bei Erzuntersuchungen bestimmt (S. 22).

Die Untersuchung des Roheisens und des schmiedbaren Eisens.

Die Probenahme.

Nur mit einer nach allen Regeln der Kunst entnommenen Durchschnittsprobe hat es Zweck, die chemische Untersuchung vorzunehmen.

Die richtige Probenahme ist bei Legierungen, in ganz besonderem Maße aber bei Eisen und Stahl, schwierig.

Es würde den Umfang des Buches weit überschreiten, auf alle einzelnen Fälle einzugehen. Deshalb muß auf Bücher hingewiesen werden, die sich besonders mit dieser überaus wichtigen Frage eingehend beschäftigen[2]). Nur die wichtigsten Vorschriften sollen hier gegeben werden.

---

[1]) Enthält die Substanz Phosphorsäure, so geht letztere mit in den Niederschlag, wenn genügend Eisen vorhanden ist. (Siehe S. 54, Anm. 4.) Fehlt es an Eisen, so setzt man eine genau gemessene Menge einer Eisenchloridlösung von bekanntem Eisengehalt hinzu. (Siehe S. 56.) Den Niederschlag, der Eisen, Tonerde und ·Phosphorsäure enthält, löst man in Salzsäure, füllt die Lösung auf ein bestimmtes Volumen auf und bestimmt in einem Teil der Lösung das Eisen nach der auf S. 59 beschriebenen Methode oder durch Titration mit Permanganat, wenn die Eisenmenge erheblich ist.

[2]) Besonders zu empfehlen ist „Probenahme und Analyse von Eisen und Stahl" von Bauer und Deiß. 2. Aufl. Berlin: Julius Springer 1922.

Bei der Probenahme von Eisen und Stahl muß man berücksichtigen, daß das Material in den einzelnen Teilen eine verschiedenartige Zusammensetzung aufweist. Bei grauem Roheisen ist z. B. der Gehalt an Gesamtkohlenstoff an der Ober- und Unterseite des Stückes meistens höher als in der Mitte. Der Siliziumgehalt weist keine erheblichen Schwankungen auf. Am größten ist der Unterschied im Schwefelgehalt, da der Schwefel die Neigung besitzt, sich in der Mitte und an der Oberseite anzureichern.

Aus diesem Grunde ist es nicht möglich, durch Abdrehen des Stückes ein dem Durchschnitt entsprechendes Material zu bekommen. Ebensowenig bekommt man durch Bohren einwandfreies Analysenmaterial.

In allen Fällen muß man, soweit es nur möglich ist, durch Hobeln über den ganzen Querschnitt die Späne für die Untersuchung zu gewinnen suchen. Bei hartem Material darf man die Schnittgeschwindigkeit und die Spanstärke nicht zu groß nehmen. Die Ungleichmäßigkeit im Material macht sich besonders bei Roheisen bemerkbar. Um hiervon eine zuverläßliche Durchschnittsprobe zu bekommen, verfährt man folgendermaßen.

Von einem Ofenabstich nimmt man drei Masseln, und zwar eine aus einem der ersten Betten, eine zweite aus einem mittleren Bett und eine dritte aus einem der letzten Betten. Diese drei Masseln zerschlägt man in je zwei möglichst gleich große Stücke, reinigt die Oberfläche durch Klopfen und Bürsten mit einer Drahtbürste von anhaftendem Sand und Oxydschicht. Sollte es nicht gelingen, hierdurch eine saubere Oberfläche zu bekommen, so kann man eine Feile[1]) zu Hilfe nehmen, wobei man aber von der Oberfläche nur so viel fortnehmen darf, als gerade nötig ist. Dann nimmt man von den Enden und aus der Mitte durch Hobeln über den ganzen Querschnitt die nötige Menge für die Analyse.

Zu beachten ist hierbei, daß die Hobelmaschine vollkommen sauber sein muß, und daß die Späne nicht mit Fett oder Öl in Berührung kommen[2]). Man sammelt die Späne auf einem untergelegten Stück Glanzpapier.

Die auf diese Weise gewonnenen Späne zerkleinert man in einem Hartgußmörser, der mit einem Deckel verschlossen werden kann, um ein Verstäuben der feinen Teile zu verhindern, weil die einzelnen Späne niemals gleich groß sind, und bei tiefgrauem Eisen sich auch leicht Graphit vom Eisen loslöst, so daß die feinen Teile graphitreicher sind als die groben. Dann bringt man die gepulverte Substanz auf ein mit Deckel verschließbares und mit Boden versehenes Messingsieb, das auf 1 qcm 1200—1500 Maschen enthält. Man bekommt so zwei Teile, bestimmt das Gewicht des Groben und des Feinen und nimmt, nach

---

[1]) Die Feile muß durch Waschen mit Äther von anhaftendem Öl oder Harz befreit werden.

[2]) Erhitzt man die Späne in einem trockenen Reagenzglas über der Bunsenflamme, so treten bei Anwesenheit von Öl oder Fett brenzlig riechende Dämpfe auf.

sorgfältigem Durchmischen jedes Teiles, für die Analyse die Einwage im Verhältnis der beiden Teile.

Kohlenstoffreiches weißes Roheisen läßt sich seiner Härte wegen nicht hobeln. Um hiervon eine gute Durchschnittsprobe zu bekommen, muß man von den gereinigten Masseln von verschiedenen Stellen Stücke abschlagen und diese zerkleinern. Zu diesem Zweck wickelt man die abgeschlagenen Stücke in saubere Leinwand und zerschlägt sie in kleinere Stücke, die dann sorgfältig von anhaftender Leinewand zu säubern sind. Die kleinen Stücke werden in einem Mörser aus hartem Stahl, sog. Diamantmörser, gepulvert.

Gehärteter Stahl ist für die Entnahme der Späne auszuglühen. Hierfür genügt ½ stündiges Glühen bei einer Temperatur, die zwischen 750⁰ und 800⁰ liegt, und darauf folgendes langsames Abkühlen.

Für diesen Zweck bringt man das Stück in einen auf obige Temperatur geheizten Muffelofen und legt vor und hinter die Probe einige Stücke Holzkohle, um eine oberflächliche Oxydation zu vermeiden Eine Kohlung an der Oberfläche durch Kohlenoxydgas ist bei der kurzen Dauer nicht zu befürchten[1].

Weißes Roheisen darf nicht geglüht werden, weil eine Ausscheidung von Temperkohle eintreten kann.

Das Lösen.

In den meisten Fällen benutzt man zum Lösen Salzsäure vom spez. Gewicht 1,124 oder Salpetersäure vom spez. Gewicht 1,2 und verwendet für je 1 g Eisen etwa 10 ccm Säure. Da beim Lösen in Salpetersäure heftige Gasentwicklung auftritt, so setzt man die Säure nach und nach hinzu, verwendet entsprechend große Lösegefäße und stellt diese zum Kühlen in Wasser.

Ist das Material durch Säuren nicht zersetzbar, so unterstützt man das Lösen in einigen Fällen durch Zusatz von Brom, in anderen Fällen glüht man das feingepulverte Material mit einem Gemisch von Natriumkarbonat und Magnesia, oder schließt durch Schmelzen mit Kaliumbisulfat oder Natriumsuperoxyd auf[2].

Bei den einzelnen Untersuchungen ist die zweckmäßigste Art des Aufschlusses angegeben.

Die qualitative Untersuchung.

Da viele Körper in jedem Eisen in geringerer oder größerer Menge stets vorkommen, so ist es unnötig, auf diese qualitativ zu prüfen. Hierher gehören Kohlenstoff, Silizium, Mangan, Phosphor, Kupfer und Schwefel.

Die qualitative Untersuchung erstreckt sich daher nur auf solche Körper, die selten durch den Hochofenprozeß in das Eisen gelangen,

---

[1] Bauer-Deiß: Probenahme und Analyse von Eisen und Stahl. 2. Aufl. Berlin: Julius Springer 1922.   [2] Siehe S. 143 u. 120.

oder dem Eisen absichtlich zugesetzt werden. Hierher gehören Arsen, Antimon, Zinn, Chrom, Wolfram, Molybdän, Titan, Nickel (Kobalt), Vanadin und Aluminium.

Arsen, Antimon und Zinn.

Wesen der Methode. Löst man das Eisen in Salzsäure, so gehen die genannten Metalle teils in Lösung, teils bleiben sie im Rückstand. Verwendet man aber verdünnte Schwefelsäure zum Lösen, so bleiben sämtliche Metalle der Schwefelwasserstoffgruppe im Rückstand[1]) und können von der größten Menge des Eisens auf diese Weise leicht getrennt werden.

Ausführung. In einem hohen schmalen Becherglas von 500 ccm Inhalt übergießt man 10 g Eisen mit 100 ccm Wasser und gibt nach und nach 20—25 ccm konzentrierte Schwefelsäure hinzu. Nachdem die heftige Einwirkung aufgehört hat, kocht man 10 Minuten lang, bis alles Eisen in Lösung gegangen ist[2]). Dann filtriert man und wäscht den Rückstand mit ausgekochtem, kaltem Wasser fast eisenfrei. Das Filter bringt man in das eben benutzte Becherglas zurück, gibt 3—4 g Kaliumchlorat und nach und nach 20 ccm Salzsäure (spez. Gewicht 1,124) hinzu. Nach dem Oxydieren verdünnt man mit 30—40 ccm Wasser und kocht gelinde, bis zum Verschwinden des Chlors, filtriert und wäscht mit etwas salzsäurehaltigem Wasser aus. Das Filtrat erhitzt man zum Sieden und leitet Schwefelwasserstoff bis zur Sättigung ein[3]). Den Niederschlag filtriert man, wäscht mit schwach salzsäurehaltigem Schwefelwasserstoffwasser aus, spritzt die Sulfide mit wenig Wasser in eine kleine Porzellanschale und gibt 25 ccm kaltgesättigte Natriumsulfidlösung hinzu, erwärmt eine Zeitlang mäßig auf einem Wasserbad, gießt die Lösung durch das eben benutzte Filter, um die daran haftenden Reste zu lösen und wäscht das Filter mit schwefelnatriumhaltigem Wasser aus. Auf dem Filter bleibt Schwefelkupfer zurück. In dem Filtrat fällt man die Sulfide von Arsen, Antimon und Zinn durch Ansäuern der Lösung mit verdünnter Schwefelsäure aus und trennt sie, wie bei der Untersuchung der Erze, S. 45, angegeben ist.

Wolfram, Chrom, Molybdän, Titan, Nickel und Vanadin.

Zur Bestimmung dieser Körper löst man 5 g Eisen in einer Porzellanschale in 50 ccm Salzsäure (spez. Gewicht 1,124) und oxydiert das Ferrosalz nach dem Lösen mit einigen Kubikzentimeter Salpeter-

---

[1]) v. Reis: Stahl und Eisen 1889, 9, S. 721.

[2]) Man prüft mit einem Magnet, mit dem man außen am Boden des Glases entlang fährt.

[3]) Um die Reduktion des noch in der Lösung enthaltenen Eisens und Arsens zu beschleunigen und auch um eine durch Zersetzung des Schwefelwasserstoffs hervorgerufene Schwefelabscheidung zu vermeiden, empfiehlt Reinhard, als Reduktionsmittel Natriumhypophosphit ($NaH_2PO_2 + H_2O$)

säure[1]). Die so erhaltene Eisenchloridlösung dampft man zur Trockene, nimmt den Rückstand mit Salzsäure auf, dampft wieder ein und löst den Rückstand wiederum in Salzsäure, verdünnt mit 75 ccm Wasser, kühlt ab und filtriert. Den Rückstand wäscht man mit kaltem salzsäurehaltigem Wasser eisenfrei; er enthält Kieselsäure und Wolframsäure (an der gelben Farbe zu erkennen). Das Filter tut man in eine kleine Porzellanschale und erwärmt mäßig mit Ammoniak. Die farblose Flüssigkeit gießt man in eine andere Porzellanschale ab, setzt einige Tropfen Zinnchlorürlösung hinzu, wodurch bei Gegenwart von Wolframsäure eine gelbe Farbe entsteht. Säuert man darauf mit Salzsäure an und erwärmt, so tritt eine sehr schöne blaue Färbung ein.

Das Filtrat von der Kieselsäure und Wolframsäure dampft man so weit ein, bis sich gerade festes Eisenchlorid auszuscheiden beginnt, löst dieses in wenig Tropfen Salzsäure, bringt die erkaltete Lösung in den Rotheschen Apparat und schüttelt die Lösung mit Äther aus (siehe S. 42). Die eisenfreie salzsaure Lösung dampft man zur Trockene, nimmt den Rückstand mit einigen Tropfen Salzsäure auf, verdünnt mäßig mit kaltem Wasser und filtriert. Auf dem Filter bleibt Titansäure, die mit kaltem Wasser säurefrei gewaschen und im Porzellantiegel geglüht wird. Bringt man die Titansäure an eine Phosphorsalzperle und behandelt diese einige Zeit mit der Reduktionsflamme, so färbt sich die Perle heiß gelb, kalt violett, auf Zusatz von etwas Eisenvitriol blutrot.

Das Filtrat von der Titansäure benutzt man zur Prüfung auf Molybdän, Vanadin, Chrom und Nickel.

Zu einem Teil des Filtrats setzt man etwas in Wasser gelöste Weinsäure (1 g in Wasser gelöst), macht mit Ammoniak schwach alkalisch, fügt 1—2 ccm Dimethylglyoxim[2]) hinzu und kocht. Bei Anwesenheit von Nickel scheidet sich ein purpurroter Niederschlag von Nickeldimethylglyoxim aus.

Zur Prüfung auf Molybdän dampft man einen Teil des Filtrats in einer Porzellanschale mit konzentrierter Schwefelsäure ein. Nach dem Erkalten färbt sich die Masse blau. Noch deutlicher wird die Reaktion, wenn man Alkohol zusetzt.

Zur Prüfung auf Vanadin versetzt man die saure Lösung mit einigen Tropfen Wasserstoffsuperoxyd und schüttelt. Die Lösung färbt sich rotbraun.

Vanadin neben Chrom siehe S. 11.

Zur Prüfung auf Chrom verdampft man einen Teil der Lösung zur Trockene und glüht den Rückstand. Schmilzt man den Rückstand auf einem Platinblech mit Soda und Salpeter, so färbt sich die Schmelze gelb. Löst man diese in Wasser, säuert mit Essigsäure an und setzt Silbernitratlösung hinzu, so wird rotbraunes Silberchromat gefällt.

---

zu verwenden. Dieses Salz reduziert selbst bei großem Säureüberschuß sehr schnell und wirkt, im Überschuß vorhanden, nicht zersetzend auf Schwefelwasserstoff ein. Die Reduktion muß in siedend heißer Lösung vorgenommen werden. Man löst 200 g Salz in 400 ccm kaltem Wasser und filtriert die Lösung nach einigen Tagen.   [1]) Siehe S. 64.   [2]) Siehe S. 133.

Die quantitative Untersuchung.

In den allermeisten Fällen verwendet man für jede Bestimmung eine besondere Einwage. Lassen sich mehrere Bestimmungen mit einer Einwage ausführen, so ist dies besonders erwähnt.

Kohlenstoff.

Löst man Eisen in heißen Säuren, so löst sich der chemisch gebundene Kohlenstoff zum Teil auf, teils verflüchtigt er sich in Form von Kohlenwasserstoffen. Der nicht chemisch gebundene Kohlenstoff bleibt beim Behandeln mit heißen Säuren ungelöst zurück, und zwar in zwei chemisch nicht voneinander zu trennenden Formen als Graphit in kristallinischer Form und als Temperkohle in amorpher Form.

Löst man das Eisen in kalten verdünnten Säuren, so bleibt außer Graphit und Temperkohle auch noch ein Teil des chemisch gebundenen Kohlenstoffs zurück, den man mit Karbidkohle bezeichnet. Der bei der Behandlung mit kalten Säuren sich verflüchtigende Teil des gebundenen Kohlenstoffs wird Härtungskohle genannt.

Aus diesem Verhalten ergibt sich der Weg, der zur Bestimmung der verschiedenen Kohlenstofformen einzuschlagen ist.

Die Bestimmung des Gesamtkohlenstoffgehaltes.

Chromschwefelsäureverfahren von Särnström.

Wesen der Methode. Das Eisen wird in einem Gemisch von Schwefelsäure und Chromsäure gelöst, wobei der größte Teil des Kohlenstoffs zu Kohlensäure oxydiert wird und diese in einem Kaliapparat oder Natronkalkrohr aufgefangen und gewogen wird. Ein kleiner Teil des Kohlenstoffs entweicht hierbei in Form von Kohlenwasserstoffen, die, ehe sie in die Absorptionsapparate gelangen, zu Kohlensäure oxydiert werden müssen. Dies geschieht dadurch, daß sie entweder über glühendes Kupferoxyd oder, mit Luft gemischt, durch ein auf Rotglut erhitztes kapillares Platinrohr[1]) geleitet werden. Die zur Verbrennung nötige Luft wird während des Versuches durch den ganzen Apparat hindurchgeleitet.

Diese Methode eignet sich für die Untersuchung aller Eisensorten, die durch das Säuregemisch zersetzt werden, also für graues und weißes Roheisen und für Ferromangan. Enthält das Eisen viel Silizium, so hüllt die Kieselsäure gröbere Eisenspäne ein, wodurch das Lösen sehr verzögert wird. In solchem Falle muß man für eine möglichst feine Verteilung der Probe sorgen. Ferner eignet sich die Methode für die Untersuchung des schmiedbaren Eisens, mit Ausnahme von Ferrochrom mit hohem Chromgehalt und von wolframhaltigem Eisen. Hochprozentiges Ferrosilizium wird ebenfalls nicht vollständig zersetzt.

---

[1]) Siehe S. 72, Anm. 1.

Der vielfach zur rascheren Lösung des Eisens und zur Verringerung der Kohlenwasserstoffentwicklung empfohlene Zusatz von Kupfersulfatlösung zum Säuregemisch ist nach Ledeburs Erfahrungen nicht allein entbehrlich, sondern gibt, besonders bei graphitreichem Eisen, leicht zu Fehlern Veranlassung, wahrscheinlich infolge der Bildung von schwefliger Säure, die von den Absorptionsapparaten aufgenommen wird.

Erforderliche Reagenzien.

Gesättigte Chromsäurelösung. Man löst 180 g Chromsäure in 100 ccm Wasser, bringt die Lösung in den Kohlenstoffbestimmungsapparat, fügt einige Tropfen konzentrierte Schwefelsäure hinzu, setzt den Rückflußkühler auf und in Tätigkeit und kocht ungefähr 1 Stunde lang bei gelindem Sieden, um die organischen Substanzen, die in der Chromsäure und im Wasser enthalten sind, zu zerstören. Während des Kochens leitet man kohlensäurefreie Luft durch den Kolben. Nach dieser Zeit entfernt man die Flamme, läßt die Lösung unter ständigem Durchleiten kohlensäurefreier Luft völlig erkalten und hebt die Flüssigkeit in einer Flasche mit gut schließendem Glasstopfen auf [1]).

Schwefelsäure (1:1). Man gießt 500 ccm konzentrierte Schwefelsäure (spez. Gewicht 1,84) in dünnem Strahl in 500 ccm dest. Wasser unter ständigem Umrühren. Das Wasser befindet sich am besten in einer geräumigen Porzellanschale, die auf kaltem Wasser schwimmt. Nach dem Erkalten gießt man die verdünnte Schwefelsäure in eine mit Glasstopfen gut verschließbare Flasche.

Kalilauge, spez. Gewicht 1,23, zum Auffangen der Kohlensäure. Man löst 1 Teil KOH in 2 Teilen Wasser. Die Lösung hebt man in einer Glasflasche auf, die mit einem Gummistopfen verschlossen wird.

Beschreibung des Apparates (Abb. 11). *A* ist ein mit Luft gefüllter Gasometer, aus dem durch Druckwasser durch die mit Kalilauge beschickte Waschflasche *B* (um die Kohlensäure zu entfernen) Luft in den Kochkolben *C* tritt. Der Kochkolben *C*, von ungefähr 400 ccm Inhalt, ist mit Einlaßtrichter und Hahn und mit aufgeschliffenem Schlangenkühler versehen. Das Rohr des Einlaßtrichters reicht bis beinahe auf den Boden des Kolbens, ohne diesen jedoch zu berühren. Das Ende des Rohres ist etwas nach oben gebogen, um ein Verstopfen durch Eisenspäne zu verhüten; es muß von der im Kolben befindlichen Flüssigkeit bedeckt sein. Die innere Weite des Kühlrohres soll mindestens 3 mm betragen, damit das Gas keinen zu großen Widerstand findet [2]).

---

[1]) Für die Verbrennung des Graphits (S. 83) verwendet man folgende Chromsäuremischung: 18 g Chromsäure löst man in 60 ccm Wasser und mischt diese Lösung mit 300 ccm konz. Schwefelsäure.

[2]) In den letzten Jahren ist eine große Zahl von Kochkolben für die Kohlenstoffbestimmung im Eisen konstruiert worden. Der oben beschriebene Kolben ist, wie Ledebur angibt, zuerst von Lunge beschrieben worden. Nach meiner Ansicht ist er der beste und handlichste. Vor allen Dingen hat er vor vielen neueren Konstruktionen den großen Vorteil, daß man die Säure durch den Einlaßtrichter unter Druck einfließen lassen kann, so daß ein Herausspritzen der Säure aus dem Trichter beim Öffnen des Hahnes

D ist ein kapillares Platinrohr von 0,5 mm lichter Weite. Die Gesamtlänge des Rohres beträgt 300 mm. Die Schleife wird durch einen Bunsenbrenner zur hellen Rotglut erhitzt[1]).

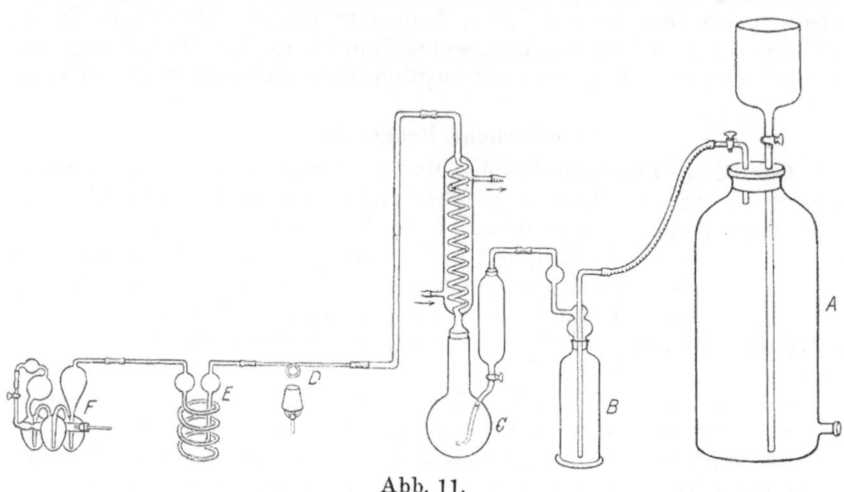

Abb. 11.

E ist eine mit konzentrierter Schwefelsäure gefüllte Winklersche Trockenschlange. Diese hat den Zweck, das bei der Verbrennung der Kohlenwasserstoffe entstehende Wasser zurückzuhalten[2]).

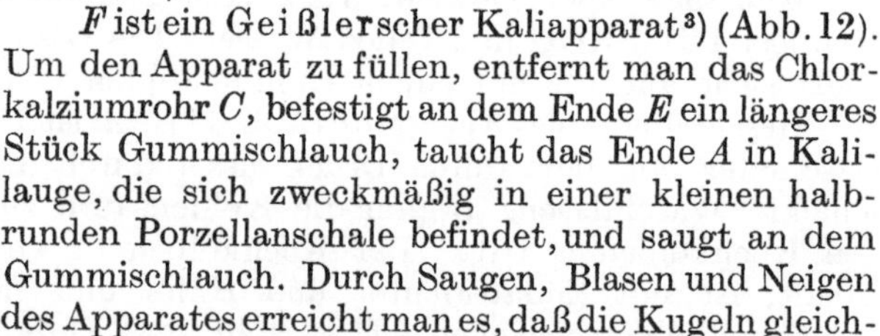

Abb. 12.

F ist ein Geißlerscher Kaliapparat[3]) (Abb. 12). Um den Apparat zu füllen, entfernt man das Chlorkalziumrohr C, befestigt an dem Ende E ein längeres Stück Gummischlauch, taucht das Ende A in Kalilauge, die sich zweckmäßig in einer kleinen halbrunden Porzellanschale befindet, und saugt an dem Gummischlauch. Durch Saugen, Blasen und Neigen des Apparates erreicht man es, daß die Kugeln gleichmäßig reichlich bis zur Hälfte mit Kalilauge gefüllt sind. Darauf reinigt man das Ende A mit Hilfe eines Stückes aufgedrehten Fließpapiers innen

---

nicht stattfindet. Diese Einrichtung ist meines Wissens zuerst von Finkener angegeben worden und in den Laboratorien der ehemaligen Berliner Bergakademie seit mehreren Jahrzehnten bei ähnlichen Apparaten in Anwendung. Neue Kolben koche man zuerst eine Stunde lang mit ungefähr 15 ccm Chromsäurelösung und 150 ccm Schwefelsäure (1 : 1) aus.

[1]) An Stelle des Platinrohres verwendet man zweckmäßiger ein mit Platinschnitzel oder mit Kupferoxyd gefülltes Quarzglasrohr, da das Platinrohr nach längerem Gebrauch kristallinisch und gasdurchlässig wird.

[2]) Finkener empfahl, zum Trocknen statt Schwefelsäure Phosporsäureanhydrit (P_2O_5) zu verwenden, weil Schwefelsäure etwas Kohlensäure absorbiert.

[3]) Dieser Apparat hat vor dem Liebigschen den Vorteil, daß man ihn bequem und sicher aufstellen kann. Außerdem besitzt der Geißlersche Apparat noch das Chlorkalziumrohr zur Aufnahme der der Kalilauge entzogenen Feuchtigkeit. Man ist daher nicht genötigt, zwei Apparate zu wägen.

und außen sorgfältig von anhaftender Kalilauge und setzt mit einem
kurzen Gummischlauch das Chlorkalziumrohr an, das diejenige Feuchtigkeit aufnimmt, die durch den Luftstrom aus der Kalilauge mitgenommen
worden war. Das Chlorkalziumrohr füllt man zweckmäßig folgendermaßen. In den weiten Teil des Rohres bringt man etwas Glaswolle, die
man mit Hilfe eines Glasstabes bis an das enge Glasrohr schiebt, dann
füllt man gekörntes und gesiebtes Chlorkalzium ein, dann wieder etwas
Glaswolle und verschließt nun das Rohr mit einem Korken, durch
den ein enges Glasrohr gesteckt ist. Nun verbindet man das Ende *B*
des Chlorkalziumrohres mit dem Schlauch einer Wasserstrahlluft-
pumpe, setzt die Luftpumpe in Betrieb und verschließt das am anderen
Ende befindliche dünne Glasrohr mit einem kleinen Korkstopfen.
Unterdessen hat man in einer Porzellanschale Siegellack mit Wachs
zusammengeschmolzen und tropft mit einem Glasstab nach und nach
etwas auf den Korken und auf das Ende des weiten Rohres. Dadurch,
daß im Rohr Unterdruck herrscht, wird der Siegellack in die feinsten
Poren gesaugt und bewirkt so einen luftdichten Verschluß. Nachdem
man den Siegellack mit einem heißen Glasstab geglättet hat, zieht man
den Luftpumpenschlauch ab und schließt die Wasserleitung (nicht
umgekehrt). Wenn der Kaliapparat nicht benutzt wird, schließt man
die beiden Öffnungen durch kurze Schläuche mit Glasstopfen.

Ausführung der Bestimmung.

Man wägt ein:

> von Roheisen 1,5 g und verwendet zum Lösen 20 ccm Chrom-
> säure und 150 ccm Schwefelsäure;
> von schmiedbarem Eisen 3 g und verwendet zum Lösen 20 ccm
> Chromsäure und 200 ccm Schwefelsäure.

Nachdem man, wie in der Skizze angegeben ist, den Apparat zu-
sammengestellt hat, bringt man mit Hilfe eines langen und mit sehr
weitem Rohr versehenen Trichters die abgewogene Eisenprobe in den
Kochkolben, dann setzt man den Kühler auf und leitet, ohne den Kaliapparat angeschlossen zu haben, durch den ganzen Apparat 20 Minuten
lang einen nicht zu schnellen Strom von kohlensäurefreier Luft (höchstens 3 Blasen in 1 Sekunde). Unterdessen wägt man den im Wagekasten
stehenden Kaliapparat, nachdem man durch kurzes Abnehmen der
Verschlußschläuche die Druckdifferenz ausgeglichen hat. Dann schließt
man, ohne den Luftstrom zu unterbrechen, den Kaliapparat an[1]),
schließt den am Kaliapparat befindlichen Glashahn und wartet, ob nach
einiger Zeit keine Luftblasen in der hinter dem Gasometer befindlichen
Waschflasche mehr auftreten. Ist dies der Fall, so ist der ganze Apparat
dicht und somit gebrauchsfertig. Man öffnet nun zuerst ganz wenig den
am Kaliapparat befindlichen Glashahn, nach und nach mehr und schließlich ganz, um den Überdruck allmählich zu entfernen. Dann ent-

---

[1]) Die Verschlußstücke hebt man am besten, um sie nicht zu verlieren,
in einem Reagenzglase auf.

zündet man die unter dem Platinrohr befindliche Gasflamme und läßt durch den Einlaßtrichter zuerst die abgemessene Menge Chromsäure in den Apparat und danach die Schwefelsäure. Mit dem Eingießen der Schwefelsäure wartet man aber, bis die Chromsäure das Trichterrohr vollständig verlassen hat, damit nicht durch Abscheidung fester Chromsäure im Trichterrohr ein Pfropfen entsteht, der das Rohr verstopft. Nachdem die Schwefelsäure eingegossen ist, schwenkt man den Kolben durch kreisförmige Bewegung um, damit sich die am Boden ausgeschiedene Chromsäure löst und beide Flüssigkeiten sich mischen[1][2]), dann setzt man den Kühler in Tätigkeit und beginnt mit dem Erhitzen. Dies muß anfangs mit einer kleinen Flamme geschehen. Nach und nach steigert man die Temperatur, bis nach ungefähr 20—30 Minuten die Flüssigkeit siedet. Während des allmählichen Erhitzens schwenkt man den Kolben häufig um, damit die Chromsäure sich löse. Unterläßt man dies, so kann leicht ein Zerspringen des Kolbens eintreten. Die Flüssigkeit hält man 2 ½ Stunden lang im Sieden, löscht die Flamme aus und läßt noch ungefähr 10 Minuten lang den Luftstrom durch den Apparat gehen. Dann entfernt man den Kaliapparat, setzt die Verschlußschläuche auf, und wägt ihn, nachdem er 30 Minuten im Wagekasten gestanden hat. Vor dem Wägen muß man die Druckdifferenz durch kurzes Abnehmen der Verschlüsse ausgleichen.

Während die Flüssigkeit im Kolben siedet, wird der Kohlenstoff nach und nach zu Kohlensäure oxydiert und diese vom Kaliapparat aufgenommen. Während dieser ganzen Zeit läßt man den Luftstrom so durch den Apparat gehen, daß im Kaliapparat höchstens 2—3 Luftblasen in 1 Sekunde auftreten. Steigt etwa der Gasdruck im Apparat so, daß mehr Luftblasen in der angegebenen Zeit auftreten, oder daß gar ein Zurücksteigen der Säure in das Einlaßtrichterrohr stattfindet, so verkleinert man die Flamme oder löscht sie für kurze Zeit aus. Auch kann man sich damit helfen, daß man zur Abkühlung gegen den Kolben bläst[3]). Nachdem der Kaliapparat abgenommen ist, löst man schnell die Verbindung der Platinkapillare mit der Winklerschen Trockenschlange, damit nicht Schwefelsäure in das Platinrohr gesaugt wird[4]).

---

[1]) Unterläßt man das Umschwenken, so tritt nach kurzem Erwärmen ein Stoßen der Flüssigkeit ein, wodurch der Kolben leicht zertrümmert werden kann.

[2]) Schon in der Kälte entwickeln sich Wasserstoff und auch nicht oxydierte Kohlenwasserstoffe, die in dem Verbrennungsrohr leicht Explosionen hervorrufen können, wenn sie nicht genügend mit Luft verdünnt werden. Man leite deshalb von Anfang an ständig Luft durch den Apparat.

[3]) Hierbei zeigt sich besonders der Vorteil des Kaliapparates gegenüber den Natronkalkröhren. Da bei den letzteren keine Luftblasen auftreten, hat man keine Kontrolle für den Gang der Reaktion.

[4]) Nachdem die Säure im Zersetzungskolben sich abgekühlt hat, gießt man sie in ein geräumiges Becherglas und verdünnt reichlich mit Wasser. Nach einiger Zeit prüft man den am Boden des Glases befindlichen Rückstand mit einem Magnet, ob noch unzersetztes Eisen vorhanden ist. Ist dies der Fall, so muß man die Bestimmung nochmals ausführen, indem man feinere Späne anwendet oder längere Zeit kocht.

Unmittelbare Verbrennung des Kohlenstoffs im Sauerstoffstrom mit Hilfe eines elektrisch geheizten Ofens.

Wesen der Methode. Erhitzt man Eisen in reinem Sauerstoff auf 1150°, so wird sämtlicher Kohlenstoff zu Kohlensäure verbrannt, und letztere in geeigneten Apparaten aufgefangen und gewogen.

Schon vor ungefähr 40 Jahren versuchte Finkener[1]), den Kohlenstoff im Eisen dadurch zu bestimmen, daß er die in einem Porzellanrohr befindliche, mit Kupferoxyd gemengte Eisenprobe im Sauerstoffstrom erhitzte. Die Erhitzung nahm er über der Flamme eines Gebläses vor. Hierbei zeigte es sich aber, daß die Verbrennung keine vollständige war, da die Temperatur nicht hoch genug gebracht werden konnte. Blount[2]) erhitzte mit Fletscherbrennern, wobei aber die Porzellanröhren oft sprangen. Um das Zerspringen zu verhüten, wurden später Platinröhren angewendet[3]), die aber bei der hohen Temperatur nicht absolut gasdicht sind. Ch. Morris Johnson[4]) erhitzte das Porzellanrohr in einem elektrisch geheizten Ofen und gelangte zu guten Resultaten.

Auf Anregung von Neumann[5]) werden Öfen für diesen Zweck von der Firma W. C. Heräus in Hanau hergestellt. Neumann gibt an der genannten Stelle genaue Vorschriften für die Ausführung der Verbrennung; u. a. empfiehlt er, ein nur außen glasiertes Porzellanrohr zu verwenden, um ein Festkleben des Schiffchen zu verhüten. Nach seinen Versuchen ist zur vollständigen Verbrennung des Kohlenstoffs die Anwesenheit eines Oxydationsmittels notwendig, wofür in den meisten Fällen das entstehende Eisenoxyd allein schon genügt. Bei Ferrochrom und Ferrosilizium empfiehlt er, die Substanz (0,1—0,5 g) mit der 10fachen Menge Eisenoxyd zu mischen. Das Eisenoxyd und das weiter unten angegebene Kobaltoxyd glüht man vorher im Sauerstoffstrom, um darin enthaltene organische Substanzen zu zerstören. Bei schwefelhaltigem Eisen wird zur Absorption der schwefligen Säure vor den Kaliapparat ein ∪-Rohr geschaltet, das mit Chromsäure und Bimssteinstücken locker gefüllt ist. Der von Neumann angebene Ofen ist in seinen Abmessungen verändert worden und kommt jetzt unter dem Namen Marsofen in den Handel[6]).

Die Methode eignet sich für alle Eisensorten und Eisenlegierungen. Es ist gar nicht empfehlenswert, fein zerkleinertes Material zu verwenden, da bei zu rascher Verbrennung Sauerstoffmangel eintritt und leicht Kohlenoxyd entsteht. Stücke von etwa 2 mm Dicke verbrennen glatt.

---

[1]) Bergakademie Berlin.
[2]) Analyst 1900. Stahl und Eisen 1900, Nr. 17, S. 885.
[3]) Blair: Journ. Americ. Chem. Soc. Stahl und Eisen 1901, Nr. 6, S. 284.
[4]) Journ. Americ. Chem. Soc. 1906. Stahl und Eisen 1907, S. 631.
[5]) Stahl und Eisen 1908, Nr. 28, S. 130.
[6]) Stahl und Eisen 1909, Nr. 29, S. 1155.

Beschreibung des Apparates (Abb. 13). *A* ist der elektrisch geheizte Ofen[1]) mit dem Porzellanrohr[2]), in dem sich die in einem unglasierten Porzellanschiffchen eingewogene Probe befindet. *B* sind Waschvorrichtungen für den Sauerstoff (siehe S. 71). *C* ein Le-Chatelier-Thermoelement[3]). *D* ein Galvanometer. *E* der Stromanschluß. *F* ein Widerstand. *G* ein Amperemeter. *H* ein ∪-Rohr, gefüllt mit Bimssteinstücken und Chromsäure. *J* Chlorkalzium. *K* Kupferoxyd. *L* ein Trockenrohr mit Phosphorpentoxyd beschickt. *M* ein Kaliapparat. *N* eine Ätzkaliflasche.

Vorteilhaft ist es, hinter das Schiffchen eine Schicht gekörntes Kupferoxyd in das Porzellanrohr einzuschalten. Bei der starken Absorption des Sauerstoffs durch das Eisen kann es vorkommen, daß die

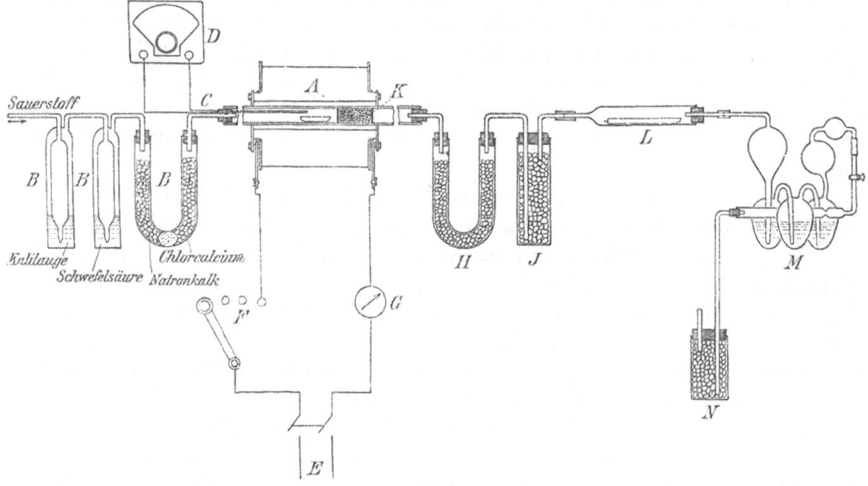

Abb. 13.

nötige Menge Sauerstoff für die Oxydation des Kohlenstoffs zu Kohlensäure fehlt. Etwa entstehendes Kohlenoxyd wird dann durch das erhitzte Kupferoxyd oxydiert.

Ausführung. Man schiebt das Porzellanrohr in den Ofen und verschließt das eine Ende mit einem doppelt durchbohrten Gummistopfen, durch dessen eine Bohrung das Thermoelement geführt wird[4]), und

---

[1]) Zum Heizen des Ofens kann Gleichstrom, Wechselstrom oder Drehstrom verwendet werden. Im letzteren Fall erfolgt der Anschluß nur an eine Phase. Zwischenschaltung eines Amperemeters ist zweckmäßig, aber nicht unbedingt erforderlich. An Stelle eines Ofens mit Platinwickelung kann man einen solchen mit einem Heizkörper aus Karborundumstäben benutzen, der sich vorzüglich bewährt hat. (Stahl und Eisen 1917, S. 213.) Zu beziehen von H. Seibert, Berlin NO 20, Wollank-Str. 57.

[2]) Rohre aus künstlichem Korund von der Dynamidon G.m.b.H. in Mannheim-Waldhof eignen sich für diesen Zweck sehr gut.

[3]) Auch Thermoelemente aus Nickel-Nickelchromdraht sind zu verwenden.

[4]) Der Knoten des mit Schutzrohr versehenen Thermoelementes soll über dem Schiffchen liegen.

dessen andere Bohrung dazu dient, den Sauerstoff einzuleiten. Nun leitet man, nachdem man den Kaliapparat angeschlossen hat, so lange Sauerstoff durch den ganzen Apparat, bis ein vor die Austrittsöffnung des Kaliapparates gehaltenes glimmendes Holz aufflammt. Dann nimmt man den Kaliapparat ab und wägt ihn nach 20 Minuten. Nach dem Wägen schließt man ihn wieder an, schaltet den elektrischen Strom ein und heizt den Ofen an, indem man nach und nach den Vorschaltwiderstand ausschaltet[1]). Hat der Ofen eine Temperatur von 250° bis 350°, so bringt man die auf einem unglasierten Porzellanschiffchen eingewogene Roheisenprobe in das Verbrennungsrohr[2]). Von grauem Roheisen wägt man höchstens 0,5 g ein und sorgt dafür, daß die Temperatur nur langsam steigt, so daß erst nach etwa 40 Minuten die Höchsttemperatur von 1150° erreicht wird, auf dieser Temperatur hält man den Ofen, um eine vollständige Verbrennung des Graphits zu erreichen, ungefähr 20 Minuten lang. Dann schaltet man den Ofen aus, während andauernd Sauerstoff durch das Rohr geleitet wird und nimmt, wenn die Temperatur auf ungefähr 900° zurückgegangen ist, den Kaliapparat ab, um ihn nach 20 Minuten zu wägen.

Um sich rasch davon überzeugen zu können, ob alle Kohlensäure aus dem Rohr in das Absorptionsgefäß übergetrieben ist, schaltet G. Watters[3]) zwischen letzterem und dem Trockenrohr einen Dreiweghahn ein, mittelst dessen man die Gase rasch durch ein kleines Probierrohr leiten kann. Dieses ist mit ganz verdünnter Natronlauge (0,003 g NaOH in 1 Liter Wasser gelöst) gefüllt, der als Indikator Phenolphthalein zugesetzt ist. Die kleinste Menge Kohlensäure, die schon in 3 oder 4 Gasblasen durch die Lösung hindurchgeht, würde beim Umschütteln die rote Lösung entfärben, so daß man sich an dem Bestehenbleiben oder Verschwinden der Färbung von der Vollständigkeit der Verbrennung überzeugen kann. Die hierzu erforderliche Menge Kohlensäure ist so gering, daß die Genauigkeit der Bestimmung darunter nicht leidet.

Bei der Untersuchung schmiedbaren Eisens verfährt man folgendermaßen: Man wägt 1 g Substanz ein und schließt den Ofen schon nach 2—3 Minuten kurz, wodurch nach ungefähr 15 Minuten eine Temperatur von 900° erreicht wird, die nach weiteren 5 Minuten auf 1150° steigt. Nachdem diese Temperatur erreicht ist, hält man sie etwa 10 Minuten lang, schaltet den Ofen aus, läßt ihn auf ungefähr 800° abkühlen, nimmt den Kaliapparat ab und wägt ihn nach 20 Minuten.

Für die Haltbarkeit des Ofens ist es wichtig, daß die Temperatur niemals über 1200° steigt. Nach Beendigung der Verbrennung ist der Ofen sofort auszuschalten.

Bei der Verbrennung von Ferrosilizium, Ferromangan usw. verwendet man oxydierende Zuschläge.

---

[1]) Während der ganzen Zeit leitet man Sauerstoff durch den Apparat.
[2]) Mit Hilfe eines Messingstabes, dessen Ende zu einem kleinen Haken aufgebogen ist. Man hüte sich davor, den heißen Messingstab auf Holz od. dgl. zu legen, damit nicht verkohlte organische Substanzen daran haften bleiben, die später im Porzellanrohr zu Kohlensäure verbrennen.
[3]) Iron Age 1910, S. 758. Stahl und Eisen 1910, S. 1128.

Nach Neumann verwendet man Eisenoxyd (0,5 g Substanz mit der 10fachen Menge Eisenoxyd gemischt) oder Wismutoxyd. Für diesen Zweck verwendet man größere Schiffchen und schmilzt entweder im elektrischen Ofen bei 900[^0] oder über einem guten Bunsenbrenner so viel Wismutoxyd ein, daß das Schiffchen damit zur Hälfte angefüllt ist. Nach dem Erkalten bringt man die Substanz in das Schiffchen und verbrennt, wie oben beschrieben.

Sehr wirksam als Zusatz ist Kobaltoxyd[1]), von dem man die doppelte Menge verwendet.

Man verwendet für

Ferrochrom mit	5—10 % Cr	0,5 g Legierung und	1,5 g	Bi_2O_3
„ „ unter 5 % Cr	1 g	„	„	3 g „
Ferromangan	0,5 g	„	„	5 g „
Ferromolybdän	1 g	„	„	1 g „
Ferrosilizium mit 25—33 % Si	0,5 g	„	„	5 g „
„ „ 50 % Si	0,5 g	„	„	5 g „
„ „ 75—85 % Si	0,5 g	„	„	16 g „

Wüst[2]) erniedrigt den Schmelzpunkt der Legierungen auf etwa 800[^0] durch Zusammenschmelzen mit der fünffachen Menge eines Gemisches, bestehend aus 3 Teilen Antimon[3]) und 1 Teil Zinn[4]).

Die Wirkung dieses Zusatzes besteht neben der Schmelzpunkterniedrigung hauptsächlich darin, daß die Löslichkeit des Kohlenstoffs im geschmolzenen Metall herabgesetzt wird, wodurch sich die Hauptmenge desselben in schwammiger leicht oxydierbarer Form an der Oberfläche des Metallbades ausscheidet.

Von der zu untersuchenden Legierung verwendet man . 0,5—1 g und nimmt die Verbrennung bei einer Temperatur von 800—900[^0] vor. Bei Beginn der Bestimmung erhitzt man das Rohr, ohne Sauerstoff durchzuleiten, zunächst schwach, dann stärker bis auf die erforderliche Temperatur von 800—900[^0] und läßt dann langsam Sauerstoff durchgehen. Nach etwa 10 Minuten ist die Verbrennung beendet, doch leitet man der Sicherheit wegen noch einige Zeit länger Sauerstoff hindurch. Danach stellt man die Erhitzung und Sauerstoffzufuhr ein und leitet etwa 2 Liter Luft hindurch, um die letzten Reste von Kohlensäure in das Absorptionsgefäß zu treiben. Dauer der Bestimmung höchstens 2 Stunden.

Stadeler[5]) empfiehlt für hochgekohltes Ferromangan eine Einwage von 0,2—0,3 g mit dem 7—8fachen Zusatz des Metallgemisches. Nach seinen Erfahrungen ist für die vollständige Verbrennung des Kohlenstoffs eine Temperatur von 900[^0] notwendig.

Bei schwer verbrennbaren Substanzen, wie hochhaltigem Ferrochrom, Ferromangan und Ferrosilizium, überzeuge man sich durch nochmaliges Erhitzen von der vollständigen Oxydation des Kohlenstoffes.

---

[1]) Stahl und Eisen 1919, S. 1185.   [2]) Metallurgie 1910, S. 321.
[3]) Von E. Merck bezogen als Stibium Metall. Regulus. puriss. Vor der Verwendung im Stahlmörser gepulvert.
[4]) Das ebenfalls von Merck bezogene Stangenzinn wird in einer Porzellanschale vorher geschmolzen und dann gepulvert.
[5]) Metallurgie 1911, S. 268.

Volumetrische Bestimmung des Kohlenstoffs[1].

Wesen der Methode. In der gleichen Weise wie bei dem vorher beschriebenen Verfahren wird der Kohlenstoff in dem stark erhitzten Material durch Sauerstoff zu Kohlensäure verbrannt, diese aber nicht im Kaliapparat oder in Natronkalkröhren absorbiert und gewogen, sondern volumetrisch bestimmt.

Beschreibung des Apparates[2]. Die aus dem Verbrennungsrohr tretenden Gase (Kohlensäure und Sauerstoff) gelangen zuerst in eine Kühlschlange, die mit Wasser von Zimmertemperatur umgeben ist. Von da aus in eine Meßbürette und dann in die mit Kalilauge beschickte Absorptionspipette. Zuletzt zur Bestimmung der absorbierten Kohlensäure wieder in die Meßbürette. (Abb. 14.)

Ausführung. Die Einwage beträgt:

bei Proben unter 0,5 % C = 2 g
„ „ über 0,5 % C = 1 g
„ „ „ 1,5 % C = 0,5 g
„ „ „ 4 % C = 0,2 g.

Zuerst leitet man durch den ganzen Apparat etwa 5 Minuten lang Sauerstoff in langsamem Strom hindurch, dann unterbricht man die Sauerstoffzufuhr, füllt die Bürette mit Flüssigkeit und stellt die Druckflasche hoch. Ist inzwischen die Temperatur des Ofens auf 1150⁰ gestiegen, bringt man das mit der Probe beschickte Schiffchen in das Verbrennungsrohr, stellt möglichst schnell die Verbindung des Rohres mit dem Apparat

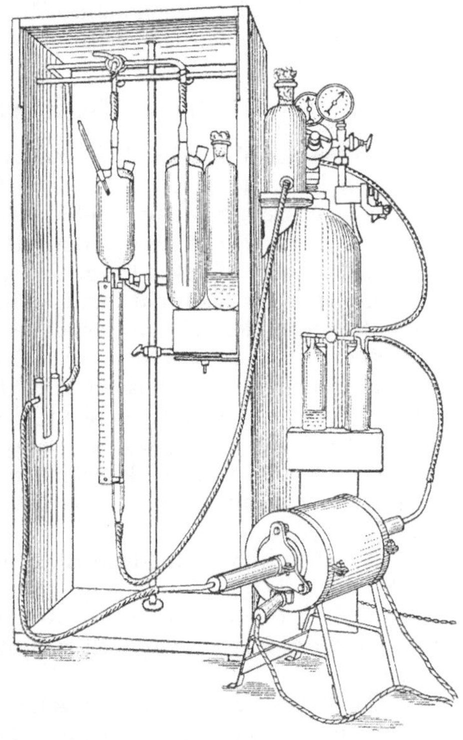

Abb. 14.

her, läßt zuerst langsam Sauerstoff durch das Rohr, bis die Verbrennung beginnt, dann schneller, bis sie in längstens 1 Minute beendet ist. Man hüte sich davor, zuviel Sauerstoff hindurchzuleiten, denn sonst könnte es geschehen, daß die Meßbürette mit Sauerstoff gefüllt ist, ehe die Kohlensäure hineingelangt ist. Bei richtiger Verbrennungstemperatur und Sauerstoffzufuhr fällt die Flüssigkeit in der Meßbürette anfangs 10—20 mm, bleibt dann stehen und fällt erst nach beendeter Verbrennung schnell. Hierbei treibt der nachfolgende

---

[1] J. Wirtz: Stahl und Eisen 1913, S. 449.
[2] Zu beziehen von der Firma Paul Klees in Düsseldorf, Klosterstr. 116.

Sauerstoff die Kohlensäure vollständig in die Meßbürette. Dann schließt man den Hahn für die Sauerstoffzuführung, löst die Verbindung zwischen Verbrennungsrohr und Apparat, öffnet den Hahn an der Bürette, um eine Verbindung zwischen Kühlschlange und Bürette herzustellen und stellt mit Hilfe der Druckflasche die Flüssigkeit auf den Nullpunkt ein. Dann drückt man das in der Bürette befindliche Gas in die Absorptionspipette, saugt den Rest wieder in die Bürette und ermittelt aus der Volumenverminderung den Gehalt an Kohlensäure. Die jedem Apparat beigefügte Zahlentafel berücksichtigt die jeweilige Temperatur und den Barometerstand, so daß man mit Hilfe der Korrekturen unmittelbar den Prozentgehalt ablesen kann. Mit diesem Apparat lassen sich Kohlenstoffbestimmungen in 3—4 Minuten ausführen.

Kolorimetrische Kohlenstoffbestimmung nach Eggertz.

Wesen der Methode. Löst man Eisen in Salpetersäure, so löst sich mit dem Eisen auch der gebundene Kohlenstoff und färbt die Flüssigkeit je nach seiner Menge mehr oder weniger dunkelbraun. Man vergleicht die Farbe mit derjenigen, die man durch Auflösen eines Eisens von bekanntem Kohlenstoffgehalt (Normalstahl) unter den gleichen Bedingungen erhalten hat, und kann somit den Kohlenstoffgehalt des zu untersuchenden Eisens berechnen.

Wie auf S. 70 erwähnt ist, löst sich in heißen Säuren der chemisch gebundene Kohlenstoff zum Teil auf, zum Teil verflüchtigt er sich in Form von Kohlenwasserstoffen. Der nicht chemisch gebundene Kohlenstoff bleibt ungelöst als Graphit und als Temperkohle zurück. Hieraus folgt, daß für die kolorimetrische Kohlenstoffbestimmung lediglich Eisen in Frage kommt, das nur chemisch gebundenen Kohlenstoff enthält.

Der chemisch gebundene Kohlenstoff kommt im Eisen als Karbidkohle und Härtungskohle vor, von denen sich beim Lösen in heißen Säuren die Härtungskohle als Kohlenwasserstoff verflüchtigt, woraus folgt, daß der Farbenvergleich sich nur auf den Gehalt an Karbidkohle erstreckt.

Die Erfahrung hat aber gezeigt, daß in allem schmiedbaren Eisen, praktisch genommen, die Menge der Härtungskohle zur Menge der Karbidkohle in einem bestimmten Verhältnis steht. Voraussetzung hierfür ist aber, daß das Eisen langsam abgekühlt und nicht abgeschreckt worden ist, weil durch das Abschrecken das natürliche Verhältnis der beiden Kohlenstofformen zueinander sich ändert. Solche Proben dürfen nicht miteinander verglichen werden, weil man ja nicht den Gehalt an Karbidkohle, sondern den Gesamtgehalt an gebundenem Kohlenstoff bestimmen will. Da im abgeschreckten Eisen der Gehalt an Härtungskohle größer ist als im langsam erkalteten, und die Härtungskohle sich beim Lösen verflüchtigt, so gibt abgeschrecktes Material beim Lösen eine hellere Farbe als langsam erkaltetes bei gleichem Gesamtkohlenstoffgehalt.

Die besten Resultate erhält man, wenn man Proben von gleicher Herkunft miteinander vergleicht, also Bessemerstahl mit Bessemerstahl, Martinstahl mit Martinstahl usw. Der Normalstahl, dessen Kohlenstoffgehalt auf gewichtsanalytischem Wege bestimmt ist, soll annähernd den gleichen Kohlenstoffgehalt haben als die zu untersuchende Probe, eher aber etwas höher als niedriger. Für harte Stahlsorten benutzt man zweckmäßig einen Normalstahl mit etwa 1% C, für weniger harte einen solchen mit ungefähr 0,6—0,4% C, für weiches Material einen solchen mit 0,3—0,15% C.

Nickelstähle und Chromstähle mit höheren Gehalten an Nickel und Chrom geben der sonst rein braunen Farbe des gelösten Kohlenstoffs einen grünen resp. gelben Ton und eignen sich aus diesem Grunde nicht für die kolorimetrische Bestimmung.

Die zum Lösen verwendete Salpetersäure[1]) muß frei von Salzsäure sein, weil Eisenchlorid die Lösung gelblich färbt.

Die Anwesenheit von Phosphor, Schwefel und Silizium hat keinen Einfluß auf die Richtigkeit der Bestimmung, ebenso auch nicht Kupfer und Mangan, sofern man die Lösung mindestens auf 8 ccm verdünnt hatte.

Weniger als 8 ccm Flüssigkeit darf niemals in einer Meßröhre enthalten sein, weil sonst der Farbenton durch die Eisennitratlösung beeinflußt wird.

Ausführung. In kleine Reagenzgläser von etwa 123 mm Länge und 15 mm lichter Weite[2]) wägt man von einem Normalstahl und einem zu untersuchenden Material je 0,1 g ein, stellt die Gläser in kaltes Wasser und gibt zu jeder Probe 5 ccm chlorfreie Salpetersäure (spez. Gewicht 1,25—1,30).

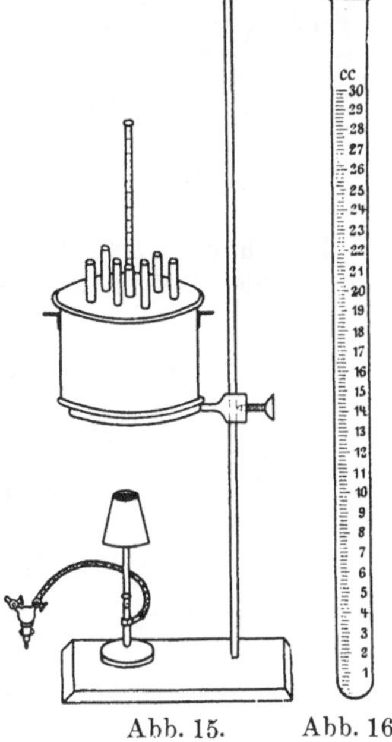

Abb. 15.   Abb. 16.

Nachdem die heftige Einwirkung vorüber ist, nimmt man die Gläser heraus, trocknet sie gut ab und stellt sie in ein auf 135° angeheiztes Paraffinbad[3]) (Abb. 15). Die Flamme unter dem Paraffinbad kann man auslöschen, doch achte man darauf, daß die Temperatur nicht unter 125° sinkt. Nach ungefähr 5 Minuten ist die Probe gelöst. Man nimmt nun die Gläser heraus, wischt das daranhaftende Paraffin sorgfältig

---

[1]) Le Chatelier und Bogitch (Revue de Métallurgie 1916, 257, 66) haben gefunden, daß Salpetersäure vom spez. Gewicht 1,25—1,30 am geeignetsten ist.

[2]) Verwendet man zu enge Reagenzgläser, so tritt leicht ein Überschäumen der Flüssigkeit ein.

[3]) Ein eiserner Kochtopf von 12—13 cm Höhe, einem Durchmesser von 14 cm wird etwa 5 cm hoch mit Paraffin gefüllt. In den Topf hinein stellt man 2 runde Eisen- oder Kupferscheiben, die durch einen durch die Mitte beider Scheiben gehenden Stab miteinander verbunden sind. Die obere Scheibe bildet den Deckel des Topfes, die untere besitzt 3 ungefähr 1,5 cm hohe Füße. Beide Scheiben besitzen einige genau übereinanderliegende kreisrunde

ab und stellt sie in kaltes Wasser [1]). Nachdem die Flüssigkeit abgekühlt ist, spült man sie in Meßzylinder [2]) (Abb. 16) und verdünnt mit Wasser so weit,

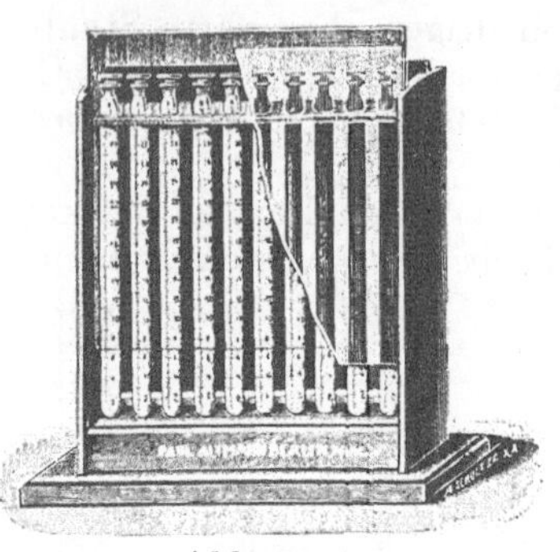

Abb. 17.

bis die Farbe der zu untersuchenden Probe mit der des Normalstahls genau übereinstimmt. Zum Vergleichen bedient man sich zweckmäßig eines Holzgestelles, in das die Meßzylinder hineingestellt werden (Abb. 17). Die Rückwand des Holzgestelles besteht aus einer Milchglasscheibe, von der sich die Färbungen deutlich abheben. Zweckmäßig stellt man beim Vergleichen die Lösung der zu untersuchenden Probe einmal links und ein anderes Mal rechts von der Normallösung [3]) und verdeckt den oberen Rand der Flüssigkeit durch ein davorgehaltenes Stück weißen Papiers.

Berechnung. Ist n die Menge der Normallösung in Kubikzentimeter, c ihr Kohlenstoffgehalt in Prozenten, p die Menge der zu prüfenden Lösung in Kubikzentimetern, so beträgt der gesuchte Kohlenstoffgehalt $x = \dfrac{c \cdot p}{n}$.

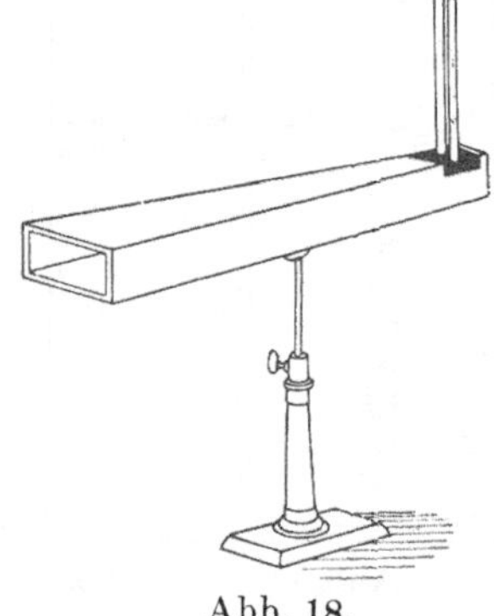

Abb. 18.

Um bei dem Vergleichen der Farbentöne die etwas störende seitliche Beleuchtung fernzuhalten, schlug Eggertz vor, die beiden Meßzylinder in einen innen schwarz angestrichenen Holzkasten zu stellen (Abb. 18). Derselbe hat nach Eggertz' Angaben eine Länge von 610 mm, ist innen 90 mm hoch, an einem Ende 38 mm und am anderen Ende 127 mm breit und ruht auf einem Gestell, das hoch und niedrig geschraubt werden kann. Das schmale Ende ist mit einer Milchglasplatte verschlossen, die in einer Führung, 25 mm vom Ende entfernt, hineingeschoben wird. Zwei runde Öffnungen am schmalen Ende des Kastens, die gerade vor der Milchglasscheibe in den oberen Deckel gebohrt sind, nehmen die Meßzylinder auf, die auf einem Stück schwarzen Tuch stehen.

Öffnungen, durch die die Reagenzgläser bequem hineingestellt werden können. Die Öffnungen der unteren Scheibe haben einen entsprechend kleineren Durchmesser als die der oberen. Eine andere kreisrunde Öffnung dient zur Aufnahme eines Thermometers.

[1]) Am besten vor Licht geschützt, dem direkten Sonnenlicht dürfen die Lösungen niemals ausgesetzt werden, da sie leicht gebleicht werden.

[2]) Die mit gut schließenden Glasstopfen versehenen Meßzylinder haben eine Höhe von 275 mm und eine lichte Weite von 12 mm. Sie sind von unten anfangend in $^1/_{10}$ ccm geteilt, im ganzen bis zu 30 ccm. Notwendig ist es, daß sie aus ganz farblosem Glas hergestellt sind, und die lichte Weite und die Wandstärke bei allen gleich ist.

[3]) Den meisten Beobachtern erscheint die links stehende Flüssigkeit dunkler gefärbt. Wenn man die Zylinder nun umtauscht und die jetzt links stehende etwas dunkler erscheint, kann man annehmen, daß die Farben gleich sind.

Bestimmung des Graphits und der Temperkohle.

Wesen der Methode. Beim Lösen des Eisens in heißen Säuren bleiben Graphit und Temperkohle zurück, die zur Zeit chemisch noch nicht getrennt werden können. Der Rückstand wird auf einem Asbestfilter gesammelt und nach dem Auswaschen und Trocknen entweder mit Chromschwefelsäure (S. 70) oder im Sauerstoffstrom (S. 75) verbrannt und die entstandene Kohlensäure gewogen.

Graphit ist ein wesentlicher Bestandteil des grauen Roheisens, während Temperkohle nur in einigen kohlenstoffreichen Eisensorten, wie weißem Roheisen, nach langem Glühen vorkommt.

Ausführung. Man übergießt in einem Becherglas 1—3 g Eisen mit 25—75 ccm Salpetersäure (spez. Gewicht 1,2), kühlt während der ersten heftigen Einwirkung durch Einstellen des Becherglases in kaltes Wasser und erhitzt nachdem 1—2 Stunden lang das bedeckte Becherglas auf einem kochenden Wasserbad[1]). Nachdem das Eisen gelöst ist (Prüfen mit einem Magnet), verdünnt man mäßig mit Wasser und filtriert durch ein Asbestfilter[2]) und wäscht mit kaltem Wasser eisenfrei. Den noch feuchten Rückstand verbrennt man entweder mit Chromschwefelsäure (S. 70) oder nach dem Trocknen bei 120° im Sauerstoffstrom (S. 75).

Nach Ledebur[3]) ist es möglich, den graphitischen Rückstand durch geeignete Behandlung von allen beigemengten Bestandteilen zu befreien und unmittelbar zu wägen.

Ausführung. Man löst 2 g Eisen in 35—40 ccm Salpetersäure (1,2 spez. Gewicht), indem man das Eisen nach und nach in die im Becherglas befindliche gut gekühlte Salpetersäure bringt. Dann erhitzt man eine Stunde lang auf dem Sandbad, ohne die Lösung in starkes Sieden zu bringen. Zu der heißen Lösung gibt man dann Flußsäure und filtriert nach öfterem Umschwenken durch ein bei 100° getrocknetes und gewogenes Filter. Man füllt das Filter nicht bis zum Rand mit Flüssig-

---

[1]) Damit die ausgeschiedene schleimige Kieselsäure das Filtrieren und Auswaschen nicht verzögere, setzt man vor dem Erwärmen 1—2 ccm Flußsäure hinzu. (Siehe S. 5, Anm. 2.)

[2]) Auf die Herstellung des Asbestfilters muß besondere Sorgfalt verwendet werden. Recht langfaserigen Asbest schneidet man in Streifen von etwa 3 cm Länge, kocht ihn mit verdünnter Salzsäure und wäscht mit Wasser salzsäurefrei. Den getrockneten Asbest glüht man bei Luftzutritt, um die organischenSubstanzen zu verbrennen. Den so präparierten Asbest hebt man in gut schließender Flasche mit Glasstopfen auf. Für den Gebrauch weicht man etwas Asbest in kaltem Wasser auf, legt in einen kleinen, mit langem engem Saugrohr versehenen Trichter ein Stückchen Platindrahtnetz und auf dieses Netz eine dünne Schicht Asbest. Auf diese Schicht legt man rechtwinklig zur Faser eine zweite Schicht. Dann füllt man den Trichter mit Wasser an und läßt dieses ablaufen. Ein richtig hergestelltes Filter muß das Wasser in ununterbrochenem Strahl durchfließen lassen, und der im Trichterrohr befindliche Wasserfaden darf nach dem Ablaufen nicht reißen. Um das Filtrieren und Auswaschen zu beschleunigen, darf man die über dem Filter stehende Füssigkeit nie ganz ablaufen lassen, weil sonst der Kohlenstoff sich fest auf den Asbest legt und das Filter unnötig dicht macht.

[3]) Leitfaden für Eisenhütten-Laboratorien, 10. Aufl., S. 99.

keit. Der auf dem Filter befindliche Rückstand wird dann in folgender Weise gewaschen. Zuerst zweimal mit heißem Wasser, dann zweimal mit heißer 5%iger Kalilauge, wieder zweimal mit heißem Wasser, dann zweimal mit heißer Salzsäure (1:3) und zuletzt dreimal mit heißem Wasser. Darauf wird das Filter behutsam in ein Wägegläschen gebracht und bei 100° bis zur Gewichtskonstanz getrocknet.

Bestimmung der Karbidkohle.

Wesen der Methode. Behandelt man Eisen mit kalter, stark verdünnter Säure, so bleibt neben Graphit und Temperkohle auch Karbidkohle Fe_3C zurück. Der Rückstand wird nach dem Auswaschen zu Kohlensäure verbrannt. Enthält das Eisen außerdem noch Graphit oder Temperkohle, so muß man von der gewogenen Kohlensäure diejenige Kohlensäuremenge abziehen, die durch die Verbrennung von Graphit oder Temperkohle geliefert wurde. Man muß also in einer besonderen Probe Graphit und Temperkohle bestimmen.

Ausführung. Man übergießt in einem mit doppelt durchbohrten Korken verschlossenen Erlenmeyerkolben 1—3 g möglichst fein zerkleinertes Eisen mit 30—90 ccm Schwefelsäure (1:9 bis 1:10). Bevor man die Säure zugibt, verdrängt man die im Kolben befindliche Luft, indem man durch das bis beinahe auf den Boden des Kolbens gehende Glasrohr Wasserstoff oder Leuchtgas leitet. Dann öffnet man einen Augenblick den Korken und gibt die Säure hinzu. Nun läßt man, ohne zu erwärmen, unter ständigem Durchleiten von Wasserstoff oder Leuchtgas die Säure so lange einwirken, bis man unter dem Glasrohr keinen Rückstand mehr fühlt, wozu mindestens 2 Tage, oftmals aber auch 5 und mehr Tage erforderlich sind. Alsdann bringt man den Rückstand auf ein Asbestfilter[1]), wäscht mit kaltem Wasser aus und verbrennt entweder mit Chromschwefelsäure (S. 70) oder im Sauerstoffstrom S. 75).

Bestimmung der Härtungskohle.

Aus Mangel an einer genauen direkten Methode bestimmt man die Härtungskohle als Differenz zwischen dem Gehalt an Gesamtkohlenstoff und der Summe von Graphit, Temperkohle und Karbidkohle.

Bestimmung des Siliziums[2]).

Wesen der Methode. Beim Lösen des Eisens in Säure bleibt das Silizium als Kieselsäure zurück und kann durch Eindampfen und Erhitzen auf 130° unlöslich gemacht werden. Nach dem Filtrieren, Auswaschen und Glühen wägt man die Kieselsäure, die aber niemals ganz rein ist. Selbst eine rein weiße Farbe ist kein Zeichen für ihre Reinheit. Sie muß daher entweder mit Flußsäure behandelt werden, oder durch Schmelzen mit Alkalien aufgeschlossen werden.

---

[1]) Siehe S. 83, Anm. 2.
[2]) Über die Bestimmung in säureunlöslichem Material siehe S. 119.

Ausführung. In einer mit Uhrglas bedeckten flachen Porzellanschale übergießt man 1—5 g Eisen[1]) mit 20—50 ccm Salzsäure (spez. Gewicht 1,124) und erhitzt auf einem kochenden Wasserbad, bis das Eisen gelöst ist[2]). Dann spritzt man das Uhrglas ab und verdampft zur Trockene. Die hierbei sich bildenden Klumpen von Eisenchlorür zerdrückt man mit einem am Ende breitgedrückten Glasstab. Wenn die Masse staubtrocken geworden ist[3]), erhitzt man die Schale ½ Stunde lang in einem Trockenschrank bei 130°. Hierbei verliert die Kieselsäure das Wasser und wird unlöslich. Nach dem Erkalten durchfeuchtet man die Masse mit ungefähr 10 ccm Salzsäure[4]) (spez. Gewicht 1,124), erwärmt (unter einem Uhrglas) ¼ Stunde[5]), verdünnt mit 100 ccm heißem Wasser und filtriert nach dem Erkalten[6]). Die Kieselsäure wäscht man auf dem Filter zuerst mit salzsäurehaltigem kalten Wasser[7]), bis das Durchlaufende nicht mehr gelb gefärbt ist. Dann träufelt man heiße Salzsäure (spez. Gewicht 1,124) auf den Rand des Filters[8]) und wäscht schließlich die Kieselsäure mit kaltem Wasser salzsäurefrei. Das Filter bringt man feucht[9]), mit der Spitze nach oben, in einen gewogenen Platintiegel, verbrennt das Filter und bringt den Tiegel 2—3 Minuten auf ein Gebläse, um das hartnäckig zurückgehaltene Wasser zu verjagen und der Kieselsäure ihre hygroskopische Eigenschaft zu nehmen, und wägt nach dem Erkalten.

Um die Kieselsäure auf Reinheit zu prüfen, durchfeuchtet man sie mit 2—3 ccm Wasser[10]), fügt 1—2 Tropfen konzentrierte Schwefelsäure[11]) hinzu und dann 5—6 ccm reine Flußsäure. Den Tiegel stellt

---

[1]) Von grauem Roheisen löst man 1 g, von weißem Roheisen und Stahl 3—5 g.

[2]) Beim Zersetzen siliziumhaltigen Eisens mit Säuren bildet sich zuerst wahrscheinlich H_4Si und auch $SiCl_4$, die aber im Augenblick des Entstehens mit dem stets anwesenden Wasser Siliziumdioxyd bilden. $SiCl_4 + 2\,H_2O = SiO_2 + 4\,HCl$. Da diese Umsetzung sehr schnell vonstatten geht, treten keine Verluste an Silizium ein. In der sauren Flüssigkeit bleibt jedoch ein großer Teil der Kieselsäure kolloidal gelöst. Erst beim Erhitzen auf 130° geht die Kieselsäure in die unlösliche Form über.

[3]) Die Bildung von basischen Chloriden verursacht auch bei vollkommener Trockene einen Geruch nach Salzsäure, weshalb dieser für die Beendigung nicht maßgebend ist.

[4]) Um die in Wasser unlöslichen basischen Salze in Lösung zu bringen.

[5]) Nicht länger, weil sonst Kieselsäure wieder in Lösung geht.

[6]) Kalte und verdünnte Eisenlösungen filtrieren sich leichter als konzentrierte heiße.

[7]) Wäscht man gleich mit heißem Wasser, so bilden sich leicht basische Salze, die in Wasser unlöslich sind und sich auch beim nachträglichen Behandeln mit Salzsäure schwer lösen.

[8]) Hierbei kann man stets ein Gelbwerden der Kieselsäure beobachten.

[9]) Dies bezweckt, ein Verstäuben der Kieselsäure zu verhindern, und außerdem verhindert man dadurch auch eine durch Kohlenstoffabscheidung hervorgerufene graue Färbung der Kieselsäure. Hat sich einmal Kohlenstoff (vom Filter herrührend) in die Poren der Kieselsäure eingelagert, so kann man denselben auch durch stundenlanges Glühen nicht verbrennen.

[10]) Man darf die Flußsäure niemals auf die trockene Kieselsäure gießen, weil ein starkes Aufbrausen und somit Verluste entstehen würden.

[11]) Die Schwefelsäure soll das Eisenoxyd in Ferrisulfat überführen, das beim späteren Glühen unter Abgabe von Schwefelsäure wieder in Oxyd übergeht. Ohne Zusatz von Schwefelsäure würde sich flüchtiges Eisenfluorid bilden.

man auf ein Wasserbad und erhitzt, bis keine Dämpfe mehr entweichen, legt dann den Tiegel schräg auf ein Dreick und erhitzt durch Fächeln mit der Flamme, bis keine Schwefelsäuredämpfe mehr entweichen. Wenn die überschüssige Schwefelsäure entfernt ist, glüht man mit der vollen Flamme eines Bunsenbrenners 5 Minuten lang. Nach dem Erkalten im Exsikkator wägt man die Verunreinigungen der Kieselsäure. Die Differenz der beiden Gewichte ergibt das Gewicht der Kieselsäure.

Den Rückstand löst man in Salzsäure (spez. Gewicht 1,19) und gibt die Lösung zum Filtrat von der Kieselsäure, wenn man es für andere Bestimmungen noch benutzen will (Mangan, Kupfer, Nickel usw.).

Aufschluß mit Kaliumnatriumkarbonat. Man verfährt, wie auf S. 25 angegeben ist. Enthält die Kieselsäure noch unverbrannten Graphit, so vermengt man sie außer mit Kaliumnatriumkarbonat noch mit etwas Salpeter, um den Graphit zu oxydieren.

Statt Salzsäure verwendet man zum Lösen des Eisens auch vielfach Salpetersäure (1 Teil vom spez. Gewicht 1,4 mit 1 Teil Wasser verdünnt) und verfährt, wie oben angegeben. Hierbei hat man aber den Nachteil daß das Eisennitrat wegen seiner stark hygroskopischen Eigenschaft auf dem Wasserbad nicht zur Trockene verdampft werden kann. Man muß daher die Schale zuletzt auf ein Sandbad setzen und ständig rühren, um ein Verspritzen zu verhüten.

Nachdem die Masse trocken ist, befeuchtet man sie nach dem Erkalten mit Salzsäure, verdünnt mit Wasser und filtriert. Die Kieselsäure behandelt man, wie vorher angegeben.

Lösen in Salpetersäure und Abdampfen mit Schwefelsäure.

Man löst in einer flachen Porzellanschale 1—5 g Eisen[1]) in 20 bis 50 ccm Salpetersäure (1 Teil vom spez. Gewicht 1,4 mit 1 Teil Wasser verdünnt), gibt nach dem Lösen 15—50 ccm Schwefelsäure (1:1) hinzu und verdampft auf dem Wasserbad, bis kein Geruch nach Salpetersäure mehr zu bemerken ist. Dann setzt man die Schale auf ein Sandbad, oder besser auf einen Finkenerturm und erhitzt allmählich, bis dicke weiße Dämpfe von Schwefelsäure entweichen[2]). Zu der erkalteten Masse, die noch überschüssige Schwefelsäure enthalten muß[3]), gibt man unter Umrühren vorsichtig 100—500 ccm Wasser und erwärmt die mit Uhrglas bedeckte Schale auf einem Wasserbad, bis unter häufigem Umrühren das Ferrisulfat in Lösung gegangen ist. Nach dem Erkalten filtriert man und wäscht die Kieselsäure zuerst mit kaltem salzsäurehaltigen Wasser, dann einige Male mit heißer Salzsäure (spez. Gewicht 1,124) und schließlich wieder mit kaltem Wasser[4]), bis das Durchlaufende nicht mehr auf Salzsäure reagiert. Die Kieselsäure, wird wie vorher angegeben, behandelt.

---

[1]) Siehe S. 84.

[2]) Hierbei steigt die Temperatur hoch genug, um die Kieselsäure unlöslich zu machen.

[3]) Ist die Salzmasse durch zu langes Erhitzen trocken geworden, so setzt man 10 ccm H_2SO_4 (1:1) hinzu und erwärmt damit bei bedeckter Schale 5 Minuten lang.   [4]) Siehe S. 24.

Das Filtrat läßt sich sehr gut für die Manganbestimmung nach Volhard-Wolff verwenden. In diesem Fall läßt man aber die zum Waschen der Kieselsäure verwendete Salzsäure nicht in das Filtrat gelangen, sondern wechselt vorher das betreffende Becherglas aus, oder wäscht zuerst mit schwefelsäurehaltigem Wasser.

Schnellbestimmung.

Für die Betriebskontrolle, bei der es auf absolute Genauigkeit nicht ankommt, eignet sich folgende Methode[1]).

In einem geradwandigen Platintiegel (oberer Durchmesser 60 mm, unterer 30 mm, Höhe 40 mm) erhitzt man 1 g Roheisenspäne mit 25 g saurem schwefelsauren Kali zuerst mit kleiner Flamme, später bei erhöhter Temperatur bis zum ruhigen Fließen. Nach dem Erkalten löst man die Schmelze in heißem Wasser unter Zusatz von Salzsäure, filtriert, wäscht die Kieselsäure wie bei den vorher beschriebenen Methoden aus und glüht.

Die Methode gibt aber nur bei einem Siliziumgehalt zwischen 0,5 und 3,5% annähernd richtige Resultate. Die Bestimmung ist in 1½ Stunden ausführbar.

Die Bestimmung des Mangans.

Man bestimmt das Mangan entweder maßanalytisch oder kolorimetrisch.

Maßanalytische Methoden.

Volhard-Wolff-Permanganatmethode[2]).

Wesen der Methode. Die Reaktionen verlaufen genau so, wie auf S. 14 bei der Manganbestimmung in Erzen beschrieben ist.

Ausführung. Man verwendet:

  a) Von grauem Roheisen und schmiedbarem Eisen je nach dem Mangangehalt 3—5 g.
  b) Von Spiegeleisen und weißem Roheisen 2—3 g.
  c) Von Eisenmangan 0,5—1 g.

Zum Lösen nimmt man Salzsäure vom spez. Gewicht 1,124, und zwar gebraucht man für a) 30—45 ccm, für b) 25—35 ccm, für c) 10 bis 20 ccm. Das Lösen nimmt man in einem mit Trichter bedeckten Erlenmeyerkolben vor. Bleibt nach dem Lösen des Eisens ein erheblicher Rückstand, der häufig außer Kieselsäure noch Mangan enthält, so setzt man einige Tropfen Flußsäure hinzu[3]) und kocht einige Zeit, ohne die Lösung jedoch stark einzudampfen. Bei der Untersuchung von Ferrosilizium ist ein Zusatz von Flußsäure stets nötig[4]). Die Lösung läßt

---

[1]) Classen: Ausgewählte Methoden der analytischen Chemie 1901, S. 502.
[2]) Stahl und Eisen 1913, S. 633—642.
[3]) Siehe Anm. 2 auf S. 5.
[4]) Oder man filtriert den Rückstand, wäscht das Filter aus, verbrennt es im Platintiegel und fügt Schwefelsäure und Flußsäure hinzu. (Siehe S. 24.)

man etwas abkühlen[1]), verdünnt mit etwa 200 ccm Wasser und setzt zur Oxydation des Eisens Kaliumchlorat hinzu (für die Lösung von 5 g Eisen verwendet man 2,5 g Kaliumchlorat, von 3 g Eisen 1,5 g, von 2 g Eisen 1 g, von 0,5—1 g Eisenmangan 0,5—1 g), erhitzt zum Sieden und kocht, bis der Chlorgeruch verschwunden ist. Dann prüft man einen aus der Lösung herausgenommenen Tropfen, ob das Eisen vollständig oxydiert ist[2]). Die auf Zimmertemperatur abgekühlte Lösung spült man in einen 500-ccm-Meßkolben, füllt mit Wasser bis zur Marke auf, mischt gut durch, entnimmt, wenn die Lösung frei von Graphit ist, 100 ccm und verfährt, wie auf S. 14 beschrieben ist.

Zweckmäßig macht man zuerst eine Vorprobe, um den annähernden Verbrauch von Permanganatlösung festzustellen.

Enthält die Lösung Graphit, der nicht ohne Einfluß auf die Permanganatlösung ist, so filtriert man die im Meßkolben aufgefüllte Lösung durch ein trockenes Faltenfilter und entnimmt vom Filtrat 100 ccm zur weiteren Behandlung.

Bei stark manganhaltigen Proben kann es vorkommen, daß das ausgefällte Eisenhydroxyd sich schlecht absetzt. In solchem Falle setzt man so viel Zinkoxyd hinzu, daß auf dem Boden des Erlenmeyerkolbens sich ein kleiner Überschuß von Zinkoxyd vorfindet und die Lösung nicht mehr sauer reagiert. (Prüfung mit Lakmuspapier.) Dann erhitzt man zum Sieden und titriert. Das ausfallende Mangandioxydhydrat reißt das suspendierte Eisenhydroxyd mit nieder, und die überstehende Flüssigkeit wird klar.

Da das Fortkochen des Chlors viel Zeit beansprucht, so kommt man nach folgendem abgeänderten Verfahren schneller zum Ziel.

Man löst die Substanz in einem Rundkolben (am besten aus Jenaer Glas) von 500 ccm Inhalt in 25—60 ccm Salpetersäure (spez. Gewicht 1,2). Während der heftigen Einwirkung der Säure taucht man den Kolben in kaltes Wasser und erhitzt nachher, bis zur vollständigen Lösung der Substanz, über freier Flamme. Zu der noch heißen Lösung gibt man Schwefelsäure (1:1) (für je 1 g Substanz 10 ccm Säure) und erhitzt über einem 5fachen Bunsenbrenner unter fortwährendem Schwenken des Kolbens, bis Schwefelsäuredämpfe entweichen. Nach dem Erkalten gießt man vorsichtig 300 ccm Wasser in den Kolben und legt ihn in ein kochendes Wasserbad, bis die Sulfate sich vollständig gelöst haben[3]). Dann spült man die Lösung in einen 500-ccm-Meßkolben und verfährt weiter, genau wie vorher angegeben ist.

Die Volhardsche Methode eignet sich für alle Eisensorten, mit Ausnahme von molybdän-, vanadin- und kobalthaltigem Material.

Bei chromhaltigem Material muß man den Eisenhydroxydniederschlag filtrieren.

Wenn Schwefelsäuredämpfe entweichen, läßt man den Tiegel erkalten, löst die Sulfate in wenig Wasser und bringt diese Lösung zur Hauptlösung.

[1]) Setzt man Kaliumchlorat zu der siedend heißen Lösung, so verpufft der größte Teil ohne zu oxydieren.   [2]) Siehe S. 14, Anm. 3.

[3]) Sollte es an Schwefelsäure fehlen, so gibt man einige Kubikzentimeter Säure 1:1 hinzu.

Methode von J. Pattinson[1]).

Wesen der Methode. Versetzt man eine eisenhaltige Manganlösung bei Gegenwart von Kalziumsalzen mit Chlorkalklösung, so fällt alles Eisen und Mangan aus, letzteres als Dioxyd, das durch Lösen des ganzen Niederschlages in einem Überschuß von titrierter Ferrosulfatlösung und Zurücktitrieren des Überschusses von Ferrosulfat bestimmt wird.

$$MnO_2 + 2\,FeO = Fe_2O_3 + MnO .$$

Ausführung. Man löst 5 g Eisen (von Ferromangan 1 g) in einer Porzellanschale in 50 ccm Salzsäure (spez. Gewicht 1,124), oxydiert nach dem Lösen mit Salpetersäure[2]) und dampft auf ein kleines Volumen ein. Dann spült man die Lösung in einen 100 ccm Meßkolben und füllt mit Wasser bis zur Marke auf. Von der gut gemischten Lösung bringt man 20 ccm in ein ungefähr 1 Liter fassendes Becherglas und neutralisiert die Lösung mit reinem Kalziumkarbonat. Man setzt das Kalziumkarbonat in kleinen Portionen hinzu, bis die Lösung schließlich dunkelbraun, aber noch klar erscheint. Sollte ein Niederschlag entstanden sein, so löst man ihn durch Zusatz einiger Tropfen Salzsäure. Zu der neutralen Lösung fügt man 50 ccm Chlorkalklösung[3]) und gleich darauf Kalziumkarbonat unter beständigem Umrühren hinzu, bis ein Teil desselben beim weiteren Umrühren nicht mehr gelöst wird. Nun versetzt man den schlammigen Inhalt des Glases mit 700 ccm heißem Wasser, rührt um und läßt den Niederschlag sich absetzen, was leicht in 2—3 Minuten geschieht. Ist die überstehende Lösung infolge der Bildung von Kalziumpermanganat violett gefärbt, so fügt man 1 bis 2 Tropfen Alkohol hinzu, kocht auf und läßt den Niederschlag sich wieder absetzen, wobei die überstehende Flüssigkeit meist farblos wird. Sollte dies aber nicht der Fall sein, so fügt man wieder Alkohol hinzu, kocht auf usw., bis sie farblos wird. Nun filtriert man die überstehende Lösung durch ein Filter, das in einem mit Platinkonus versehenen Trichter sitzt und auf einem Saugkolben befestigt ist. Den Niederschlag wäscht man viermal durch Dekantieren mit je 300 ccm heißem Wasser, bringt ihn, ohne sich um die an der Becherglaswandung festhaftenden Reste zu kümmern, auf das Filter und wäscht unter Anwendung einer Luftpumpe so lange mit heißem Wasser aus, bis das durchlaufende Waschwasser Jodkaliumstärkepapier nicht mehr bläut. Nun bringt man den Niederschlag samt Filter in das Becherglas, in dem die Fällung vorgenommen wurde, fügt 50 ccm einer schwefelsauren, mit Kaliumdichromat frisch eingestellten Ferrosulfatlösung[4])

---

[1]) Aus Treadwell: Kurzes Lehrbuch der analytischen Chemie. Journ. of the Chem. Soc. 1879, S. 365.
[2]) Prüfen mit Ferrizyankalium, siehe S. 14, Anm. 3.
[3]) Die Chlorkalklösung bereitet man durch Schütteln von 15 g frischem Chlorkalk mit einem Liter Wasser und Stehenlassen bis zur Klärung der Lösung.
[4]) 42 g Mohrsches Salz löst man in einem Gemisch von 700 ccm Wasser und 200 ccm konzentrierter Schwefelsäure und füllt mit Wasser zu 1 Liter auf.

(siehe S. 171) hinzu, rührt um, bis der Niederschlag sich vollständig löst[1]) (Filtrierpapier und manchmal etwas Gips bleiben ungelöst) und titriert den Überschuß des Ferrosalzes mit Kaliumdichromatlösung zurück[2]).

Um jeden Fehler, der durch Reduktion der Dichromatlösung durch das Filter entstehen könnte, zu kompensieren, setzt man bei der Titerstellung der Ferrosulfatlösung ebenfalls ein gleich großes Filter der Lösung hinzu.

Nach der Formel entsprechen $2\,Fe = 1\,Mn$[3]).

Diese Methode eignet sich für die Untersuchung aller Eisensorten sehr gut. Nicht so gut für manganreiche Legierungen.

Nach Treadwells Erfahrungen ist sie eine der besten zur Bestimmung des Mangans in manganarmen Eisensorten.

Methode von Hampe und Ukena.

Wesen der Methode. Versetzt man eine kochende konzentrierte salpetersaure Manganlösung mit Kaliumchlorat, so wird das Mangan als Superoxyd ausgeschieden[4]). Löst man das Superoxyd in einem gemessenen Volumen saurer Ferrosalzlösung und titriert das nicht oxydierte Ferroeisen mit Kaliumpermanganatlösung, so kann man aus der Menge des oxydierten Ferroeisens den Mangangehalt berechnen.

Die Reaktionen verlaufen nach folgenden Gleichungen:

$$KClO_3 + HNO_3 = HClO_3 + KNO_3$$

$$Mn(NO_3)_2 + 2\,HClO_3 = MnO_2 + 2\,ClO_2 + 2\,HNO_3$$

$$MnO_2 + 2\,FeSO_4 + 2\,H_2SO_4 = MnSO_4 + Fe_2(SO_4)_3 + 2\,H_2O.$$

Da der Niederschlag kleine Mengen von Eisen enthält, kann er nicht gewogen werden, eignet sich aber für die titrimetrische Bestimmung, da hierbei das Eisen ohne Einfluß ist.

Nach der Gleichung entsprechen $2\,Fe = 1\,Mn$. Aus der Menge des oxydierten Ferrosalzes berechnet man den Gehalt an Mangan.

Die Ferrolösung bereitet man durch Auflösen von 42 g Mohrschem Salz in einem Gemisch von 700 ccm Wasser und 200 ccm konzentrierter Schwefelsäure und Auffüllen mit Wasser zu 1 Liter.

Ausführung. In einem mit Trichter bedeckten Erlenmeyerkolben von 0,5 Liter Inhalt übergießt man von manganarmem Eisen (über die zu verwendenden Mengen anderer Eisensorten siehe weiter unten) 2 bis 3 g mit 70 ccm Salpetersäure (spez. Gewicht 1,2)[5]), stellt anfangs den

---

[1]) Sollte der Niederschlag sich nicht vollständig lösen, so fügt man noch etwas Schwefelsäure (1:1) hinzu, bis die braune Farbe vollständig verschwindet.

[2]) Da die Lösung nicht klar ist, eignet sie sich nicht gut für eine Titration mit Permanganatlösung.　　　[3]) Siehe S. 92.

[4]) Die Fällung ist nicht immer quantitativ (Stahl und Eisen 1915, S. 918). Für Proben mit geringem Mangangehalt ist die Methode von J. Pattinson vorzuziehen. Manganreiche untersucht man besser nach der Volhardschen Methode. Trotzdem besitzt die Hampesche Methode als Betriebsprobe manche Vorzüge, da viele Proben nebeneinander in kurzer Zeit auszuführen sind.

[5]) Es muß ein großer Überschuß von Säure verwendet werden, damit nach dem Auflösen des Eisens noch genügend Säure vorhanden ist, um das Kaliumchlorat zu zersetzen. Hampe verwendet Salpetersäure vom spez.

Kolben in kaltes Wasser und erhitzt, wenn die heftige Einwirkung vorüber ist, allmählich zum Sieden und fährt damit fort, bis keine braunen
Dämpfe mehr entweichen. Dann setzt man, ohne das Sieden zu unterbrechen, 12 g Kaliumchlorat hinzu und fährt mit dem Sieden fort[1]),
bis die Flüssigkeit bis auf ungefähr 20—30 ccm eingedampft ist[2]).
Dann läßt man etwas abkühlen[3]) und verdünnt die Flüssigkeit, um sie
filtrieren zu können, stark. Zu diesem Zweck gießt man, um den Niederschlag nicht aufzurühren[4]), an der Wandung des Kolbens 200 ccm
kaltes Wasser in diesen und gießt die überstehende klare Flüssigkeit
durch ein gut laufendes Asbestfilter. Erst wenn die Flüssigkeit ganz
durchgelaufen ist, bringt man den Niederschlag auf das Filter und
wäscht Kolben und Filter, ohne den Niederschlag aufzurühren[5]), mit
kaltem Wasser aus[6]), bis einige Tropfen des Filtrats Jodkaliumstärkepapier nicht mehr bläuen. Die an der Kolbenwandung haftenden
kleinen Mengen Niederschlag läßt man im Kolben, der aber mit Wasser
gut ausgewaschen werden muß. Um sich zu überzeugen, daß das Mangan vollständig ausgefällt ist, versetzt man einige Kubikzentimeter
des Filtrats mit einem Tropfen 10%iger Silbernitratlösung, setzt eine
Messerspitze voll festes Ammoniumpersulfat hinzu und kocht auf, wodurch die Lösung nicht rot gefärbt werden darf[7]).

Nachdem der Niederschlag ausgewaschen ist, bringt man ihn mit
dem Filter in den Kolben, setzt 50—75 ccm schwefelsaure Ferrosalzlösung[8]) (genau gemessen) hinzu und schüttelt um, evtl. unter schwachem
Erwärmen, bis der Niederschlag sich gelöst hat[9]). Darauf verdünnt
man mit ungefähr 100 ccm Wasser und titriert das nicht oxydierte
Ferrosalz mit Kaliumpermanganatlösung.

Berechnung. Läßt man auf Mangandioxyd bei Gegenwart von
freier Schwefelsäure Ferrosulfat einwirken, so vollzieht sich die Reaktion
nach folgender Gleichung:

Gewicht 1,4 und setzt das Kaliumchlorat in kleinen Portionen zu. Bei der
starken Säure findet aber leicht ein Verpuffen statt, das Ukena durch Verwendung der schwächeren Säure vermeidet.

[1]) Das Kochen muß bei mäßiger Flamme geschehen, weil sonst der
Niederschlag schleimig wird und sich in der Ferrosalzlösung nur langsam löst.

[2]) Hierdurch hat sich die Säure konzentriert und das Mangan scheidet
sich aus.

[3]) Man darf nicht vollständig erkalten lassen, damit sich keine schwer
löslichen Salze abscheiden.

[4]) Andernfalls würde man kein klares Filtrat bekommen. Auch könnte
sich durch längeres Verweilen des Superoxyds in der verdünnten Lösung
etwas Übermangansäure bilden.

[5]) Der sonst durch das Filter geht.

[6]) Um zu verhindern, daß der Niederschlag durch das Filter geht, empfiehlt Ledebur, dem Waschwasser etwas Schwefelsäure zuzusetzen. Auf
ein halbes Liter Wasser 20—30 ccm Schwefelsäure 1 : 4.

[7]) Viel Mangan bewirkt einen braunen Niederschlag. Eine ganz schwache
Rotfärbung ist wegen der großen Schärfe der Reaktion nicht von Bedeutung.

[8]) 42 g Mohrsches Salz löst man in einem Gemisch von 700 ccm Wasser
und 200 ccm konz. Schwefelsäure und füllt mit Wasser zu 1 Liter auf.

[9]) Löst der Niederschlag sich nicht vollständig, so fügt man noch 10
bis 15 ccm Ferrosalzlösung hinzu.

$$MnO_2 + 2\,FeSO_4 + 3\,H_2SO_4 = Fe_2(SO_4)_3 + MnSO_4 + 3\,H_2O$$

d. h. 2 Atome Eisen entsprechen 1 Atom Mangan,
111,68 Gewichtsteile Eisen entsprechen 54,93 Gewichtsteilen Mangan.

Enthält die abgemessene Menge Ferrosalzlösung a g Mohrsches Salz (enthaltend $1/_7$ des Gewichts Eisen) und gebraucht man zum Titrieren des nicht oxydierten Ferrosalzes b ccm Kaliumpermanganatlösung, von der 1 ccm c g Fe entspricht, so sind $\frac{a}{7} - (b \cdot c)$ g Fe durch das MnO_2 oxydiert worden.

Nach der Formel entsprechen 111,68 g Fe 54,93 g Mn.

Hatte man d g Eisen eingewogen, so sind nach der Proportion

$$111,68 : 54,93 = \left(\frac{a}{7} - (b \cdot c)\right) : x$$

in der abgewogenen Eisenmenge

$$\frac{54,93 \cdot 100}{111,68\,d}\left(\frac{a}{7} - (b \cdot c)\right)\%\ Mn$$

enthalten.

Von Ferromangan wägt man 0,3 g ein, von Spiegeleisen 0,5 g, von Gießereiroheisen 2 g.

Zu beachten ist, daß die Flüssigkeit nur Nitrate enthalten darf, Salzsäure darf nicht zugegen sein. Schwefelsäure schadet erst, wenn sie in erheblicher Menge vorhanden ist. Die Gegenwart von Kupfer und Nickel stört nicht. Für stark siliziumhaltige Eisensorten eignet sich die Methode nicht gut, da die ausgeschiedene Kieselsäure das Filtrieren verlangsamt. Unbrauchbar ist die Methode für stark phosphorhaltiges Material, weil das Mangan als Manganiphosphat in Lösung bleibt

Schnelle Manganbestimmung nach Procter Smith.

Wesen der Methode. Versetzt man eine salpetersaure Manganlösung bei Gegenwart eines Silbersalzes[1]) mit Ammoniumpersulfat und kocht, so wird das Mangan zu Übermangansäure oxydiert, deren Menge durch Reduktion mit arseniger Säure bestimmt werden kann.

Die Reaktion verlaufen nach folgenden Gleichungen:

$$2\,Mn(NO_3)_2 + 5\,(NH_4)_2S_2O_8 + 8\,H_2O$$
$$= 5\,(NH_4)_2SO_4 + 5\,H_2SO_4 + 4\,HNO_3 + 2\,HMnO_4$$
$$2\,HMnO_4 + 5\,As(OH)_3 + 4\,HNO_3 = 5\,H_3AsO_4 + 2\,Mn(NO_3)_2 + 3\,H_2O.$$

Den Titer der arsenigen Säure stellt man mit einem Eisen von bekanntem Mangangehalt. Für die Manganbestimmung im grauen Roheisen benutzt man zur Titerstellung ebenfalls ein graues Roheisen mit bekanntem Mangangehalt.

Ausführung[2]). In einem 200 ccm fassenden Becherglas löst man 0,25 g Stahlspäne (von weißem Roheisen verwendet man 0,1 g) in 25 ccm

---

[1]) Bei Abwesenheit des Silbersalzes geht das Mangan vollständig in Superoxyd über. Das Silber wirkt nur als Sauerstoffüberträger, indem sich Silberperoxyd bildet. Vom Silbersalz darf aber nur wenig zugesetzt werden, andernfalls scheidet sich das Silber als Suboxyd ab.

[2]) Stahl und Eisen 1910, S. 957; 1917, S. 201.

Salpetersäure (spez. Gewicht 1,2) und erhitzt auf einem Drahtnetz, bis die Lösung auf 12—15 ccm eingedampft ist[1]). Darauf setzt man 10 ccm einer $^1/_{10}$ Normal Silbernitratlösung hinzu und spült die Lösung in einen etwa 700 ccm fassenden Erlenmeyerkolben. Dann verdünnt man bis auf ungefähr 300 ccm und erhitzt zum Sieden. In die kochende Lösung gibt man 10 ccm einer 10%igen Ammonpersulfatlösung[2]), läßt einige (3—5) Minuten kochen und kühlt dann die Flüssigkeit durch Übergießen des Kolbens mit Wasser ab. Die abgekühlte Lösung titriert man mit arseniger Säure[3]), bis eine deutlich grüne Farbe auftritt.

In vielen Laboratorien titriert man bis zum Verschwinden der roten Farbe. Unbedingt nötig ist es, bei der Titerstellung und bei der Titration gleichmäßig zu verfahren[4]).

Nach längerem Stehen der titrierten Lösung kann bei nicht vollständiger Zersetzung des Persulfats ein Wiederauftreten der roten Farbe durch erneute Oxydation des Mangans eintreten. Diese Oxydation tritt aber niemals während des Titrierens ein, sondern erst viel später, ist daher für die Bestimmung ohne Belang.

Bei genauem Innehalten gleicher Bedingungen bekommt man gute Ergebnisse. Großer Überschuß von Salpetersäure, Persulfat und Silbernitrat wirkt störend. Zweckmäßig setzt man kurz vor dem Titrieren 3 ccm Kochsalzlösung hinzu (12 g Salz in 1 Liter Wasser gelöst), um eine erneute Oxydation des Mangans zu verhindern. Der Chemikerausschuß des Vereins Deutscher Eisenhüttenleute empfiehlt diese Methode als Schnellverfahren.

Die Methode eignet sich sehr gut für Stahl mit 0,5—1,5% Mangan.

Kolorimetrische Manganbestimmung.

Wesen der Methode. Erhitzt man eine manganhaltige Eisennitratlösung mit Bleisuperoxyd, so wird das Mangan zu Übermangansäure oxydiert, wodurch die Flüssigkeit rot gefärbt wird.

Die Lösung bringt man auf ein bestimmtes Volumen und vergleicht die Farbe mit derjenigen, die eine Lösung von bekanntem Permanganatgehalt besitzt. Zeigen beide Lösungen den gleichen Farbenton, so enthalten sie die gleiche Menge Mangan.

Bereitung der Vergleichslösung. Man löst 0,072 g reinstes kristallisiertes Kaliumpermanganat in Wasser und füllt die Lösung in einem 500-ccm-Meßkolben mit Wasser bis zur Marke auf. 1 ccm dieser Lösung enthält 0,05 mg Mangan.

Die Lösung hebt man in gut verschlossener Flasche vor Licht geschützt auf. Sie hält sich etwa 3 Wochen lang unverändert.

Ausführung. In einem Becherglas löst man 0,2 g Eisen in 15 bis 20 ccm Salpetersäure (spez. Gewicht 1,2), erhitzt zum Sieden, bis die braunen Dämpfe verschwunden sind, läßt abkühlen, spült die Flüssig-

---

[1]) Viel freie Salpetersäure stört die Reaktion.

[2]) Da die Lösung sich allmählich zersetzt, muß man sie nach etwa einem Monat erneuern.

[3]) Die Lösung enthält 0,5 g arsenige Säure in 1 Liter. Über die Herstellung der Lösung vgl. S. 176.   [4]) Stahl und Eisen 1915, S. 947.

keit, ohne zu filtrieren, in einen Meßkolben von 100 ccm und füllt mit Wasser bis zur Marke auf.

Von der gut gemischten Flüssigkeit entnimmt man mit einer Pipette 10 ccm, bringt sie in ein Becherglas von etwa 75 ccm Inhalt, fügt 2 ccm Salpetersäure (spez. Gewicht 1,2) hinzu, bedeckt das Becherglas mit einem Uhrglas und erhitzt die Flüssigkeit zum beginnenden Sieden, lüftet einen Augenblick das Uhrglas, gibt eine Messerspitze voll (etwa 0,5 g) Bleisuperoxyd hinzu[1]) und setzt das gelinde Sieden etwa 2 Minuten lang fort. Wenn nach einiger Zeit das überschüssig zugesetzte Bleisuperoxyd sich abgesetzt hat, filtriert man die violett gefärbte Flüssigkeit durch ein kleines Asbestfilter[2]), ohne den Rückstand auf das Filter zu bringen, in ein Meßrohr, wie es zur kolorimetrischen Kohlenstoffbestimmung nach Eggertz benutzt wird (siehe S. 81). Zu dem Rückstand im Becherglas bringt man, ohne ihn aufzurühren[3]), etwa 5 ccm Wasser und wäscht hiermit das Asbestfilter vorsichtig aus. Sollte die im Trichterrohr befindliche Flüssigkeit noch rosa gefärbt sein, so wiederholt man das Auswaschen mit wenigen Kubikzentimeter Wasser, bis die durchlaufende Flüssigkeit farblos ist. Darauf verschließt man das Meßrohr mit einem Glasstopfen und mischt die Flüssigkeit durch mehrmaliges Umschwenken.

In ein zweites Meßrohr bringt man von der Vergleichslösung 1 bis 4 ccm, je nachdem die Farbe der zu untersuchenden Lösung heller oder dunkler gefärbt ist, und verdünnt so lange vorsichtig mit Wasser, bis beide Flüssigkeiten den gleichen Farbenton haben.

Zum Vergleichen kann man den von Eggertz empfohlenen Holzkasten (siehe S. 82) mit Vorteil benutzen.

Die Methode eignet sich gut für alle Eisensorten, deren Mangangehalt nicht wesentlich über 1 % hinausgeht.

Berechnung. Angenommen, man habe von der Vergleichslösung 1 ccm entnommen und mit Wasser auf V ccm aufgefüllt, um den gleichen Farbenton zu bekommen, den v ccm der Probelösung besitzen. Da sich bei gleichen Farbentönen die Mangangehalte wie die Volumina verhalten, so ergibt sich folgende Proportion:

$$V : v = 0{,}05 \text{ mg} : x$$

$$x = \frac{v \cdot 0{,}05 \text{ mg}}{V}.$$

Diese Manganmenge ist in 0,02 g Eisen enthalten[4]).

---

[1]) Ein großer Überschuß von Bleisuperoxyd kann zu falschen Resultaten Veranlassung geben.

[2]) Das Filter bereitet man aus ausgeglühtem Asbest, siehe S. 83, Anm. 2, gießt zuerst einige Kubikzentimeter Kaliumpermanganatlösung hindurch und wäscht dann so lange mit Wasser, bis dieses farblos durchläuft. Diese Vorsichtsmaßregel ist nötig, um etwa vorhandene oxydierbare Substanzen, die die Übermangansäure reduzieren, unschädlich zu machen. Das Filter kann für mehrere Filtrationen benutzt werden.

[3]) Der Rückstand geht leicht durch das Filter.

[4]) Die Lösung von 0,2 g Eisen wurde auf 100 ccm aufgefüllt und davon zur Untersuchung 10 ccm entnommen.

Kolorimetrische Manganbestimmung nach Marshall und Walters[1]).

Wesen der Methode. Die Oxydation des Mangans zu Übermangansäure verläuft wie bei der Methode von Procter Smith (siehe S. 92). Die Berechnung des Mangangehaltes ist die gleiche wie bei der vorigen Methode.

Ausführung. In einem 100-ccm-Meßkolben löst man 0,2 g Stahl in 15—20 ccm Salpetersäure (spez. Gewicht 1,2) und erhitzt, bis die braunen Dämpfe verschwunden sind. Dann läßt man abkühlen, setzt 10 ccm Silbernitratlösung[2]) hinzu, verdünnt mit Wasser bis zur Marke und mischt durch mehrmaliges Umschwenken des Kolbens. Von dieser Lösung entnimmt man mit einer Pipette 10 ccm, bringt sie in ein Meßrohr mit Stopfen[3]), fügt 5 ccm einer 10%igen Ammoniumpersulfatlösung[4]) hinzu, mischt durch Umschwenken des Meßrohres und stellt dieses in 80^0—90^0 heißes Wasser, bis die Sauerstoffblasen zahlreich auftreten und an der Oberfläche einige Sekunden bleiben. Dann kühlt man die Flüssigkeit durch Einstellen des Rohres in kaltes Wasser ab und vergleicht die rote Farbe mit einer Vergleichskaliumpermanganatlösung (siehe S. 93).

Da wo kolorimetrische Manganbestimmungen selten ausgeführt werden und eine Vergleichskaliumpermanganatlösung deshalb nicht vorrätig ist, benutzt man ein Eisen mit bekanntem Mangangehalt, behandelt es, wie oben angegeben, und benutzt die Lösung zum Vergleichen.

Diese Methode eignet sich ebenso wie die auf S. 93 angegebene für Eisen, dessen Mangangehalt nicht wesentlich über 1% hinausgeht. Sie hat aber von der ersten den Vorteil, daß sie schneller ausführbar ist, da die Filtration fortfällt.

Die Bestimmung des Phosphors[5]).

Wesen der Methode. Die zahlreichen Methoden zur Bestimmung des Phosphors im Eisen haben als Grundlage, durch Lösen des Eisens in Salpetersäure den Phosphor zu Phosphorsäure zu oxydieren und letztere durch Ammoniummolybdat zu fällen. Die Methoden unterscheiden sich nur durch die Weiterbehandlung des Phosphorniederschlages.

Beim Lösen des Eisens in Salpetersäure geht der Phosphor nicht vollständig in Phosphorsäure über, sondern ein Teil wird nur zu phosphoriger Säure oxydiert. Da letztere aber durch Ammoniummolybdat nicht gefällt wird, so muß sie erst zu Phosphorsäure oxydiert werden. Dies geschieht entweder durch Eindampfen und starkes Glühen des Rückstandes oder durch Kochen der Lösung mit Kaliumpermanganat.

---

[1]) Chem. News 1904, S. 76; 83, 84, S. 239.   [2]) $^1/_{10}$ Normal.
[3]) Wie es bei der kolorimetrischen Kohlenstoffbestimmung nach der Methode von Eggertz benutzt wird. (Siehe S. 81.)
[4]) Siehe S. 93, Anm. 2.
[5]) Siehe Phosphorbestimmung im Erz, S. 15—22.

Die Fällung der Phosphorsäure wird beeinträchtigt durch Kohlenstoff, Silizium und Arsen[1]). Ebenfalls Wolfram, Vanadin und Titan. Diese Körper müssen daher vor der Fällung abgeschieden werden[2]). Der in Salpetersäure sich lösende Karbidkohlenstoff wird durch Glühen des Rückstandes oder durch Kochen mit Kaliumpermanganatlösung unschädlich gemacht. Das zu Kieselsäure oxydierte Silizium wird durch Filtration entfernt. Da die Arsensäure ebenfalls durch Molybdän gefällt wird, so muß das Arsen vorher abgeschieden oder verflüchtigt werden.

Bei der Schnellbestimmung des Phosphors in siliziumarmen Flußeisensorten wird von der Abscheidung der Kieselsäure Abstand genommen.

Über die Bedingungen, unter denen die Phosphorsäure durch Ammoniummolybdat gefällt wird, siehe S. 189.

Die Bestimmung des Phosphors kann erfolgen:

1. Durch Wägung des Molybdänniederschlages nach Finkener (S. 17).
2. Durch maßanalytische Bestimmung,
   a) durch Titration mit Kaliumpermanganat nach vorhergegangener Reduktion der Molybdänsäure (S. 20).
   b) durch Titration mit Lauge (S. 21).
3. Durch Messen des Volumens des Molybdänniederschlages[3]).

Von phosphorarmem Eisen oder Stahl löst man 2—5 g in 25 bis 50 ccm Salpetersäure.

Von Gießereiroheisen löst man 1 g in 25 ccm Salpetersäure.

Von Thomasroheisen löst man 0,5 g in 10—15 ccm Salpetersäure.

Zum Lösen verwendet man Salpetersäure vom spez. Gewicht 1,3.

Ausführung. Außer Phosphor soll auch Silizium bestimmt werden.

In einer flachen Porzellanschale übergießt man das Eisen mit Salpetersäure und erwärmt die mit einem Uhrglas bedeckte Schale auf einem kochenden Wasserbad, bis das Eisen gelöst ist. Dann dampft man zur Trockne, glüht den Rückstand zur Oxydation der phosphorigen Säure und Abscheidung der Kieselsäure, bis die Nitrate zersetzt sind (bis keine braunen Dämpfe mehr entweichen), übergießt den Rückstand nach dem Erkalten mit 20—30 ccm Salzsäure[4]) (spez. Gewicht 1,124), erwärmt bei bedeckter Schale 15 Minuten lang auf einem kochenden Wasserbad, verdünnt mit Wasser und filtriert. Den auf dem Filter bleibenden Rückstand (Graphit + Kieselsäure) wäscht man aus[5]), verascht das nasse Filter im Platintiegel und wägt die Kieselsäure[6]).

Das Filtrat dampft man in einer Porzellanschale soweit wie möglich ein, nimmt den Rückstand mit Salpetersäure auf und dampft ein, bis sich eben eine Haut von Eisennitrat abscheidet (siehe S. 16), die durch wenige Tropfen Salpetersäure wieder gelöst wird. In dieser

---

[1]) Ein Gehalt unter 0,1 % übt keinen merkbaren Einfluß aus.
[2]) Siehe S. 126, 130 und 132.
[3]) Diese Methode rührt von Eggertz her. Berg- und hüttenmännische Ztg. 1860, S. 412.   [4]) Eisenoxyd löst sich nicht in Salpetersäure.
[5]) Siehe S. 16.   [6]) Siehe S. 24.

Lösung fällt man die Phosphorsäure, wie bei der Erzanalyse, S. 15, angegeben ist.

Soll nur Phosphor bestimmt werden, so verfährt man folgendermaßen:

In einem bedeckten Becherglas löst man das Eisen in Salpetersäure unter Erwärmen auf, setzt, wenn die heftige Einwirkung der Säure vorüber ist, 1—2 ccm Flußsäure zu (siehe S. 5) und kocht noch einige Minuten[1]). Dann setzt man zur Oxydation der phosphorigen Säure 10 ccm Kaliumpermanganatlösung (1:50) hinzu, kocht 2—3 Minuten, wobei sich Mangandioxyd in braunen Flocken abscheidet. Dann setzt man, ohne das Kochen zu unterbrechen, 20 ccm Chlorammoniumlösung (250 g NH_4Cl in 1 Liter Wasser gelöst) hinzu und kocht bis zur vollständigen Klärung. Dann läßt man etwas abkühlen und setzt unter Umrühren tropfenweise so lange Ammoniak hinzu, bis ein schwacher bleibender Niederschlag entsteht, der durch Hinzufügen einiger Tropfen Salpetersäure wieder in Lösung gebracht wird. Das Kochen setzt man weiter fort, bis die Lösung dickflüssig geworden ist, aber noch vollkommen klar bleibt. Dann kühlt man die Lösung auf ungefähr 50° ab und setzt 80 ccm auf 50° erwärmte Molybdänlösung und Ammonnitrat hinzu, läßt 45 Minuten bei 50° stehen, filtriert und behandelt den gelben Phosphorniederschlag weiter, wie bei der Erzanalyse, S. 15—22, beschrieben ist.

Schnelle Bestimmung in graphitfreiem Eisen und Stahl.

In einem Rundkolben aus Jenaer Glas von 500 ccm Inhalt übergießt man 3—5 g phosphorarmes Eisen (von phosphorreichem Material nimmt man entsprechend weniger) mit 40—50 ccm Salpetersäure (spez. Gewicht 1,3) und erhitzt, bis das Eisen sich gelöst hat. Dann dampft man die Lösung nach Zusatz von 1—2 ccm Flußsäure (siehe S. 5) über einem 6fachen Bunsenbrenner unter fortwährendem Schwenken des Kolbens zur Trockene und glüht schließlich, bis keine braunen Dämpfe mehr entweichen[2]). Nach dem Erkalten löst man das Eisenoxyd in 30—40 ccm Salzsäure[3]) (spez. Gewicht 1,124) und dampft über dem 6fachen Brenner so weit ein, daß die Eisenchloridmasse noch eben feucht bleibt[4]). Den feuchten Rückstand übergießt man mit 30 ccm Salpetersäure (spez. Gewicht 1,2) und dampft bis zur Dickflüssigkeit ein. Dann gießt man die klare Lösung in ein Becherglas, spült den

---

[1]) Enthält das Eisen Graphit, so wägt man die dreifache Menge Eisen ein, gießt die Lösung in einen Meßkolben von 150 ccm, füllt mit Wasser bis zur Marke auf, mischt, entnimmt, nachdem der Graphit sich abgesetzt hat, mit einer Pipette 50 ccm von der klaren Flüssigkeit und behandelt weiter, wie oben angegeben ist.

[2]) Den Kolben spannt man in eine eiserne Klemme ein. Von Zeit zu Zeit muß man den Hals des Kolbens erhitzen, damit die dort kondensierte Säure verdampft. Etwa zurückfließende Tropfen würden ein Springen des Kolbens verursachen. Mir ist bei weit mehr als hundert Bestimmungen dieser Art niemals ein Kolben gesprungen.

[3]) Eisenoxyd löst sich nicht in Salpetersäure.

[4]) Es darf sich kein Eisenchlorid verflüchtigen.

Kolben zuerst zweimal mit je 5 ccm Salpetersäure (spez. Gewicht 1,2) und dann mit Wasser aus, setzt Ammoniak dazu und verfährt, wie bei der Erzanalyse beschrieben ist.

Betriebsmethode für Thomasstahlwerke.
(Anwendbar für siliziumarmes Flußeisen.)

1,2 g feine Späne übergießt man in einem kleinen Erlenmeyerkolben mit Ausguß von etwa 175 ccm Inhalt mit 19 ccm Salpetersäure (spez. Gewicht 1,2), stellt den Kolben, nachdem die heftige Einwirkung der Säure vorüber ist, auf ein Sandbad und kocht 5 Minuten lang. Ohne das Kochen zu unterbrechen, setzt man darauf 3 ccm konzentrierte Kaliumpermanganatlösung[1]) hinzu und kocht, bis die Flüssigkeit schokoladenbraun geworden ist. Nun setzt man 3 ccm Ammoniumchloridlösung[2]) hinzu und dampft bis zur Sirupkonsistenz ein. Darauf setzt man zu der dickflüssigen, aber klaren Lösung 10 ccm Kaliumnitratlösung[3]) und läßt auf 50° abkühlen. In das Schleudergefäß (Abb. 19) gießt man 20 ccm Molybdänlösung[4]), dann die Eisenlösung und spült den Kolben zweimal mit je 10 ccm Molybdänlösung aus. Die Gefäße setzt man in eine Schleudermaschine und schleudert 1 Minute lang bei 1000 Umdrehungen. Der Inhalt der Gefäße ist vollständig geklärt, und der ganze Molybdänniederschlag befindet sich in dem geteilten Röhrchen.

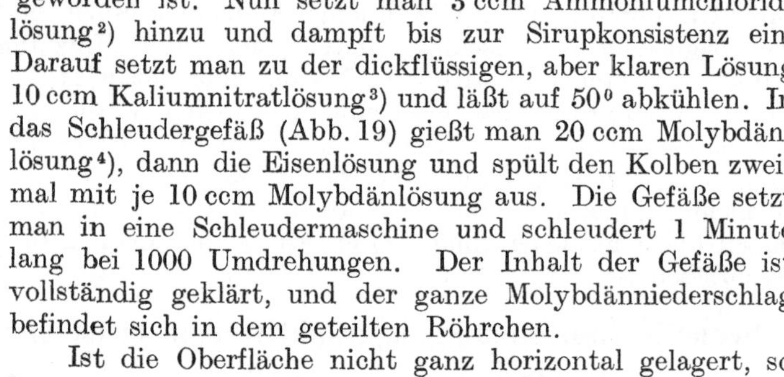

Abb. 19.

Ist die Oberfläche nicht ganz horizontal gelagert, so kann man sie leicht mit einem vorsichtig eingeschobenen Platindraht oder Glasstab ebnen und dann das Volumen des Niederschlages ablesen.

Ein länger fortgesetztes Schleudern bewirkt eine weitere Verdichtung des Niederschlages, es ist daher notwendig, in allen Fällen eine gleiche Zeit des Schleuderns einzuhalten. Zur Feststellung der Umdrehungsgeschwindigkeit dient ein auf der Mittelachse der Maschine angebrachtes, mit Teilung versehenes Glasgefäß, das teils mit Glyzerin, teils mit Luft gefüllt ist. Bei der Umdrehung steigt das Glyzerin an der Wandung empor, und an der Stellung der Luftblase liest man unmittelbar die Umdrehungszahl ab[5]).

Die Schleudergefäße haben einen Inhalt von 50 ccm. Nach unten verjüngen sie sich allmählich und enden in ein 5 cm langes, starkwandiges zylindrisches Rohr, dessen Rauminhalt (0,2 ccm) in 40 gleiche Raum-

---

[1]) 20 g KMnO$_4$ in 1 Liter Wasser gelöst.
[2]) 250 g NH$_4$Cl in 1 Liter Wasser gelöst.
[3]) 200 g KNO$_3$ in 1640 ccm Wasser gelöst und Zusatz von 160 ccm 10 %igem Ammoniak (spez. Gewicht 0,96).
[4]) Man löst 200 g Molybdänsäure in 740 ccm Ammoniak (spez. Gewicht 0,96), gießt diese Lösung in dünnem Strahl in 2960 ccm gut gekühlte Salpetersäure (spez. Gewicht 1,2) unter Umrühren ein und gibt zu der Lösung 400 g Kaliumnitrat, vgl. S. 173.
[5]) Patent Braun, vgl. Verhandlungen des Vereins zur Beförderung des Gewerbfleißes 1880, S. 234. Stahl und Eisen 1891, S. 670.

teile von je 5 cmm geteilt ist. Jeder Raumteil entspricht, mit gelbem Phosphorniederschlag angefüllt, bei einer Einwage von 1,2 g Eisen 0,01 % Phosphor. Selbst bei gleichen Versuchsbedingungen besteht kein konstantes Verhältnis zwischen dem Volumen des gelben Niederschlages und seinem Gewicht bzw. dem Phosphorgehalt. Für genaue Bestimmungen empfiehlt es sich daher, empirische Tabellen für die Ermittlung des Phosphorgehaltes aus dem Volumen aufzustellen. Eine solche Tabelle hat v. Reis veröffentlicht[1]). Er empfiehlt, sich selbst eine solche Tabelle für die zur Verfügung stehenden Schleudergefäße anzufertigen, indem man verschiedene Stahlproben mit gewichtsanalytisch ermittelten Phosphorgehalten[2]) nach der oben beschriebenen Methode behandelt.

Damit diese Methode die Eigenart einer Schnellmethode behält, sieht man von einer Abscheidung der Kieselsäure ab, obgleich diese das Volumen des gelben Niederschlages etwas vermehrt. Diese Volumenvergrößerung ist aber unbeträchtlich, solange der Siliziumgehalt des Eisens 0,2 % nicht übersteigt.

Nach dem Gebrauch reinigt man die Schleudergefäße, indem man sie zuerst einige Male mit Wasser ausspült[3]), dann Ammoniak hineingießt und mit Hilfe einer Federfahne den gelben Niederschlag in dem engen Röhrchen löst, wieder mit Wasser wäscht, dann mit verdünnter Salzsäure und letztere durch Ausspülen mit Wasser entfernt.

Die auf einzelnen Werken noch angewendete Methode, den auf dem Filter befindlichen gelben Niederschlag zu trocknen, dann mit dem Filter zu wägen, den Niederschlag abzubürsten und das Filter zurückzuwägen, ist zu verwerfen, da einmal der Niederschlag nicht gänzlich zu entfernen ist, ohne auch Filterverluste zu erleiden, und andererseits der Niederschlag stark hygroskopisch ist, und deshalb eine genaue Wägung ausgeschlossen ist.

Auch das vielfach noch übliche Verfahren, das Filter samt Niederschlag nach dem Trocknen zu veraschen, führt zu ungenauen Resultaten, da die Molybdänsäure durch die Papierkohle reduziert wird und das entstandene Molybdän sich schon bei ziemlich niedriger Temperatur verflüchtigt.

Von allen Methoden verdient die Titration mit Lauge (S. 21) den Vorzug. Sie ist in kurzer Zeit ausführbar und liefert Resultate, die der gewichtsanalytischen Methode nach Finkener an Genauigkeit gleichkommen.

Die Bestimmung des Schwefels.

Wesen der Methode. Das am meisten angewendete Verfahren besteht darin, das Eisen in Salzsäure zu lösen und den entweichenden Schwefelwasserstoff entweder zu Schwefelsäure zu oxydieren, diese als Bariumsulfat zu fällen und daraus den Schwefelgehalt zu berechnen,

---

[1]) Stahl und Eisen 1890. 10, 1059.   [2]) Finkeners Methode.
[3]) Mit Hilfe eines dünn ausgezogenen Glasrohres spritzt man Wasser in das zylindrische Rohr.

oder den Schwefelwasserstoff durch eine saure Metallsalzlösung zu absorbieren, das entstandene Sulfid entweder gewichtsanalytisch oder titrimetrisch zu bestimmen.

Alle diese Methoden leiden aber an der Ungenauigkeit, daß nicht aller im Eisen enthaltene Schwefel als Schwefelwasserstoff frei gemacht wird. Schon im Jahre 1879 machte Rollet darauf aufmerksam, daß ein Teil des Schwefels in einer Verbindung entweicht, die weder durch Brom, Wasserstoffsuperoxyd oder Kaliumpermanganat oxydiert, noch von sauren Metallsalzlösungen absorbiert wird. Philipps stellte diese Verbindung als Methylsulfid $(CH_3)_2S$ fest und erkannte, daß dieselbe, mit Kohlensäure und Wasserstoff gemischt, auf Rotglut erhitzt, in Schwefelwasserstoff übergeht. Aus diesem Grunde schaltete man früher zwischen Zersetzungskolben und Oxydations- bzw. Absorptionsgefäß einen Verbrennungsofen ein. Sorgfältige Versuche haben gezeigt, daß die Konzentration der Salzsäure von wesentlichem Einfluß auf die vollständige Überführung des Schwefels in Schwefelwasserstoff ist. Es hat sich ergeben, daß man bei Anwendung von Salzsäure (spez. Gewicht 1,15—1,16) das Glühen der aus dem Zersetzungskolben entweichenden Gase unterlassen kann, weil in diesem Fall keine organischen Schwefelverbindungen entweichen. Im Lösungskolben bleibt aber selbst bei Anwendung rauchender Salzsäure[1]) eine geringe Menge Schwefel in Form von Kupfersulfid zurück. Für sehr genaue Bestimmungen sind daher die Methoden, die darauf beruhen, den Schwefel in Schwefelwasserstoff überzuführen, nicht anzuwenden. In diesem Fall ist es zweckmäßiger, den Schwefel durch Behandeln des Eisens mit Salpetersäure (spez. Gewicht 1,4) zu Schwefelsäure zu oxydieren und diese, nach Entfernung des Eisens durch Äther, als Bariumsulfat zu fällen und daraus den Schwefel zu berechnen.

Oxydation des Schwefelwasserstoffs zu Schwefelsäure[2]).

Wesen der Methode. Der beim Lösen des Eisens in Salzsäure entweichende Schwefelwasserstoff wird durch Bromlösung zu Schwefelsäure nach folgender Gleichung oxydiert:

$$H_2S + 8\,Br + 4\,H_2O = H_2SO_4 + 8\,HBr\,.$$

Die entstehende Schwefelsäure wird durch Chlorbariumlösung als Bariumsulfat gefällt, dieses nach dem Glühen gewogen und aus dem Gewicht desselben der Schwefelgehalt berechnet.

Ausführung. Abb. 20 zeigt den zur Ausführung bestimmten Apparat[3]). In den ungefähr 200 ccm fassenden Kolben A wägt man 3—10 g

---

[1]) Rauchende Salzsäure (spez. Gewicht 1,19) anzuwenden, ist nicht ratsam, weil sie zum Überkochen neigt und Chlorwasserstoff in die Bromlösung und die Kadmiumlösung geht und störend wirkt. Nur bei Wolframstahl ist die Verwendung rauchender Salzsäure nötig. (Stahl und Eisen 1908. 249.)

[2]) Dieses Verfahren wurde zu Anfang der siebziger Jahre von A. Classen eingeführt.

[3]) Der ursprünglich von Classen konstruierte Apparat ist von Finkener dahin abgeändert worden, daß sämtliche Schlauchverbindungen durch Glasschliffe ersetzt worden sind. Die vulkanisierten Gummischläuche können

Eisen ein, setzt den Apparat zusammen, wobei man die Glasschliffe mit Wasser anfeuchtet und leitet durch den ganzen Apparat 10 Minuten lang Kohlensäure hindurch, um die Luft auszutreiben[1]). Die in einem Kippschen Apparat entwickelte Kohlensäure leitet man zuerst durch eine Waschflasche, die mit Quecksilberchloridlösung beschickt ist, um

etwaigen Schwefelwasserstoff zurückzuhalten[2]). Nachdem man den mit Glasperlen gefüllten Turm B bis reichlich zur Hälfte seiner Höhe mit Bromlösung[3]) gefüllt hat, prüft man den Apparat auf Dichtigkeit, schließt den Hahn C, gießt in das Gefäß D Salzsäure vom spez. Gewicht 1,16 (für je 1 g Eisen 10 ccm Säure), setzt den Stopfen E auf, öffnet den Hahn C und drückt mit Hilfe von Kohlensäure die Salzsäure in den Lösungskolben. Durch Erwärmen der Salzsäure sorgt man für möglichst schnelles Lösen des Eisens[4]). Wenn das Eisen gelöst ist[5]), kocht man die Lösung noch 2—3 Minuten lang, um den von der Säure absorbierten Schwefelwasserstoff auszutreiben, leitet noch 5 Minuten lang Kohlensäure durch den Apparat, damit auch die letzten Reste von Schwefelwasserstoff in die Bromlösung gelangen. Dann läßt man die Bromlösung in ein Becherglas ab, spült den Turm mehrmals mit Wasser aus, verdampft durch Kochen der Lösung das Brom[6]), womit gleichzeitig ein Konzentrieren der Lösung verbunden

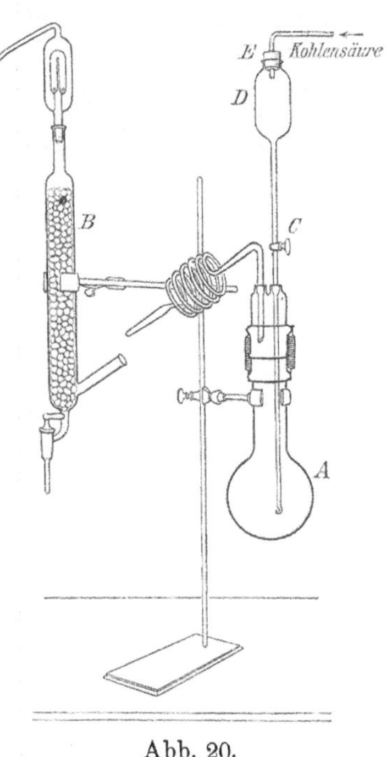

Abb. 20.

ist, setzt einige Tropfen Salzsäure hinzu und fällt in der siedend heißen Lösung die Schwefelsäure durch Zusetzen von heißer verdünnter Chlorbariumlösung in einem Guß. Die Fällung läßt man einige Stunden in der Wärme stehen, filtriert, wäscht mit heißem Wasser aus, verascht das Filter und wägt das Bariumsulfat.

----

durch Abgabe von Schwefel Fehler hervorrufen. Ein bequem zu handhabender Apparat ist in „Bauer-Deiß: Probenahme und Analyse von Eisen und Stahl", 2. Aufl. Berlin: Julius Springer 1922, angegeben.

[1]) Enthält der Zersetzungskolben Luft, so kann der Schwefelwasserstoff unter Abscheidung von Schwefel zersetzt werden. $H_2S + O = H_2O + S$.

[2]) Der zur Kohlensäureentwickelung benutzte Marmor kann Schwefelkies enthalten.

[3]) 120 g Bromkalium werden in 1 Liter Wasser gelöst, 27 ccm Brom zugefügt und dieses unter Schütteln gelöst. Durch einen blinden Versuch auf etwaigen Schwefelgehalt zu prüfen.

[4]) Man hat beobachtet, daß man einen höheren Gehalt an Schwefel findet, wenn man das Eisen schnell löst.   [5]) Mit einem Magnet prüfen.

[6]) Für die quantitative Fällung der Schwefelsäure ist zwar das Brom nicht hinderlich, man verjagt es aber trotzdem, um beim Filtrieren des Bariumsulfats nicht durch Bromdämpfe belästigt zu werden.

Absorption des Schwefelwasserstoffs durch Kadmiumazetat.
Gewichtsanalytische Bestimmung nach Schulte.

Wesen der Methode. Der beim Lösen des Eisens in Salzsäure entweichende Schwefelwasserstoff wird in eine Lösung von Kadmiumazetat geleitet[1]), wodurch gelbes Kadmiumsulfid gefällt wird. Dieses wird durch Zusatz von Kupfersulfatlösung in Kupfersulfid und Kadmiumsulfat übergeführt und das Kupfersulfid durch Rösten zu Oxyd oxydiert, aus dessen Gewicht der Schwefel berechnet wird.

Der hierzu geeignete Apparat ist in Abb. 21 abgebildet. *A* ist ein Kippscher Kohlensäureentwicklungsapparat, *B* eine Waschflasche mit

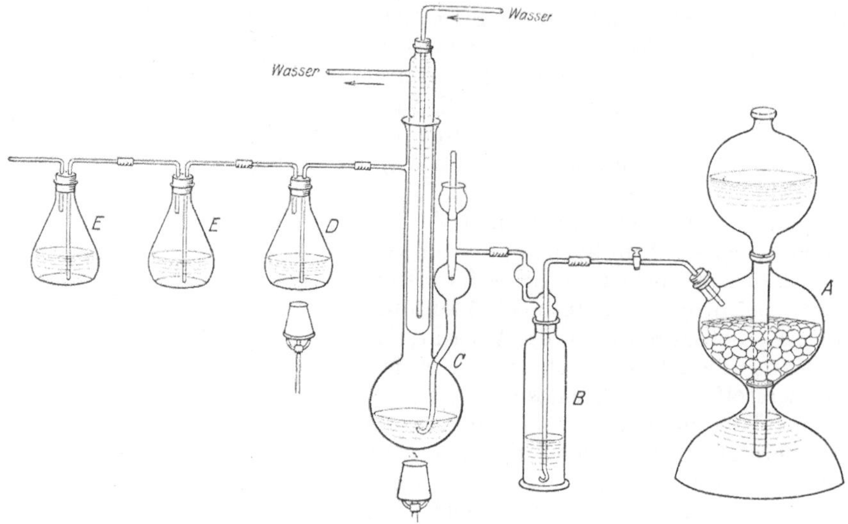

Abb. 21.

Quecksilberchloridlösung gefüllt[2]). *C* ist ein Corleisscher Lösungskolben mit eingehängtem Kühler, *D* ein Rundkolben von 250—300 ccm Inhalt. Er wird mit 100 ccm destilliertem Wasser gefüllt und hat den Zweck, die aus dem Lösungskolben entweichenden Salzsäuredämpfe zu absorbieren, die sonst ein Lösen des ausgefällten Kadmiumsulfids im Fällungsgefäß *E* verursachen würden. *EE* sind zwei Gefäße von 120 ccm Inhalt, die mit ungefähr 30 ccm Kadmiumazetatlösung[3]) gefüllt sind

---

[1]) Da die beim Lösen entweichenden Gase außer Schwefelwasserstoff noch Phosphorwasserstoff und Arsenwasserstoff enthalten, kann man sie nicht direkt in Kupfersulfatlösung leiten, weil in dieser außer Kupfersulfid noch eine Phosphor enthaltende Kupferverbindung gefällt wird. Auch Silberlösung ist nicht zu verwenden, weil durch Arsenwasserstoff aus dieser metallisches Silber ausgeschieden wird.

[2]) Vgl. Anm. 2 auf S. 101.

[3]) 25 g Kadmiumazetat (oder ebensogut aber billiger 5 g Kadmiumazetat und 20 g Zinkazetat) werden in 250 ccm konz. Essigsäure (99 °/oig) und 250 ccm Wasser unter mäßigem Erwärmen gelöst und die Lösung nach dem Erkalten mit Wasser zu 1 Liter verdünnt und filtriert.

und zur Absorption des Schwefelwasserstoffes dienen. Nur in seltenen Fällen entsteht auch im zweiten Gefäß ein Niederschlag.

Ausführung. Nachdem man den Apparat zusammengesetzt hat, schüttet man mit Hilfe eines weithalsigen Trichters 5—10 g Eisen in den Lösungskolben, setzt den Kühler ein und überzeugt sich von der Dichtigkeit des Apparates, indem man das Ableitungsrohr aus dem letzten Absorptionsgefäß mit einem an einem Ende mit einem Glasstab verschlossenen Gummischlauch verschließt und allmählich den am Kippschen Apparat befindlichen Glashahn ganz öffnet. Entweichen nach einiger Zeit durch die Flüssigkeiten keine Gasblasen mehr, so ist der Apparat dicht. Man schließt nun den Hahn am Kippschen Apparat, entfernt langsam den als Verschluß dienenden Gummischlauch und leitet 10 Minuten lang Kohlensäure durch den Apparat, um die Luft auszutreiben[1]). Dann gießt man durch den Trichter des Corleis-Apparates so viel Salzsäure (spez. Gewicht 1,15—1,16) in den Lösungskolben, daß das Ende des Trichterrohres in die Säure eintaucht. Wenn die Gasentwicklung nachläßt (es sollen in 1 Sekunde 3—4 Gasblasen in der Vorlage auftreten), gießt man den Rest der Säure in den Apparat, aber mit der Vorsicht, daß keine Luft eindringt (für 5 g Eisen verwendet man mindestens 50 ccm Säure, für 10 g mindestens 100 ccm). Läßt die Gasentwicklung erheblich nach, so beginnt man mit dem Erhitzen, nachdem man vorher den Kühler in Gang gesetzt hat. Läßt die Gasentwicklung nach, erhitzt man stärker, bis nahe zum Sieden[2]). Wenn alles Eisen gelöst ist[3]), kocht man 5 Minuten, um den von der Säure absorbierten Schwefelwasserstoff auszutreiben, löscht die Flamme und leitet noch 5 Minuten Kohlensäure durch den Apparat, um den Schwefelwasserstoff vollständig in die Kadmiumlösung zu treiben. Dann erhitzt man den Inhalt der Waschflasche D zum Sieden, kocht etwa 5 Minuten mäßig, um den vom Wasser absorbierten Schwefelwasserstoff auszutreiben, entfernt die Absorptionsgefäße und fügt zu dem Inhalt etwa 5 ccm[4]) Kupfersulfatlösung[5]) (in den meisten Fällen ist nur in dem ersten Gefäß eine Fällung erfolgt). Das Schwefelkadmium wird hierdurch sogleich in Schwefelkupfer umgesetzt[6]). Das Schwefelkupfer wird filtriert. Den im Glasrohr befindlichen Niederschlag befeuchtet man mit Kupfersulfatlösung, indem man etwas Flüssigkeit in das Rohr saugt, und entfernt ihn dann mit einer Federfahne. Niederschlag und Filter

---

[1]) Vgl. Anm. 1 auf S. 101.

[2]) Schnelles Erhitzen bis zum Sieden ist nachteilig, weil die Konzentration der Säure vermindert wird und dadurch nicht aller Schwefel in Schwefelwasserstoff übergeführt wird.

[3]) Prüfen mit einem Magnet.

[4]) Von der Kupfersulfatlösung muß so viel zugesetzt werden, daß nach dem Absetzen des Kupfersulfids die überstehende Flüssigkeit deutlich blau gefärbt ist.

[5]) 120 g krist. Kupfervitriol werden in 600 ccm Wasser unter Hinzufügen von 120 ccm konz. Schwefelsäure gelöst. Nach dem Erkalten wird die Lösung mit Wasser zu 1 Liter verdünnt und filtriert. Durch den Überschuß von Schwefelsäure werden die Azetate in Sulfate übergeführt. Letztere lassen sich leichter auswaschen als die Azetate.

[6]) $CdS + CuSO_4 = CuS + CdSO_4$.

werden mit luftfreiem heißem Wasser[1]) so lange gewaschen, bis das Durchlaufende mit Ferrozyankaliumlösung versetzt, nicht mehr auf Kupfer reagiert. Das noch feuchte zusammengedrückte Filter bringt man in einen gewogenen Porzellantiegel, trocknet das Filter in einem Trockenschrank und verbrennt das Papier bei möglichst niedriger Temperatur. Röstet anfangs bei mäßiger Hitze das Schwefelkupfer[2]), bis keine schweflige Säure mehr entweicht (etwa 3 Minuten lang), erhitzt allmählich stärker und glüht zuletzt bei aufgelegtem Deckel 5 Minuten bei voller Flamme, um etwa entstandenes Kupfersulfat in Kupferoxyd überzuführen. Den Tiegel läßt man im Exsikkator erkalten und wägt das Kupferoxyd.

Berechnung. Das ausgefällte CdS wird in CuS und dieses in CuO übergeführt. Es entspricht

$$1 \text{ CuO} = 1 \text{ CdS}$$
$$79{,}57 \text{ Gewichtsteile CuO} = 144{,}47 \text{ Gewichtsteile CdS}$$
$$1 \text{ Gewichtsteil CuO} = 1{,}8156 \text{ Gewichtsteile CdS}$$
$$= 0{,}403 \text{ Gewichtsteile S.}$$

Das Gewicht des Kupferoxyds mit 0,403 multipliziert, ergibt das Gewicht des Schwefels.

Schulte[3])[4]) hat den etwas unhandlichen Apparat vereinfacht und verzichtet auch auf das Durchleiten von Kohlensäure, ohne daß das Resultat dadurch wesentlich beeinflußt wird. Für das Arbeiten mit dem vereinfachten Apparat (Abb. 22) gibt Schulte folgende Vorschriften. In die Vorlage F bringt man so viel von der Kadmiumazetatlösung[5]), daß sie nach dem Aufsetzen des Stöpsels mit der Glasröhre und beim Durchblasen von Luft durch dieselbe in dem angeschmolzenen Ansatz G etwa 3 ccm höher steht als innen, wozu in der Regel 32—35 ccm Lösung genügen. Darauf gießt man in die Wasch- und Kochflasche E 160 ccm destilliertes Wasser. Von dem gut zerkleinerten Eisen bringt man dann 10 g in den Auflösungskolben A, setzt den an der Schliffstelle vorher naß gemachten Hahntrichter nebst Gasentbindungsröhre dicht darauf, und setzt den Apparat nun so zusammen, wie es in der Zeichnung vorgesehen ist. Der Dreiweghahn D (dessen Gebrauch zwar angenehm, jedoch nicht absolut notwendig ist) bekommt zunächst eine solche Stellung, daß die Verbindung zwischen dem Auflösungskolben A und der Waschflasche E hergestellt ist. Nun schließt man an dem Glockentrichter den Hahn B und gießt zunächst 50 ccm Salzsäure (spez. Gewicht 1,15—1,16) in den Trichter. Dann öffnet man den Hahn B und läßt zunächst etwa die Hälfte der Säure nach unten laufen. Ist

---

[1]) Das Wasser wird durch Kochen luftfrei gemacht. Enthält das Wasser Luft, so kann durch den Sauerstoffgehalt der Luft etwas Kupfersulfid zu Kupfersulfat, das in Wasser löslich ist, oxydiert werden.

[2]) Das Kupfersulfid darf nicht schmelzen, damit die Oxydation glatt vor sich gehen kann.   [3]) Stahl und Eisen 1906, S. 985.

[4]) Neuer Apparat nach Dr. Schiffer. Kruppsches Modell. Zu beziehen durch die Apparate-Abteilung der Chemischen Fabrik Dr. Reininghaus in Essen.   [5]) Siehe Anm. 3 auf S. 102.

nun die Gasentwicklung im Kolben nicht allzu stürmisch, was höchst
selten vorkommt, dann läßt man den Trichter ganz leerlaufen, schließt
den Hahn wieder und gießt von neuem 50 ccm Salzsäure (spez. Gewicht 1,15—1,16) hinein, im ganzen also 100 ccm. Ist die Gasentwicklung im Auflösungskolben immer noch mäßig, so läßt man auch das
letzte Säurequantum hineinlaufen, schließt aber den Hahn B dann so
frühzeitig, daß die Trichterröhre unterhalb desselben vollständig mit
Salzsäure gefüllt bleibt. Dies empfiehlt sich deswegen, damit später in

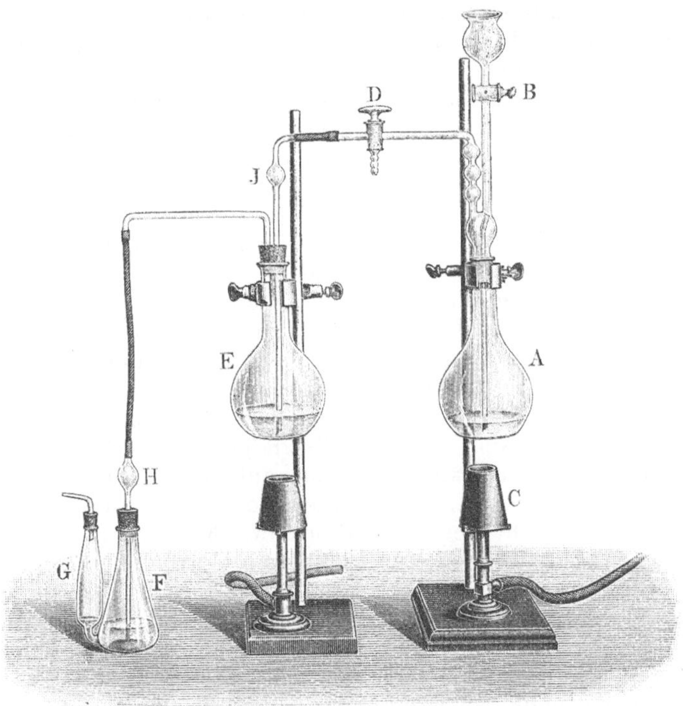

Abb. 22.

den Auflösungskolben nicht noch Luft eintritt, diese das entstandene
Eisenchlorür teilweise oxydieren und damit eine Abspaltung des Schwefels vom Schwefelwasserstoff bewirken könne. Sollte nach Zusetzen
des Restes der Salzsäure die Gasentwicklung im Auflösungskolben A
zu langsam vor sich gehen, was meistens schon nach 2—3 Minuten
der Fall ist, so schiebt man den mit Luftregulierung, Stern und Schorn-
stein versehenen Bunsenbrenner darunter, an dessen Schlauch sich
vorteilhaft eine Quetschschraube befindet. Die Flamme dieses Brenners
soll, ohne Luftzufuhr, anfangs nicht mehr als etwa 0,7 cm Höhe haben;
die Benutzung eines Drahtnetzes ist hier ganz überflüssig. Wenn durch
die Kochflasche E in der Sekunde 3—4 Gasblasen hindurchgehen,
so ist das eine normale Entwicklung, und die Erwärmung des Auflösungs-
kolbens dann ausreichend. Das Gelingen des Versuches bleibt indessen

auch bei ziemlich flotter Gasentwicklung noch gesichert. Anderseits muß aber das Bestreben des Analytikers darauf hinausgehen, daß der Inhalt des Kolbens A während des Auflösungsprozesses möglichst kühl, die Salzsäure darin also möglichst stark bleibe und so bis zu Ende der Auflösung zur Wirkung gelange. Man erwärme daher den Kolben A bei der Arbeit nie mehr, als zur Erzielung eines angemessenen Gasstromes erforderlich ist. Die Höhe der Flamme, die man während des ganzen Auflösungsprozesses vorteilhaft immer weiß brennen läßt, ist also den Verhältnissen anzupassen, und wird nach Bedarf allmählich von etwa 0,7 cm auf annähernd 1, 1½, 2, 3 bis 3½ cm gebracht. Die Luftzufuhr zur Flamme wird hierbei deswegen ganz unterlassen, um ihre Höhe leichter abschätzen zu können und ferner auch um ein Zurückschlagen zu verhüten. Ist der größte Teil des Eisens gelöst, und kommen die Gasblasen bei einer Flammenhöhe von 3—4 cm langsamer, so warte man bei dieser Flammenhöhe die vollständige Auflösung des Eisens ab. Die vorzeitige Vergrößerung der Flamme würde den Auflösungsprozeß kaum beschleunigen, da die Temperatur der Eisenlösung nach $1-1\frac{1}{4}$ Stunde und bei dieser Flammenhöhe allmählich so hoch gestiegen ist, daß der Kolbeninhalt ganz schwach zu sieden anfängt, die Gasentbindungsröhre sich aber noch nicht warm anfühlt. Kommen während dieses Zustandes bei unveränderter Flammenhöhe (etwa 3½ cm) die Gasblasen nur noch höchst selten oder gar nicht mehr, so gilt es, die letzten Reste von Schwefelwasserstoff nebst den Gasen aus dem Auflösungskolben vollständig auszutreiben. Zu diesem Zweck erhöhe man die weiße Flamme auf etwa 7—8 cm, führe ihr dann so viel Luft zu, daß sie nur oben noch etwas weiß brennt und öffne nun der Vorsicht wegen am Glockentrichter den Hahn B, damit bei etwaigem Luftzug und einer zufälligen Abkühlung des erhitzten Kolbens die Flüssigkeiten aus den Gefäßen E und F nicht zurücksteigen können. Die Eisenlösung gerät nun in recht deutliches, doch mäßiges Sieden, es wird bald die Gasentbindungsröhre warm, und nach etwa 3 Minuten wird sich auch die Schutzkugel J warm anfühlen. Von diesem Zeitpunkt an lasse man die Eisenlösung noch etwa 5 Minuten kochen, im ganzen also annähernd 8 Minuten. Nun überzeuge man sich, daß der Hahn B geöffnet ist und schiebe dann den Bunsenbrenner C unter die Waschflasche E, damit auch diese ins Sieden geraten kann. Hierauf drehe man den Dreiweghahn D sofort quer, damit der Inhalt der Waschflasche nicht mehr zurücksteigen kann. Wieder nach etwa 3 Minuten wird auch dieser in mäßiges Sieden geraten sein und sich die Schutzkugel bei H etwas warm anfühlen. Ist dieser Zustand erreicht, so lasse man den Inhalt der Waschflasche E, die nun annähernd 10%ige Salzsäure enthält, ebenfalls noch annähernd 5 Minuten mäßig sieden, wobei der Inhalt der Vorlage F stark erwärmt wird, was keineswegs schadet, da nur 15—20 g Wasserdämpfe mit annähernd 0,02 g Chlorwasserstoff übergehen. Ist die Azetatlösung nebst dem Kadmiumsulfid fast siedend heiß geworden und ist sie in dem Ansatz G etwa $2-2\frac{1}{2}$ cm gestiegen, so sind auch die letzten Spuren von Schwefelwasserstoff aus dem Waschwasser ausgetrieben.

Darauf gibt man in die Vorlage F Kupfersulfatlösung[1]) und verfährt wie bei der vorigen Methode weiter.

Die im Zersetzungskolben befindliche Lösung eignet sich gut für die Bestimmung des Kupfers im Eisen (siehe S. 109).

Titrimetrische Bestimmung des Schwefels.

Wesen der Methode. Versetzt man Kadmiumsulfid mit Jodlösung, so bildet sich Jodkadmium und freier Schwefel.

$$CdS + 2\,J = CdJ_2 + S\,.$$

Ausführung. Man verfährt anfangs, wie bei den vorhergehenden Methoden angegeben ist, d. h. man leitet den beim Lösen des Eisens entweichenden Schwefelwasserstoff in eine Lösung von Kadmiumazetat. Zu dieser, allen Schwefel als Kadmiumsulfid enthaltenden Lösung gibt man so viel Jodlösung von bekanntem Jodgehalt[2]), daß dieselbe im Überschuß vorhanden ist, d. h. daß die Lösung deutlich rotbraun gefärbt ist (10—40 ccm). Die im Zuleitungsrohr befindliche geringe Menge von Kadmiumsulfid benetzt man mit Jodlösung, indem man dieselbe in das Rohr saugt, einige Sekunden darin läßt und dann zurückfließen läßt. Hat man die Jodlösung unter Umrühren 3 Minuten lang einwirken lassen, gießt man die Flüssigkeit in eine halbkugelige Porzellanschale, spült das Fällungsgefäß einige Male mit Wasser nach, setzt 20 ccm verdünnte Salzsäure[3]) hinzu und titriert den Überschuß der Jodlösung mit Natriumthiosulfatlösung[4]) nach Zusatz von 3—5 ccm Stärkelösung zurück[5]).

Aus dem Verbrauch der Jodlösung berechnet man nach obiger Gleichung den Schwefelgehalt.

Das Kadmiumsulfid vor der Behandlung mit Jodlösung zu filtrieren und mit Wasser zu waschen ist nicht nötig, da die von der Flüssigkeit in geringer Menge absorbierten Kohlenwasserstoffe keinen merklichen Einfluß auf die Jodlösung ausüben.

Berechnung. Aus der Gleichung $CdS + 2\,J = CdJ_2 + S$ ergibt sich, daß 2 Mol. Jod 1 Mol. Schwefel entsprechen oder 253,84 Gewichtsteile Jod = 32,07 Gewichtsteile Schwefel. Oder es verhalten sich

$$2\,J : S = 253{,}84 : 32{,}07\,.$$

Angenommen 1 ccm der zur Titration benutzten Jodlösung enthält 5,07 mg Jod, so erhält man folgende Proportion:

$$253{,}84 : 32{,}07 = 5{,}07 : x$$
$$x = 0{,}64,$$

d. h. 1 ccm obiger Jodlösung entspricht 0,64 mg Schwefel.

Mit dieser Methode erreicht man die Genauigkeit der gewichtsanalytischen Bestimmungen. Sie hat vor den letzteren aber den großen Vorteil der schnelleren Ausführbarkeit, weil jede Filtration und Wägung fortfällt.

---

[1]) Siehe S. 103, Anm. 5.
[2]) Bereitung und Titerstellung der Jodlösung siehe S. 175.
[3]) Salzsäure spez. Gewicht 1,124 mit dem gleichen Volumen Wasser verdünnt. [4]) Bereitung der Natriumthiosulfatlösung siehe S. 176. [5]) Siehe S. 177.

Gewichtsanalytische Methode nach Krug[1].

Wesen der Methode. Löst man Eisen in Salpetersäure (spez. Gewicht 1,4), so wird der Schwefel zu Schwefelsäure oxydiert und diese nach Entfernung des Eisens durch Behandeln mit Äther als Bariumsulfat gefällt und gewogen.

Ausführung. In einem Rundkolben aus Jenaer Glas von 500 ccm Inhalt übergießt man 5 g Eisen mit 50 ccm Salpetersäure (spez. Gewicht 1,4)[2]. In der Kälte findet gar keine Einwirkung statt, erst beim gelinden Erwärmen beginnt die Lösung des Eisens. Nachdem die rotbraunen Dämpfe von Stickstofftetroxyd verschwunden sind, erwärmt man allmählich stärker, bis das Eisen sich vollständig gelöst hat. Zu der Lösung setzt man dann ungefähr 0,25 g in wenig Wasser gelöstes schwefelsäurefreies Kaliumnitrat[3] und dampft die Lösung über einem sechsfachen Bunsenbrenner unter ständigem Schwenken des Kolbens zur Trockene[4], glüht zuletzt das Eisennitrat so lange, bis keine braunen Dämpfe mehr entweichen. Nach dem Erkalten löst man das entstandene Eisenoxyd in 50 ccm Salzsäure (spez. Gewicht 1,124), dampft über dem Sechsbrenner so weit ein, daß das Eisenchlorid noch eben feucht erscheint, und wiederholt das Lösen in Salzsäure und das Eindampfen noch einmal, um die Salpetersäure vollständig zu vertreiben[5]. Den noch feuchten Rückstand löst man in 50 ccm Salzsäure (spez. Gewicht 1,124), filtriert und dampft das Filtrat so weit ein, daß sich eben eine Haut von Eisenchlorid bildet, die durch einige Tropfen Salzsäure in Lösung gebracht wird. Nach dem Erkalten bringt man die Lösung in das obere Gefäß eines Rotheschen Schüttelapparates[6], spült die Schale mit Salzsäure (spez. Gewicht 1,10) aus, so daß das Volumen der Eisenlösung mit der Salzsäure nicht über 60 ccm beträgt. Darauf gibt man weiter in das obere Gefäß 30 ccm rauchende Äthersalzsäure[7] und 75 ccm reinen Äther. Die Flüssigkeiten werden unter der Wasserleitung gut gekühlt und durch Schütteln innig vermischt. Nach einiger Zeit der Ruhe entstehen zwei voneinander scharf getrennte Flüssigkeiten, von denen die obere, olivgrüne, ätherische, fast das gesamte Eisen, die untere, salzsaure, hellgelbe, die Schwefelsäure enthält. Die salzsaure Flüssigkeit wird nun in das untere Gefäß abgelassen und zu der ätherischen Lösung einige Kubikzentimeter verdünnte Äthersalzsäure[8] gebracht, um die darin noch in geringer Menge enthaltene

---

[1] Stahl und Eisen 1905, S. 887. Zeitschr. f. angew. Chem. 1906, S. 532. Zeitschr. f. analyt. Chem. 1907, S. 337.

[2] Nach v. Reis entweicht beim Lösen des Eisens in Salpetersäure Schwefelwasserstoff. Ich habe beobachtet, daß beim Lösen des Eisens in Salpetersäure vom spez. Gewicht 1,4 niemals Schwefelwasserstoff entweicht, sondern sämtlicher Schwefel zu Schwefelsäure oxydiert wird.

[3] Um zu verhindern, daß die durch Oxydation des Schwefels entstandene Schwefelsäure beim späteren Glühen des Eisennitrats entweicht, sondern als Kaliumsulfat zurückbleibt.   [4] Vgl. Anm. 2 auf S. 97.

[5] Bei erneutem Zusatz von Salzsäure und Erwärmen darf kein Chlor mehr entweichen. Prüfen mit Jodkaliumstärkepapier.   [6] Siehe S. 42.

[7] Bereitung der rauchenden Äthersalzsäure, siehe S. 178.

[8] Bereitung der verdünnten Äthersalzsäure, siehe S. 178.

Schwefelsäure vollkommen zu entfernen. Darauf wird wieder geschüttelt, und die unten angesammelte salzsaure Flüssigkeit in das untere Gefäß abgelassen. Dies wird noch zweimal wiederholt. In das untere Gefäß bringt man dann durch den seitlich angebrachten Hahn mit Hilfe eines Trichters mit engem gebogenen Rohr 50 ccm Äther und schüttelt die Flüssigkeiten, jetzt ohne vorher zu kühlen, durcheinander. Es bilden sich wieder zwei voneinander scharf getrennte Flüssigkeiten, von denen die obere, ätherische, den Rest des Eisens aufgenommen hat, während die untere, salzsaure, die Schwefelsäure enthält. Die salzsaure Lösung wird in eine Porzellanschale abgelassen, und die Schale bedeckt auf ein heißes Wasserbad, unter dem die Flamme gelöscht ist, gestellt. Nach dem Verdunsten des Äthers wird das Uhrglas abgenommen und die Flüssigkeit eingedampft. Zu dem Rückstand gibt man einige Tropfen Salzsäure und etwas heißes Wasser, filtriert von der ausgeschiedenen Kieselsäure und evtl. Titansäure ab und fällt im Filtrat die Schwefelsäure durch Chlorbarium.

Bei dieser Methode wird sämtlicher im Eisen enthaltener Schwefel zu Schwefelsäure oxydiert, es kann beim Lösen in starker Salpetersäure kein Methylsulfid entweichen und auch der Rückstand ist schwefelfrei, da durch das Glühen bei Gegenwart von Eisenoxyd auch die in Säure unlöslichen Sulfide aufgeschlossen werden.

Die Entfernung des Eisenchlorids ist nötig, weil das Bariumsulfat bei Gegenwart großer Mengen von Eisensalzen, insbesondere von Eisenchlorid, einerseits zum Teil in Lösung gehalten, anderseits aber stets durch Eisen mehr oder weniger verunreinigt ist. Auch die Methoden, die bezwecken, das Mitfallen von Eisen zu verhindern, sind nicht frei von Fehlern, da, wie Finkener[1]) nachgewiesen hat, größere Mengen anderer Salze, besonders Chloralkalien, die vollständige Fällung der Schwefelsäure verhindern.

Die Methode eignet sich, obgleich sie etwas zeitraubend ist, für die Ausführung von Schiedsanalysen[2]).

Die Bestimmung des Kupfers.

Wesen der Methode. Man fällt aus der salzsauren Lösung das Kupfer mit Schwefelwasserstoff, führt das Schwefelkupfer durch Rösten in Kupferoxyd über und wägt dieses.

Ausführung. Enthält das Eisen kein Zinn und nur wenig Arsen und Antimon, so löst man 5 g in einem bedeckten Becherglas in 50 ccm Salzsäure (spez. Gewicht 1,124) auf[3]) und leitet in die heiße Lösung, die

---

[1]) Rose-Finkener. 6. Aufl., S. 454.

[2]) Reinhard (Stahl und Eisen 1906, S. 804) empfiehlt diese Methode als „Normalmethode".

[3]) Die Hauptmenge des Arsens entweicht hierbei als Chlorür. Enthält das Eisen viel Silizium, so setzt man nach dem Lösen einige Tropfen Flußsäure hinzu. Siehe S. 5, Anm. 2. Bei größeren Mengen von Arsen setzt man Bromwasserstoffsäure (spez. Gewicht 1,49 = 48% HBr enthaltend) hinzu. Beim Eindampfen auf dem Wasserbad entweicht das Arsen vollständig, wahrscheinlich als Arsentribromid.

man mäßig verdünnt hat, ohne vorher zu filtrieren, Schwefelwasserstoff ein, bis der Niederschlag sich abgesetzt hat, und die Flüssigkeit deutlich nach Schwefelwasserstoff riecht. Darauf filtriert man das Schwefelkupfer, wäscht zwei- bis dreimal mit schwach salzsäurehaltigem Schwefelwasserstoffwasser, trocknet das Filter und verascht es in einem Porzellantiegel[1]). Den erkalteten Rückstand übergießt man mit Salzsäure, erwärmt den mit Uhrglas bedeckten Tiegel einige Zeit auf einem Wasserbad, filtriert die Lösung von dem Rückstand und fällt im Filtrat das Kupfer durch Schwefelwasserstoff, filtriert, wäscht wie oben angegeben aus, trocknet, verbrennt das Filter im Porzellantiegel bei niedriger Temperatur[2]) und führt das Schwefelkupfer durch Rösten in Kupferoxyd über. Zuletzt glüht man das Kupferoxyd bei aufgelegtem Deckel 5 Minuten lang stark, um etwa vorhandenes Kupfersulfat in Kupferoxyd überzuführen. Nach dem Erkalten wägt man das Oxyd, das 79,90 % Kupfer enthält.

Enthält das Eisen mehr als Spuren von Zinn und Antimon, so verfährt man, wie bei der Bestimmung des Zinns und Antimons angegeben ist (S. 68).

Die Bestimmung des Arsens.

Wesen der Methode. Durch Lösen des Eisens in Salpetersäure führt man das Arsen in Arsensäure über und zerstört das Eisennitrat durch Glühen. Das Eisenoxyd löst man in Salzsäure, reduziert die Arsensäure durch Eisenchlorür oder Kupferchlorür, destilliert das Arsentrichlorid ab und bestimmt es durch Titration mit Jodlösung.

Ausführung. In einem Rundkolben von 500 ccm Inhalt löst man 10 g Eisen in 100 ccm Salpetersäure (spez. Gewicht 1,3), indem man die Säure nach und nach zusetzt und den Kolben durch Eintauchen in Wasser kühlt. Nach dem Lösen dampft man die Flüssigkeit über einem Sechsbrenner zur Trockene und glüht, bis keine braunen Dämpfe mehr entweichen[3]). Nach dem Erkalten übergießt man das Eisenoxyd mit 100—150 ccm Salzsäure (spez. Gewicht 1,19) und erwärmt ganz gelinde[4]), bis das Eisenoxyd gelöst ist. Nachdem die Lösung abgekühlt ist, gibt man 30 g arsenfreies Eisenchlorür oder 20 g arsenfreies Kupferchlorür[5]) in den Kolben, verschließt ihn mit einem Gummistopfen, durch den eine „Ente" gesteckt ist, destilliert das Arsenchlorür ab[6]) und bestimmt es durch Titration mit Jodlösung[7]) oder mit Kaliumbromat[8]).

Die Bestimmung des Zinns und des Antimons.

Wesen der Methode. Siehe S. 68.

Ausführung. Siehe S. 68.

---

[1]) Mit dem Schwefelkupfer ausgefällte kleine Mengen von Zinn, Arsen und Antimon verflüchtigen sich vollständig beim Verbrennen des Filters.
[2]) Siehe S. 104, Anm. 2.   [3]) Siehe S. 97.
[4]) Bei stärkerem Erhitzen, besonders beim Kochen, kann Arsenchlorid entweichen.   [5]) Siehe S. 28.   [6]) Siehe S. 27.   [7]) Siehe S. 191 und 193.
[8]) Siehe S. 29.

Die Bestimmung des Titans.

Wesen der Methode. Löst man titanhaltiges Eisen in Salpetersäure, so geht das Titan in Titansäure über. Beim Eindampfen der Lösung mit Salzsäure bleibt die Titansäure wegen der großen Menge vorhandenen Eisenchlorids vollkommen in Lösung. Entfernt man das Eisen durch Ausschütteln mit Äther, so scheidet sich die Titansäure ab und kann durch Eindampfen unlöslich gemacht werden.

Ausführung. In einer Porzellanschale übergießt man 25 g Eisen nach und nach mit 200 ccm Salpetersäure (spez. Gewicht 1,2), indem man zur Vermeidung des Überschäumens die Schale auf kaltem Wasser schwimmen läßt. Dann erhitzt man auf einem Wasserbad, bis das Eisen gelöst ist und dampft soweit wie möglich ein, nimmt den Rückstand mit 75 ccm Salzsäure (spez. Gewicht 1,124) auf, erwärmt bei bedeckter Schale, bis das Eisennitrat gelöst ist, verdünnt mit 200 ccm Wasser und filtriert nach dem Erkalten. Den Rückstand wäscht man, wie auf S. 85 angegeben ist, aus, verascht ihn im Platintiegel und prüft, ob etwa Titan darin enthalten ist[1]), nachdem man die Kieselsäure durch Behandeln mit Flußsäure entfernt hat. Das Filtrat dampft man ein, nimmt den Rückstand mit Salzsäure auf und wiederholt dies, bis kein Chlor mehr entweicht[2]). Die durch Eindampfen stark konzentrierte rein salzsaure Lösung behandelt man in einem Roteschen Apparat mit Äther, wie auf S. 42 beschrieben ist[3]). Die eisenfreie Lösung, aus der sich schon ein Teil der Titansäure flockig ausgeschieden hat, verdampft man zur Trockene, nimmt den Rückstand mit wenigen Kubikzentimetern Salzsäure auf, verdünnt mit Wasser, filtriert und wäscht aus. Dem Waschwasser setzt man etwas verdünnte Schwefelsäure zu[4]). Das getrocknete Filter wird im Porzellantiegel verascht und die Titansäure gewogen. TiO_2 enthält 60,05% Titan. Das Filtrat von der Titansäure enthält mitunter noch kleine Mengen von Titan. Um diese zu bestimmen, verfährt man folgendermaßen. Das Filtrat dampft man bis auf ein mäßiges Volumen ein, neutralisiert es in der Kälte mit Natriumkarbonat, löst einen etwa entstandenen Niederschlag in verdünnter Essigsäure, gibt in Wasser gelöstes neutrales Natriumazetat hinzu (etwa 3 g) und kocht die Lösung. Der hierbei fallende Niederschlag, der neben Eisen die etwa in der Lösung gewesene Titansäure enthält, wird filtriert, mit heißem Wasser, dem man etwas Ammonazetat zugesetzt hat, gewaschen und nach dem Trocknen im Platintiegel verascht. Das geglühte Eisenoxyd reduziert man im Wasserstoffstrom und verfährt, wie bei der Erzanalyse beschrieben ist, und bestimmt die Titansäure kolorimetrisch[5]).

---

[1]) Siehe S. 36.   [2]) Prüfen mit Jodkaliumstärkepapier.

[3]) Da ein so großer Apparat, um die Lösung von 25 g Eisen auszuschütteln, nicht vorhanden sein wird, teilt man die Eisenlösung und schüttelt in mehreren Teilen aus. Für je 1 g Eisen verwendet man 6 ccm rauchende Äthersalzsäure und 75 ccm Äther.

[4]) Beim Waschen mit reinem Wasser bekommt man stets ein trübes Filtrat.   [5]) Siehe S. 36.

Die Bestimmung des Aluminiums.

Wesen der Methode. Aus der salzsauren Lösung des Eisens entfernt man zuerst nach der Rotheschen Äthermethode das Eisen und fällt aus der eisenfreien Lösung das Aluminium als Phosphat[1]).

Ausführung. In einer Porzellanschale löst man 5—10 g Eisen in 50—75 ccm Salzsäure (spez. Gewicht 1,124) und scheidet die Kieselsäure ab[2]). Das Filtrat von der Kieselsäure dampft man bis auf etwa 50 ccm ein, erhitzt den Inhalt der bedeckten Schale über freier Flamme bis eben zum Sieden, entfernt die Flamme und oxydiert das Eisenchlorür durch Zusatz von 3—5 ccm Salpetersäure (spez. Gewicht 1,4)[3]), kocht, bis die braunen Dämpfe verschwunden sind, und dampft die Lösung auf dem Wasserbade soweit wie möglich ein, nachdem man sich durch Prüfen mit Ferrizyankalium von der vollständigen Oxydation des Eisens überzeugt hat[4]). Den Rückstand übergießt man mit 50 ccm Salzsäure (spez. Gewicht 1,124), dampft wiederum ein und wiederholt dies, bis bei erneutem Zusatz von Salzsäure kein Chlor mehr entweicht (Prüfen mit Jodkaliumstärkepapier). Die stark konzentrierte[5]) rein salzsaure Eisenchloridlösung behandelt man nach dem Rotheschen Verfahren mit Äther[6]). Den nach dem Verdampfen des Äthers erhaltenen Rückstand löst man nach Befeuchten mit einigen Tropfen Salzsäure in wenig Wasser und verwandelt die salzsaure Lösung durch Zusatz von 5—6 g in wenig Wasser gelöstes Natriumazetat in eine essigsaure. Dann erhitzt man die Lösung zum Sieden und fällt durch Zusatz von 2 ccm einer gesättigten Natriumphosphatlösung das Aluminium als Phosphat aus[7]). Dieses filtriert man und wäscht es mit heißem Wasser aus. Da der Niederschlag noch geringe Mengen von Eisen enthält, so löst man den ausgewaschenen Niederschlag in wenig Salzsäure, verdampft die Lösung in einer Platinschale zur Trockene, löst den Rückstand in etwa 3 ccm Wasser, gibt 2—3 g in möglichst wenig Wasser gelöstes aluminiumfreies Natriumhydroxyd hinzu, kocht kurze Zeit und bringt Flüssigkeit samt Niederschlag in einen 300-ccm-Meßkolben. Nachdem man die Flüssigkeit mit Wasser bis zur Marke aufgefüllt und gut gemischt hat, filtriert man sie durch ein trockenes Faltenfilter, entnimmt von dem Filtrat 250 ccm, säuert mit Essigsäure schwach an und fällt das Aluminium in der Siedhitze mit Natriumphosphat wie vorher. Das Aluminiumphosphat wird mit heißem Wasser ausgewaschen, getrocknet und geglüht[8]).

Die Bestimmung der Schlacke im Eisen.

Für diese unter Umständen wichtige Bestimmung gibt es trotz vieler Versuche bisher keine vollkommen einwandfreie Methode. Naheliegend wäre die Behandlung des Eisens im Chlorstrom, wobei das Eisen als Chlorid verflüchtigt wird, und die Schlacke zurückbleibt. Dieses

---

[1]) Nicht als Hydroxyd, da vorhandene Phosphorsäure mitfallen würde.
[2]) Siehe S. 84.   [3]) Siehe S. 64, Anm. 3.   [4]) Siehe S. 14, Anm. 3.
[5]) Siehe S. 16.   [6]) Siehe S. 42.   [7]) Siehe S. 26.   [8]) Siehe S. 27.

Verfahren, das früher allgemein angewendet wurde, gibt aber nur dann
richtige Resultate, wenn die Schlacke kein Eisen enthält. Ist dies aber
der Fall, und in fast allen Fällen enthält die Schlacke Eisenoxydul,
so findet zwischen dem in der Schlacke enthaltenen Eisenoxydul und
dem Chlor eine Umsetzung nach folgender Gleichung statt:

$$6\,FeO + 6\,Cl = 2\,Fe_2O_3 + Fe_2Cl_6\,,$$

d. h. das in der Schlacke befindliche Eisenoxydul wird zum Teil als
Chlorid verflüchtigt, zum Teil zu Oxyd oxydiert.

Die besten, wenn auch nur annähernd richtigen Resultate, gibt die
Methode von Eggertz[1]).

Wesen der Methode. Eggertz fand, daß beim Auflösen von
schlackenhaltigem Eisen in Jod oder Brom das Eisen gelöst wird, und
die Schlacke zurückbleibt. Schneider[2]) fand, daß beim Behandeln des
Eisens mit Jod oder Brom in der Kälte schwer lösliche Verbindungen
zusammen mit der Schlacke zurückbleiben, die sich beim Erwärmen
auf 90° lösen.

Ausführung. Nach Schneiders Angaben verfährt man folgendermaßen: In einem Becherglas von 200—300 ccm Fassungsraum werden
15 ccm Brom mit 100 ccm Wasser überschichtet, und das Glas in ein
größeres mit kaltem Wasser gefülltes Becherglas gestellt, um zu Beginn
der Auflösung des Eisens eine allzu lebhafte Erwärmung zu verhindern.
Nun gibt man 5 g des Probematerials[3]) in Form von Hobelspänen zu
und schwenkt die Lösung hin und wider. Man setzt die Auflösung im ge-
kühlten Becherglas so lange fort, bis keine Metallstückchen mehr am
Boden liegen und beim Zerdrücken des kohligen Rückstandes mit
einem Glasstabe keine festen Körner mehr beobachtet werden. Diese
scheinbare Auflösung des Stahls ist in 2—3 Stunden vollendet. Enthält das zu untersuchende Material nur einigermaßen erheblichere
Mengen Kohlenstoff oder Phosphor, so bleiben im Rückstand schwer
lösliche Eisenverbindungen in äußerst feiner Verteilung zurück. Um
auch diese Verbindungen in Lösung zu bringen, unterstützt man die
Einwirkung des Broms durch Erwärmen. Man beläßt das kleinere
Becherglas im größeren, das mit Wasser so weit gefüllt ist, daß das
erstere darinnen schwimmt und den Boden nicht berührt, und erhitzt
nun das Wasser allmählich 10—15 Minuten lang auf etwa 90°. Nach
dem Absetzen des Rückstandes filtriert man durch ein kleines Filter
und wäscht mit Wasser von gewöhnlicher Temperatur so lange, bis
keine Eisenreaktion im Filtrat durch Rhodankalium mehr erzeugt wird.
Der kohlige Rückstand, sowohl wie auch das Filtrierpapier hält jedoch
noch basisches Eisenbromid absorbiert zurück. Um dieses in Lösung zu
bringen, wäscht man mit einer kochend heißen Lösung von weinsaurem

---

[1]) Dinglers polyt. Journal 1868, 2, S. 119.

[2]) Österreichische Zeitschr. für Berg- und Hüttenwesen 1900, S. 257
und 275.

[3]) Die Probe soll von einer blanken Stelle durch Hobeln in nicht allzu
kleinen Spänen entnommen werden. Bei der Erzeugung von Feilspänen
kann leicht ein Verlust an Schlacke dadurch entstehen, daß die kleinen
Schlackenpartikelchen aus der Eisenmasse herausbrechen und verlorengehen.

Ammon, der reichliche Mengen Ammoniak zugesetzt sind. Bei kohlenstoffreicheren Stahlsorten, bei denen größere Mengen Kohle zurückbleiben, spritzt man den Rückstand vom Filter und kocht denselben kurze Zeit mit der genannten Lösung. Wiederholt man das Auskochen, so darf im Filtrat durch Schwefelammonium keine Braunfärbung mehr eintreten. Im entgegengesetzten Falle würde dieser Umstand beweisen, daß noch schwer lösliche Eisenkarbide oder Phosphate im Rückstande verblieben sind, von welchen durch wiederholes Auskochen mit Ammoniumtartaratlösung immer wieder kleine Mengen Eisen in Lösung gehen. Man hat durch die Prüfung der zweiten Auskochung ein untrügliches Mittel, um die Reinheit der abgeschiedenen Schlacke von metallischen Beimengungen zu erkennen. Schließlich wird mit heißem Wasser zu Ende gewaschen, und das Filter samt Rückstand im Platintiegel verbrannt. Bei schlackefreien Eisensorten bleiben schließlich nur kleine weiße Flocken von Kieselsäure zurück. Ist der Rückstand braun, von abgeschiedener Schlacke, so reinigt man diese von der beigemengten Kieselsäure durch Kochen mit Natriumkarbonatlösung, glüht wiederum und wägt.

Durch das wiederholte Glühen im offenen Tiegel geht bei einem geringen Gehalte an Schlacke das in derselben enthaltene Eisenoxydul vollständig in Oxyd über, worauf man bei der Berechnung des Schlackengehaltes Rücksicht zu nehmen hat.

Die Bestimmung des Sauerstoffs.

Ein absolut zuverläßliches Verfahren zur Bestimmung des Sauerstoffs im Eisen gibt es bisher noch nicht. Man muß sich bisher damit begnügen, den an Eisen als Oxydul gebundenen Sauerstoff zu bestimmen, während ein, wenn auch geringer Teil an Mangan, Chrom, Silizium und an andere Elemente gebunden ist, der bei der jetzt üblichen Methode unbestimmbar ist. Die besten Resultate erhält man nach dem von Ledebur angegebenen Verfahren[1]).

Ledebur macht auf die großen Schwierigkeiten aufmerksam, vollkommen fettfreie und trockene Eisenspäne zu erhalten. Das Hobeln der Proben muß ohne Anwendung von Fett oder Wasser vorgenommen werden. Benutzt man Feilen zum Zerkleinern, so müssen dieselben, da neue Feilen stets mit einer ziemlich dicken Schicht von Fett oder Harz überzogen sind, vor dem Gebrauch sorgfältig mit Äther von der anhaftenden Schicht befreit werden und die zuletzt mit Alkohol gewaschene Feile in gelinder Wärme getrocknet werden. Man tut gut, die zuerst fallenden Späne zu verwerfen. Um sich zu überzeugen, ob die Späne frei von Fett sind, erhitzt man eine Probe davon in einem Reagenzglas. Selbst Spuren von Fett machen sich durch das Auftreten brenzlig riechender Gase bemerkbar. Die Späne enthalten immerhin ganz ansehnliche Mengen Wasser, das selbst durch Erhitzen auf 120° nicht vollständig zu entfernen ist. Ledebur empfiehlt daher, die Späne in vollkommen trockenem Stickstoff zu glühen.

---

[1]) Stahl und Eisen 1882, S. 193.

Man bereitet reines Stickstoffgas am bequemsten durch ganz gelindes Erwärmen von 1 Teil salpetrigsaurem Natrium, 1 Teil salpetersaurem Ammon, 1 Teil saurem chromsauren Kalium in 9—10 Teilen Wasser. Nimmt man von jedem Salz 100 g, so erhält man etwa 25 Liter Stickstoff. Derselbe wird am geeignetsten in einem Gasometer über ausgekochtem und mit etwas Kalilauge versetztem Wasser aufgefangen. Nach Ledeburs Beobachtungen enthält jedoch dieses Stickstoffgas immer noch kleine Mengen von Oxyden des Stickstoffs; es ist deshalb erforderlich, bei der Benutzung das Gas zunächst durch konzentrierte Eisenvitriollösung und dann durch glühende Kupferspäne zu leiten.

Das Wasserstoffgas, in dem die Eisenspäne zur Bestimmung des Sauerstoffs geglüht werden, wird aus arsenfreiem Zink und verdünnter reiner Schwefelsäure im Kippschen Apparat entwickelt und durch Hindurchleiten durch verdünnte Natronlauge und Bleioxydlösung in Kalilauge gereinigt. Zur Beseitigung von zufällig aus der äußeren Luft in die Gasleitung geratenem Sauerstoff wird der Wasserstoff durch ein zum Glühen erhitztes Rohr mit platiniertem Asbest geleitet. Es ist auch bei Beginn des Versuches notwendig, erst eine Weile Wasserstoffgas durch die Leitung hindurchzuleiten, nachdem der Asbest erhitzt wurde. Zum Trocknen werden die Gase zunächst durch mehrere Waschflaschen mit konzentrierter reiner Schwefelsäure und dann durch ein Rohr mit wasserfreier Phosphorsäure geleitet. Die Absorption des gebildeten Wassers geschieht durch wasserfreie Phosphorsäure. (Chlorkalzium hat sich nach Ledebur als unzuverläßlich erwiesen.)

Wesen der Methode. Vollkommen trockne und fettfreie Späne glüht man in einem Strom von trockenem Wasserstoffgas, fängt den entstehenden Wasserdampf in einem gewogenen, mit Phosphorpentoxyd gefülltem Rohr auf und bestimmt die Gewichtszunahme des Rohres.

Ausführung. Die gewogenen Eisenspäne, etwa 15 g, werden in einem vorher ausgeglühten Porzellanschiffchen ausgebreitet und dieses in ein Rohr aus schwer schmelzbarem Glas von ungefähr 700 mm Länge und 18 mm Durchmesser geschoben. Die Erhitzung des Rohres geschieht in einem Verbrennungsofen von etwa 550 mm Länge, aus dem das Glasrohr genügend weit herausragt, um an beiden Seiten kühl zu bleiben. Die Anordnung des zur Ausführung der Bestimmung nötigen Apparates ist in Abb. 23 angegeben.

Der Versuch beginnt mit dem Erhitzen der Kupferspäne in der Stickstoffleitung, die sich in einem Glasrohr innerhalb eines kürzeren Verbrennungsofens befinden. Alsdann wird, um jede Spur Sauerstoff auszutreiben, ein langsamer Strom Stickstoffgas[1]) durch den Apparat geleitet. An dem äußeren Ende ist der letztere während dieser Zeit durch eine mit konzentrierter Schwefelsäure gefüllte Waschflasche geschlossen, die das Zurücktreten der Luft verhindert und eine Beobachtung des Gasstromes an dieser Stelle gestattet. Das Absorptionsrohr ist natürlich noch nicht eingeschaltet und die Wasserstoffleitung durch einen Hahn abgesperrt. Nach $1\frac{1}{2}$—2 Stunden werden die Flammen unter dem

---

[1]) Das Stickstoffgas kann auch aus einer Bombe entnommen werden.

Glührohre entzündet und dasselbe allmählich zum Glühen erhitzt, während noch ununterbrochen Stickstoff hindurchgeht. Wenn die Schiffchen gleichmäßig glühen, verstärkt man kurze Zeit den Stickstoffstrom, um alle verflüchtigten Körper vollständig auszutreiben, schaltet dann das Absorptionsrohr zwischen dem Glührohre und der

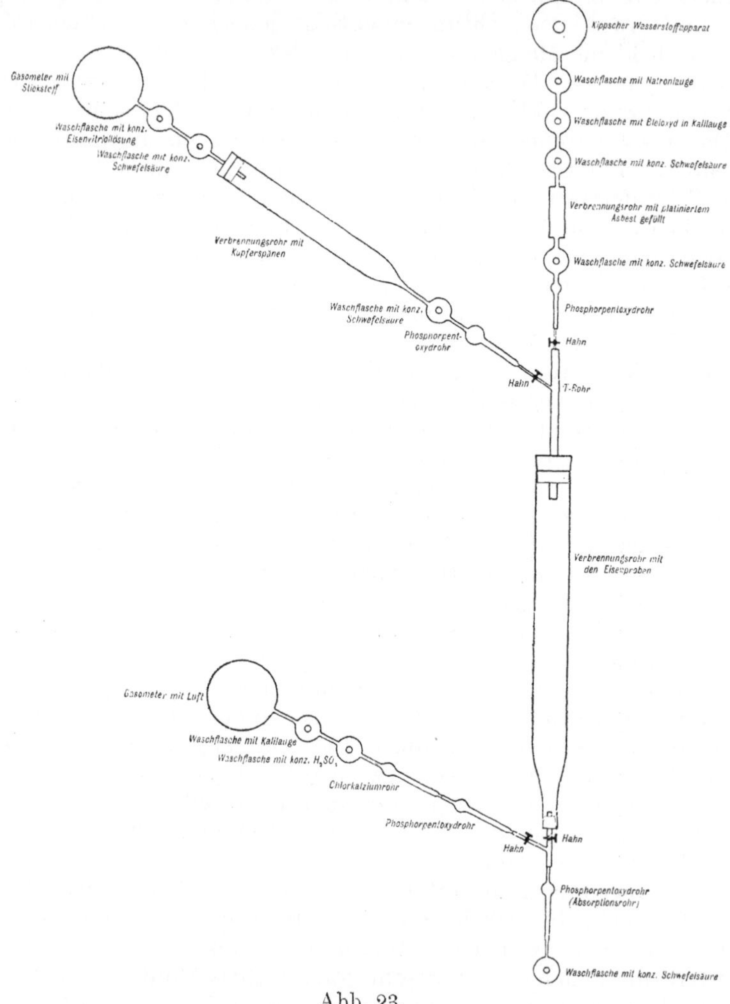

Abb. 23.

Waschflasche mit Schwefelsäure ein, schließt den Hahn der Stickstoffleitung, öffnet denjenigen der Wasserstoffleitung und läßt nun Wasserstoff in das Glührohr eintreten. Ist Sauerstoff in einigermaßen beträchtlichen Mengen zugegen, so verrät sich die Anwesenheit desselben schon nach wenigen Minuten durch das Entstehen eines Beschlages in dem vorderen Schenkel des Absorptionsrohres, der allmählich wieder verschwindet. Bei sauerstoffreichen Eisensorten, z. B. Schweißeisen, bilden sich dicke Wassertropfen. Für das Glühen im Wasserstoffstrome genügen 30—45 Minuten. Sollten sich in dem verjüngten Teile des Glührohres Wassertröpfchen festsetzen, so treibt man sie durch vorsichtiges Fächeln mit einer kleinen Gasflamme in die Kugel des Absorptionsrohres. Nach dieser Zeit dreht man allmählich die Flammen aus und läßt den Apparat erkalten, während noch unausgesetzt Wasserstoff hindurchgeht. Nach abermals etwa 30 Minuten wird das Absorptionsrohr mit einer besonderen Leitung verbunden, die zur Verdrängung des eingeschlossenen Wasserstoffs über Phosphorpentoxyd getrocknete Luft hindurchführt und schließlich gewogen. Die Gewichtszunahme mit $^8/_9$ multipliziert ergibt den Sauerstoffgehalt der eingewogenen Eisenmenge.

Man wägt nun auch die Schiffchen samt ihrem Inhalt und ermittelt den Gewichtsverlust. Derselbe muß, wenn der Versuch gelungen war, wenigstens annähernd genau mit dem aus dem absorbierten Wasser gefundenen Sauerstoffgehalt stimmen, ist jedoch meistens etwas größer, da auch etwas Schwefel verflüchtigt wird. Ist der Gewichtsverlust geringer, so ergibt sich mit Sicherheit hieraus die Anwesenheit von fremdem Sauerstoff im Apparat.

Die Bestimmung des Stickstoffs
nach A. H. Allen und S. W. Langley[1].

Wesen der Methode. Löst man stickstoffhaltiges Eisen in Salzsäure, so wird der Stickstoff durch den beim Lösen entstehenden Wasserstoff in Ammoniak übergeführt, das von der Salzsäure als Chlorammonium zurückgehalten wird und aus der mit Natronlauge versetzten Lösung als Ammoniak überdestilliert werden kann.

Das hierbei entweichende Ammoniak wird kolorimetrisch bestimmt.

Ausführung. In einem Destillationskolben von etwa 700 ccm Inhalt (Abb. 24) löst man 15 g Kaliumhydroxyd oder 10 g Natriumhydroxyd in 300 ccm Wasser. Außerdem gibt man in den Kolben etwas Graphit, den man durch Kochen mit Salzsäure und Waschen mit Wasser gereinigt hat. Unterdessen hat man von der zu untersuchenden Probe 1 g in 20 ccm Salzsäure (spez. Gewicht 1,124) gelöst. Diese Lösung bringt man durch einen Trichter in den Kolben, spült die Schale mit möglichst wenig ammoniakfreiem [2]) Wasser nach, schwenkt den Kolben gut um und erwärmt allmählich zum Sieden, bis das übergehende Destillat mit Nesslerschem Reagens[3]) keine Färbung mehr gibt[4]). Das Destillat fängt man in einem Zylinder aus farblosem Glase auf. Befinden sich

---

[1]) Blair, Chemical Analysis of Iron.

[2]) Herstellung siehe S. 179. Man verwende bei dieser Probe zum Ausspülen und Verdünnen stets ammoniakfreies Wasser. Das gewöhnliche destillierte Wasser enthält oft meßbare Mengen Ammoniak.

[3]) Eine alkalische Lösung von Mercurikaliumjodid $HgJ_2 \cdot 2KJ$. Bereitung siehe S. 178.

[4]) Spuren von Ammoniak bewirken eine deutliche Gelbfärbung. Größere Mengen erzeugen eine braune Fällung. $2\,(HgJ_2\,2\,KJ) + 3\,KOH + NH_3 = (NHg_2J + H_2O) + 7\,KJ + 2\,H_2O$.

50 ccm Destillat in dem Zylinder, so ersetzt man ihn durch einen anderen und fährt so fort, bis kein Ammoniak mehr im Destillat nachweisbar ist. Unterdessen spült man das erste Destillat mit Wasser in einen mit eingeschliffenem Stopfen versehenen geteilten Mischzylinder aus farblosem Glas, setzt 2 ccm Nesslersches Reagens hinzu, mischt durch mehrmaliges Umschwenken und verdünnt mit Wasser, bis die Lösung die gleiche Farbe hat wie eine Normallösung, die man für den Vergleich hergestellt hat.

Die Normallösung bereitet man durch Auflösen von 0,0381 g reinstem Chlorammonium in Wasser und Verdünnen zu 1 Liter. 1 ccm dieser Lösung entspricht 0,01 mg Stickstoff.

Zum Vergleichen bringt man in einige mit Teilung versehene Mischzylinder 1 ccm, 2 ccm usw. der Normallösung, verdünnt mit etwa

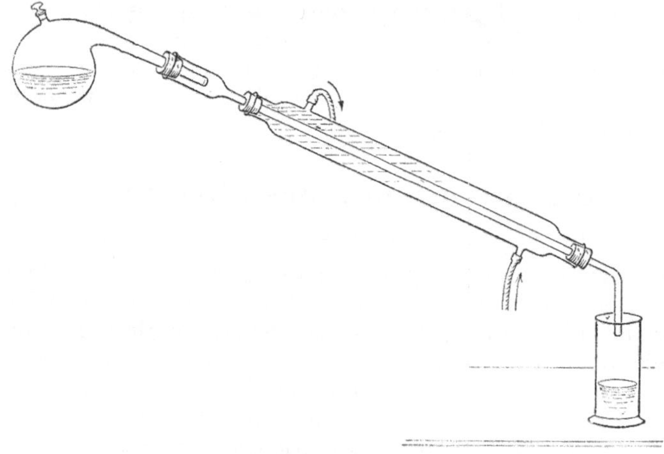

Abb. 24.

50 ccm Wasser, setzt 2 ccm Nesslersches Reagens hinzu, schüttelt gut um und benutzt die Normallösungen zum Vergleich [1]. Aus dem Volumen berechnet man dann den Gehalt an Stickstoff, indem man die Gehalte aus den verschiedenen Destillaten addiert.

In einem „blinden Versuch" ermittelt man den Stickstoffgehalt der angewendeten Reagenzien auf folgende Weise.

In einem wie vorher beschriebenen Destillationskolben löst man 15 g Kaliumhydroxyd oder 10 g Natriumhydroxyd in 300 ccm Wasser und gibt die gleiche Menge gereinigten Graphit hinzu. Dann läßt man 20 ccm Salzsäure (spez. Gewicht 1,124) hinzufließen und erwärmt allmählich bis zum Sieden. Das übergehende Destillat behandelt man genau, wie bei der Ausführung der Probe beschrieben ist, und berechnet so den Gehalt an Stickstoff in den Reagenzien. Die hier gefundene Stickstoffmenge zieht man von dem vorher gefundenen Gehalt ab und erhält auf diese Weise den Stickstoffgehalt in dem zu untersuchenden Eisen.

---

[1] Vergleiche die kolorimetrische Manganbestimmung auf S. 93.

Die Untersuchung der Eisenlegierungen.

Für die Zersetzung der Eisenlegierungen kommen zwei von einander verschiedene Methoden in Betracht.

Liegen Legierungen vor, die durch Säuren zersetzt werden, so behandelt man sie mit der für den bestimmten Zweck geeigneten Säure und verfährt, wie bei der Untersuchung des Eisens bzw. der Legierungsstähle angegeben ist.

Säureunlösliches Material muß durch Erhitzen mit geeigneten Substanzen aufgeschlossen werden. Die für diesen Zweck geeigneten Substanzen werden bei den betreffenden Untersuchungen angegeben.

Sehr gut bewährt sich ein Gemisch von Natriumkarbonat und Magnesia, wie es zuerst von Eschka angewendet worden ist[1]) und später von anderen Chemikern in etwas anderer Mischung empfohlen worden ist[2]). Eschka verwendet eine Mischung von 1 Teil Natriumkarbonat und 2 Teilen Magnesia. Ziegler eine solche von 2,5 Teilen Natriumkarbonat und 4 Teilen Magnesia. Rothe mengt 2 Teile Natriumkarbonat mit 1 Teil Magnesia Das Mischen nimmt man zweckmäßig in einer Achatreibschale vor. Die Mischung bietet den Vorteil, daß sie nicht schmilzt, sondern nur sintert, wodurch verhindert wird, daß die Legierung zu Boden sinkt und sich teilweise dem Aufschluß entzieht. Die Wirkung ist folgende. Beim Erhitzen des Natriumkarbonats tritt eine teilweise Zersetzung in Na_2O und CO_2 ein, wobei die entstehende Kohlensäure auf Metall unter Bildung von Metalloxyd und Kohlenoxyd einwirkt.

Die für den Aufschluß zu verwendenden Legierungen müssen so fein als irgend möglich gepulvert sein. Zweckmäßig gibt man zuerst auf den Boden des Platintiegels eine dünne Schicht des Gemisches (etwa 2—3 mm hoch), erhitzt, bis die Masse eben zusammengefrittet ist, läßt erkalten und schüttet darauf die mit dem Gemisch vermengte Legierung[3]). Während des Glühens wird der Tiegel mit Deckel versehen. Man glüht zuerst 1 Stunde über der vollen Flamme eines guten Bunsenbrenners und zuletzt ½ Stunde über einem Gebläse.

Für die Bestimmung derjenigen Körper, für die in dieser Abteilung keine besonderen Methoden angegeben sind, benutze man diejenigen, die bei der Untersuchung des Eisens oder der Legierungsstähle beschrieben sind.

---

[1]) Zeitschr. f. analyt. Chem. 1874. 13. 344.

[2]) Mennicke: Die Metallurgie des Wolframs. — Ziegler: Dinglers polytechnisches Journal 1891. — Lunge-Berl: Chemisch-technische Untersuchungsmethoden, 7. Aufl. Berlin: Julius Springer 1922. — Rothe in Bauer-Deiss: Probenahme und Analyse von Eisen und Stahl, 2. Aufl. Berlin: Julius Springer 1922.

[3]) Unterläßt man diese Vorsichtsmaßregel, so wird der Tiegel dort, wo Metall und Platin sich berühren, angegriffen.

Die Untersuchung des Ferrosiliziums.

Siliziumbestimmung.

In säurelöslichem Material[1]).

Man übergießt in einer flachen Porzellanschale 0,5—1 g der sehr fein gepulverten Legierung mit einem Gemisch von 20 ccm Salzsäure (spez. Gewicht 1,124) und 2 ccm Brom und erwärmt allmählich auf dem Wasserbad. Nach dem Lösen verdampft man zur Trockene und verfährt nach S. 84.

In säurelöslichem Material.

Aufschluß mit Natriumkarbonat und Magnesia.

In einem Platintiegel glüht man 0,5 g äußerst fein gepulverte Legierung mit der 10fachen Menge des Natriumkarbonat-Magnesia-Gemisches[2]) zuerst 1 Stunde lang über der vollen Flamme eines guten Bunsenbrenners und zuletzt ½ Stunde lang über einem Gebläse. Die gesinterte Masse bringt man in eine flache Porzellanschale, weicht mit Wasser auf, setzt Salzsäure bis zur stark sauren Reaktion hinzu, dampft zur Trockene und verfährt weiter nach S. 84.

Aufschluß mit Natriumkarbonat und Natriumsuperoxyd.

In einem geräumigen Nickeltiegel mengt man 0,5—1 g der Legierung mit der 15—20fachen Menge eines Gemisches, bestehend aus 1 Teil Natriumkarbonat[3]) und 2 Teilen Natriumsuperoxyd. Man erhitzt ganz allmählich bis zum ruhigen Fließen[4]). Nach dem Erkalten bringt man den Tiegel in ein hohes schmales Becherglas, übergießt mit 200 ccm Wasser und kocht, bis der Schmelzkuchen zerfallen ist. Dann spritzt man Tiegel und Deckel ab, nimmt sie heraus, säuert die Flüssigkeit mit Salzsäure an und spült sie in eine flache Porzellanschale. Hierin verdampft man zur Trockene und verfährt weiter nach S. 84.

Aufschluß mit Natriumhydroxyd und Salpeter.

In einem Nickeltiegel von 5,5 cm Höhe und 5,5 cm oberem Durchmesser schmilzt man 10 g Natriumhydroxyd[5]) und 2 g Salpeter ein und verteilt die Schmelze an den Wandungen durch Umschwenken des Tiegels. Darauf läßt man die Schmelze durch Eintauchen des Tiegels in kaltes Wasser schnell erstarren. Auf die erkaltete Schmelze bringt man 0,5 g der sehr fein gepulverten Legierung, bedeckt den Tiegel mit einem Deckel und erhitzt ganz allmählich, bis die heftige Reaktion vorüber ist. Darauf erhitzt man stärker, bis zum ruhigen Fließen. Nach

---

[1]) Ferrosilizium mit nicht über 15 % Si läßt sich vollständig durch Bromsalzsäure zersetzen. Höher siliziumhaltiges Material wird weder durch Salzsäure noch Salpetersäure vollständig zersetzt.

[2]) Das Gemisch muß frei von Kieselsäure sein. Durch einen blinden Versuch zu prüfen.

[3]) Natriumkarbonat ist dem Kaliumnatriumkarbonat vorzuziehen, weil letzteres zu dünnflüssig wird und zu schnell schmilzt. Die Legierung scheidet sich aus dem Schmelzfluß aus und der Aufschluß bleibt unvollständig.

[4]) Siehe S. 25.   [5]) Frei von Kieselsäure.

dem Erkalten bringt man den Tiegel in ein Becherglas, erwärmt mit 150 ccm Wasser, bis der Schmelzkuchen zerfallen ist. Nachdem man mit Salzsäure angesäuert hat, spritzt man Tiegel und Deckel ab, gießt die Flüssigkeit in eine flache Porzellanschale, verdampft zur Trockene und verfährt, wie auf S. 84 beschrieben ist.

In allen Fällen ist es ratsam, das Filtrat von der Kieselsäure nochmals zur Trockene zu verdampfen, um kleine Mengen von Kieselsäure, die das erstemal noch in Lösung waren, zu gewinnen.

Die Kieselsäure, die bei größeren Mengen zuletzt einige Minuten über dem Gebläse geglüht werden muß, ist durch Abrauchen mit Schwefelsäure und Flußsäure auf Reinheit zu prüfen[1]).

Manganbestimmung.

In säurelöslichem Material nach dem Verfahren von Volhard-Wolff (S. 87), Pattinson (S. 89).

In säureunlöslichem Material. Aufschließen von 0,5—2 g Legierung mit der 10fachen Menge der Natriumkarbonat-Magnesia-Mischung. Die gesinterte Masse wird mit heißem Wasser ausgelaugt. Wenn die Masse durch Manganat grün gefärbt sein sollte, so reduziert man dieses durch Zusatz einer kleinen Menge von Natriumsuperoxyd und zerstört den Überschuß des letzteren durch Kochen. Dann filtriert man, wäscht den Rückstand mit heißem Wasser, löst ihn in Salzsäure, kocht bis zum Verschwinden des Chlorgeruches und titriert das Mangan nach der Methode von Volhard-Wolff.

Phosphorbestimmung.

In säureunlöslichem Material. 1—3 g Legierung wird mit der 8- bis 10fachen Menge des Natriumkarbonat-Magnesia-Gemisches aufgeschlossen, die gesinterte Masse mit Wasser ausgekocht, mit Salzsäure übersättigt und zur Abscheidung der Kieselsäure zur Trockene verdampft[2]). Das Filtrat von der Kieselsäure wird zur Trockene verdampft, der Rückstand mit Salpetersäure (spez. Gewicht 1,2) aufgenommen[3]) und die Phosphorsäure nach dem Verfahren von Finkener mit Molybdänlösung gefällt[4]). Die Kieselsäure muß mit Schwefelsäure und Flußsäure abgeraucht werden[5]), und der Rückstand mit der 6—8fachen Menge Kaliumnatriumkarbonat aufgeschlossen werden[6]). Die Schmelze löst man in Salzsäure, dampft mit Salpetersäure ab und gibt die Lösung zum Filtrat von der Kieselsäure, da sie oftmals auch etwas Phosphorsäure enthält.

Schwefelbestimmung.

In säureunlöslichem Material. 1—3 g werden mit der 8—10fachen Menge des Natriumkarbonat-Magnesia-Gemisches aufgeschlossen. Die gesinterte Masse wird mit Bromwasser aufgeweicht[7]) und gekocht, bis

---

[1]) Siehe S. 85.   [2]) Siehe S. 85.
[3]) Hat sich dabei noch etwas Kieselsäure abgeschieden, so muß man diese filtrieren.   [4]) Siehe S. 16.   [5]) Siehe S. 85.   [6]) Siehe S. 25.
[7]) Die überstehende Flüssigkeit muß durch Brom gelb gefärbt sein.

das Brom entwichen ist, dann mit Salzsäure angesäuert, zur Abscheidung der Kieselsäure eingedampft, der Rückstand mit Salzsäure und Wasser aufgenommen, die Kieselsäure filtriert und ausgewaschen. Im Filtrat von der Kieselsäure wird die Schwefelsäure durch Chlorbarium gefällt.

Da das Leuchtgas stets schwefelhaltig ist, benutzt man zum Glühen einen Spiritusbrenner oder einen elektrisch geheizten Tiegelofen von Heräus[1]).

Kohlenstoffbestimmung.

Erfolgt durch Verbrennung im Sauerstoffstrom im elektrisch geheizten Röhrenofen (S. 75).

Die Untersuchung des Ferromangans.

Bestimmung des Mangans.

In säurelöslichem Material. Man bestimmt es entweder nach der Methode von Volhard-Wolff (S. 87) oder nach der Chloratmethode von Hampe und Ukena (S. 90).

Für die Bestimmung nach der Chloratmethode übergießt man 0,3 g Legierung in einem Erlenmeyerkolben mit 70 ccm Salpetersäure (spez. Gewicht 1,2) und löst unter gelindem Erwärmen auf (Dauer etwa 10 Minuten). Zu der etwas abgekühlten Lösung gibt man ungefähr 11 g Kaliumchlorat und kocht über kleiner Flamme soweit wie möglich ein. Das starke Konzentrieren ist nötig, damit alles Mangan ausgefällt wird[2]). Die weitere Behandlung siehe S. 90.

Schnelle Bestimmung[3]).

Wesen der Methode. Die Abkürzung des Verfahrens besteht darin, die Oxydation durch Kaliumchlorat zu umgehen und die Oxydation des Kohlenstoffs durch Bariumsuperoxyd zu bewirken.

Ausführung. In einer flachen bedeckten Porzellanschale löst man 0,5 g Legierung in 25 ccm eines Säuregemisches, bestehend aus 275 ccm Wasser, 125 ccm Salpetersäure (spez. Gewicht 1,4) und 100 ccm konzentrierte Schwefelsäure[4]) unter Kochen über freier Flamme. Nach dem Lösen erhitzt man die unbedeckte Schale weiter über freier Flamme, bis Schwefelsäuredämpfe entweichen. Die Lösung darf nicht ins Kochen geraten, um Verluste durch Spritzen zu vermeiden[5]). Nach dem Abkühlen setzt man 10 ccm des Säuregemisches und 75—100 ccm Wasser hinzu und erwärmt, bis die Sulfate sich gelöst haben. Darauf spült

---

[1]) Siehe S. 197.

[2]) Je mehr Phosphor das Material enthält, desto ungenauer fällt die Manganbestimmung aus, weil das Mangan als Manganiphosphat in Lösung bleibt. Bei hohem Phosphorgehalt und sehr geringem Mangangehalt erhält man gar keinen Niederschlag.

[3]) v. Reis: Zeitschr. f. angew. Chem. 1892, S. 604 und 672.

[4]) Die Schwefelsäure gibt man zuletzt unter Umrühren hinzu.

[5]) Schneller und sicherer kommt man zum Ziel, wenn man das Lösen und Verdampfen in einem Rundkolben, wie bei der Phosphorbestimmung, Seite 97, beschrieben ist, vornimmt.

man die Lösung in einen Erlenmeyerkolben von 1 Liter Inhalt[1]), setzt etwa 3 g Bariumsuperoxyd und 5 ccm Salpetersäure (spez. Gewicht 1,2) hinzu und kocht ungefähr 2—3 Minuten, um den Überschuß des Bariumsuperoxyds zu zerstören. Nach dem Verdünnen mit 300 bis 400 ccm Wasser erwärmt man auf 90⁰, setzt Zinkoxyd in geringem Überschuß hinzu und titriert mit Kaliumpermanganat nach der Methode von Volhard.

In säureunlöslichem Material. Die Bestimmung der einzelnen Körper erfolgt, wie bei der Untersuchung des Ferrosiliziums angegeben ist.

Die Untersuchung des Ferrochroms.

Bestimmung des Chroms.

In säurelöslichem Material bestimmt man das Chrom wie im Chromstahl (S. 138).

In säureunlöslichem Material. 0,5—1 g werden mit der 10fachen Menge des Natriumkarbonat-Magnesia-Gemisches geglüht. Die gesinterte Masse wird mit heißem Wasser behandelt, mit Schwefelsäure angesäuert und die Chromsäure (in einem Teil der Lösung) mit Ferrosulfatlösung reduziert und das nichtoxydierte Ferrosalz mit Kaliumpermanganatlösung titriert (S. 29).

Bestimmung des Siliziums.

Geschieht wie im Ferrosilizium (S. 120).

Bestimmung des Mangans.

Die Volhard-Wolffsche Methode gibt bei chromhaltigen Lösungen keine genauen Resultate.

Man schließt 0,5—2 g mit der 10fachen Menge des Natriumkarbonat-Magnesia-Gemisches auf. Die gesinterte Masse wird mit Wasser gekocht, zur Reduktion etwa vorhandenen Manganats (Grünfärbung) mit etwas Natriumsuperoxyd versetzt und der Überschuß desselben durch Kochen zerstört. Dann filtriert man und wäscht den Rückstand einige Male mit heißem Wasser. Nach dem Waschen löst man den Rückstand in Salzsäure (spez. Gewicht 1,124), kocht bis zum Verschwinden des Chlorgeruches[2]) und dampft zur Abscheidung der Kieselsäure zur Trockene[3]). Den Rückstand nimmt man mit Salzsäure und Wasser auf und filtriert die Kieselsäure. Das Filtrat neutralisiert man mit Ammoniak, gibt etwas neutrale Natriumazetatlösung[4]) hinzu und kocht auf. Nach dem Absetzen filtriert man den Eisenniederschlag und wäscht mit heißem Wasser aus. Da der Niederschlag noch

---

[1]) Hat man einen entsprechend großen Rundkolben zur Verfügung, so kann man alle Operationen einschl. des Titrierens in diesem vornehmen.

[2]) Ist nicht aufgeschlossene Legierung zurückgeblieben, so filtriert man, verascht das Filter und schließt noch einmal auf.

[3]) Siehe S. 84.   [4]) Siehe S. 55, Anm. 5.

etwas Mangan enthalten kann, löst man ihn in Salzsäure und wiederholt die Fällung. Enthält das Ferrochrom Nickel, so fällt man dieses aus der schwach essigsauren Lösung mit Schwefelwasserstoff. Im Filtrat vom Schwefelnickel entfernt man den Schwefelwasserstoff durch Kochen, dampft bis auf etwa 50 ccm ein, bringt die Lösung in einen 100 ccm fassenden Erlenmeyerkolben und setzt Ammoniak bis zur schwach alkalischen Reaktion hinzu. Dann setzt man frisch bereitetes farbloses Schwefelammonium[1]) in geringem Überschuß hinzu, füllt den Kolben mit ausgekochtem, kaltem, destilliertem Wasser fast ganz an und läßt 24 Stunden oder besser noch länger stehen. Nach dieser Zeit hat sich der fleischrote Niederschlag von Schwefelmangan gut abgesetzt. Nun gießt man, ohne den Niederschlag aufzurühren, die überstehende klare Flüssigkeit durch ein Filter, so daß das Filter immer gefüllt ist. Den im Kolben befindlichen Niederschlag dekantiert man dreimal mit einer 2%igen Ammonnitratlösung, der man 1 ccm Ammonsulfid zugesetzt hat, bringt ihn dann auf das Filter und wäscht so lange mit verdünntem Ammonsulfidwasser, bis 20 Tropfen des Filtrats auf einem Porzellandeckel verdampft und schwach geglüht, keinen Rückstand mehr hinterlassen. Nun läßt man die Flüssigkeit ganz ablaufen, trocknet das Filter, bringt die Hauptmenge des Niederschlages vom Filter herunter, verascht das Filter in einem Porzellantiegel, bringt nach dem Erkalten des Tiegels die Hauptmenge dazu, erhitzt anfangs mit kleiner Flamme, bis der Schwefel fast ganz fortgebrannt ist, vergrößert die Flamme und glüht schließlich über der vollen Flamme eines Bunsenbrenners bis zum konstanten Gewicht und wägt das Mangan als Mn_3O_4. Beträgt die Menge des Mn_3O_4 nicht über 0,2 g, so erhält man richtige Resultate. Bei größeren Mengen kann das Mn_3O_4 noch unzersetztes Sulfat enthalten. In diesem Fall bestimmt man das Mangan besser als Sulfid[2]), indem man das Schwefelmangan, mit etwas Schwefel gemengt, im Wasserstoffstrom nach der Methode von Rose glüht[3]).

Die Bestimmung der übrigen Körper geschieht wie im Ferrosilizium.

Die Untersuchung des Ferrowolframs.

Bestimmung des Wolframs.

Säurelösliches Material. Siehe Wolframstahl S. 140.

Säureunlösliches Material. 0,5—1 g schließt man durch Glühen mit der 10fachen Menge des Natriumkarbonat-Magnesia-Gemisches auf. Die gesinterte Masse kocht man nach dem Erkalten mit Wasser aus

---

[1]) In Ammoniak vom spez. Gewicht 0,96 leitet man Schwefelwasserstoff bis zur Sättigung ein und setzt die gleiche Menge Ammoniak (spez. Gewicht 0,96) hinzu.

[2]) Treadwell: Kurzes Lehrbuch der analytischen Chemie. Die Fällung des Mangans durch Brom ist bei Gegenwart von viel Magnesiumsalzen nicht zu empfehlen, da das Mangan durch Magnesiummanganite verunreinigt ist (S. 57). Das in der Siedehitze gefällte Schwefelmangan enthält auch wägbare Mengen von Magnesia.

[3]) Siehe Bestimmung des Zinks als Schwefelzink S. 40.

und filtriert[1]). Da der Rückstand meistens noch etwas Wolfram enthält, verascht man ihn[2]), schließt ihn nochmals auf und behandelt die gesinterte Masse wie beim ersten Aufschluß.

Im alkalischen Filtrat befindet sich das gesamte Wolfram als Natriumwolframat. Hieraus scheidet man die Wolframsäure durch mehrmaliges Eindampfen mit Salzsäure ab[3]), filtriert und wäscht mit salzsäurehaltigem Wasser aus. Um die Wolframsäure rein zu erhalten, muß man sie mit Schwefelsäure und Flußsäure behandeln[4]).

Ist das alkalische Filtrat gelb gefärbt, so ist Chrom zugegen, das zum Teil als Oxyd (Cr_2O_3) mit der Wolframsäure gewogen ist.

Um diese zu trennen, schließt man sie durch Schmelzen mit der 6fachen Menge Natriumkarbonat auf, löst die Schmelze in Wasser und setzt Natriumphosphatlösung hinzu, um die Wolframsäure in säurelösliche Phosphorwolframsäure überzuführen[5]). Dann säuert man mit Schwefelsäure an und bestimmt das Chrom durch Titration mit Kaliumpermanganat nach vorheriger Reduktion mit Ferrosulfat (S. 29).

Die gefundene Chrommenge bringt man als Cr_2O_3 von der Wolframsäure in Abzug.

Enthält das Ferrowolfram Molybdän, so bleibt dieses zum Teil mit der Wolframsäure als MoO_3 zurück.

In diesem Fall[6]) schmilzt man mit der 6fachen Menge Natriumkarbonat, übergießt die Schmelze in einer Porzellanschale mit konzentrierter Schwefelsäure und erwärmt über freier Flamme. Hierbei wird meistens eine geringe Menge Wolframsäure zu blauem Oxyd reduziert, wodurch die gelbe Wolframsäure einen Stich ins Grünliche bekommt. Fügt man 1—2 Tropfen verdünnte Salpetersäure hinzu, so verschwindet die grüne Farbe sofort, und die Wolframsäure wird reingelb. Nach halbstündiger Digestion ist die Trennung beendet. Nach dem Erkalten verdünnt man die Flüssigkeit mit dem dreifachen Volumen Wasser, filtriert, wäscht mit schwefelsäurehaltigem Wasser, zuletzt 2—3mal mit Alkohol, trocknet und wägt nach dem Veraschen im Porzellantiegel die reine Wolframsäure. Das Molybdän berechnet man entweder aus der Differenz oder man fällt es aus dem Filtrat von der Wolframsäure in einer Druckflasche mit Schwefelwasserstoff (S. 148).

Ist die Wolframsäure durch Chrom und Molybdän verunreinigt, so verfährt man wie oben angegeben und dampft das Filtrat vom Molybdänsulfid ein, verjagt den Schwefelwasserstoff durch Kochen und fällt das Chrom durch Ammoniak[7]). Nach dem Filtrieren und Auswaschen glüht man das Chromhydroxyd, schmilzt es mit einem Gemisch. bestehend aus 5 Teilen Soda und 1 Teil Salpeter, bis zum ruhigen

---

[1]) Ist die Lösung durch Manganat grün gefärbt, so reduziert man dieses durch Zusatz von etwas Natriumsuperoxyd oder Alkohol und zerstört den Überschuß durch Kochen.

[2]) Über das Glühen der Wolframsäure siehe S. 147, Anm. 1.

[3]) Siehe Untersuchung des Wolframstahls S. 140.   [4]) Siehe S. 85.

[5]) Siehe Untersuchung des Chromwolframstahls S. 146.

[6]) Treadwell: Kurzes Lehrbuch der analytischen Chemie.

[7]) Siehe S. 62.

Fließen, löst die Schmelze nach dem Erkalten in Schwefelsäure und titriert die Chromsäure nach vorheriger Reduktion durch Ferrosulfatlösung mit Permanganat (S. 29).

Aufschluß mit Kaliumbisulfat.

Läßt sich das Ferrowolfram nicht sehr fein pulvern, so schließt man es mit Kaliumbisulfat nach dem Verfahren von Wolter auf (S. 143).

Aufschluß mit Natriumkarbonat.

Wolframmetall und hochprozentiges Ferrowolfram kann man nach Vorschlag des Chemikerausschusses des Vereins deutscher Eisenhüttenleute[1]) auch durch Natriumkarbonat aufschließen[2]). Zu diesem Zweck bringt man in einen Platintiegel eine kleine Menge Natriumkarbonat und schmilzt dieses an den Boden des Tiegels an. Nach dem Erkalten schüttet man 2—4 g des fein gepulverten Metalls, gemengt mit der 6fachen Menge Natriumkarbonat, darauf und erhitzt 1—2 Stunden lang über dem Bunsenbrenner so, daß die Masse nicht zum Schmelzen kommt. Zuletzt erhitzt man kurze Zeit auf dem Gebläse. Die Schmelze löst man in Wasser. Im Rückstand bleiben Eisenoxyd, Manganoxyd, Nickeloxyd, Natriumtitanat, Kalzium- und Magnesiumkarbonat, die nach bekanntem Verfahren getrennt werden. Im alkalischen Filtrat bestimmt man die Wolframsäure[3]).

Siliziumbestimmung.

Geschieht wie im Ferrosilizium (S. 120). Den Rückstand, der Kieselsäure und Wolframsäure enthält, wäscht man mit ammonnitrathaltigem Wasser, verascht, behandelt ihn mit Schwefelsäure und Flußsäure[4]) und bestimmt die Kieselsäure aus der Differenz.

Manganbestimmung.

Geschieht wie im Ferrosilizium (S. 121).

Schwefelbestimmung.

Geschieht wie im Ferrosilizium (S. 121). Beim Lösen in Salzsäure kann im Rückstand Schwefel zurückbleiben.

Kohlenstoffbestimmung.

Durch Verbrennen im Sauerstoffstrom im elektrisch geheizten Röhrenofen (S. 75).

Phosphorbestimmung.

Das Finkenersche Verfahren läßt sich bei wolframhaltigem Material nicht ohne Abänderung anwenden, weil der Molybdatniederschlag stets

---

[1]) Stahl und Eisen 1920. 857. Deiß: Chemiker-Zeit. 1910. 781.
[2]) Man verwendet das schwer schmelzbare Natriumkarbonat an Stelle des leichter schmelzenden Kaliumnatriumkarbonats. Außerdem bleibt das in Wasser unlösliche Natriumtitanat im Rückstand, während Kaliumtitanat wasserlöslich ist.   [3]) Siehe S. 125.   [4]) Siehe S. 85.

durch Wolframsäure verunreinigt wird. Nach Hinrichsen[1]) löst man den Niederschlag in Ammoniak und fällt die Phosphorsäure heiß mit Magnesiamischung nach dem Verfahren von Jörgensen[2]).

5 g Legierung schließt man mit der 10fachen Menge des Natrium-karbonat-Magnesia-Gemisches auf, kocht die erkaltete gesinterte Masse mit Wasser und filtriert. Im alkalischen Filtrat befinden sich Phosphor-säure und Wolframsäure. Das Filtrat wird mit Salzsäure angesäuert und zur Abscheidung der Kieselsäure zur Trockene verdampft[3]). Den Rückstand wäscht man mit ammonnitrathaltigem Wasser aus, dampft das Filtrat ein, nimmt den Rückstand mit Salpetersäure auf und fällt die Phosphorsäure nach Finkener mit Molybdänlösung (S. 15). Ist das Filtrat nicht frei von kolloidaler Wolframsäure, so ist der Nieder-schlag durch Wolframsäure verunreinigt[4]). In diesem Fall löst man den gelben Phosphorniederschlag nach dem Auswaschen in wenig 2 ½ % igem Ammoniak und bringt die Lösung mit dem Waschwasser in ein Becher-glas von etwa 150 ccm Inhalt. Das Volumen soll nicht mehr als 20 ccm betragen. Man erhitzt die Lösung im bedeckten Becherglas bis eben zum Sieden und setzt dann tropfenweise so lange Magnesiamischung zu, als sich noch ein Niederschlag bildet (etwa 1—2 ccm bei dem meist geringen Phosphorgehalt der Legierung). Der anfangs flockige Niederschlag wird nach und nach kristallinisch. Man rührt öfters um und filtriert nach 4—5stündigem Stehen. Den Niederschlag wäscht man mit 2 ½ %igem Ammoniak aus und verascht nach dem Trocknen im Porzellantiegel (S. 19). Ist die Menge des Niederschlages gering, so tut man gut, den aus-gewaschenen feuchten Niederschlag auf dem Filter in möglichst wenig warmer Salpetersäure (spez. Gewicht 1,2) zu lösen, das Filter mit Salpeter-säure auszuwaschen und in der salpetersauren Lösung die Phosphorsäure nach dem Verfahren von Finkener[5]) mit Molybdänlösung zu fällen[6]).

Die Untersuchung des Ferromolybdäns.

Bestimmung des Molybdäns.

Nach der Methode von Auchy. Siehe Bestimmung des Molybdäns im Molybdänstahl S. 144.

Oder man schließt die Legierung mit der 10fachen Menge des Natriumkarbonat-Magnesia-Gemisches auf. Die gesinterte Masse kocht

---

[1]) Mitteilungen aus dem Kgl. Materialprüfungsamt 1910. 28. 229.

[2]) Zeitschr. f. analyt. Chem. 1906. 45. 273. Magnesiamischung nach Jörgensen: 50 g kristallisiertes Chlormagnesium ($MgCl_2 + 6H_2O$) und 150 g Chlorammonium werden in Wasser zu 1 Liter gelöst. [3]) Siehe S. 85.

[4]) Nach Treadwell: Kurzes Lehrbuch der analytischen Chemie wird aber das Alkalimetawolframat durch mehrmaliges Eindampfen mit Salzsäure in unlösliche Wolframsäure verwandelt und die Abscheidung ist quantitativ. Wäscht man die Wolframsäure mit salzhaltigem Waschwasser, so wird die Hydrosolbildung verhindert, und das Filtrat ist frei von kolloidaler Wolfram-säure. Man kann daher die Fällung der Phosphorsäure mit Magnesiamischung unterlassen. [5]) Siehe S. 16.

[6]) $Mg_2P_2O_7$ enthält 27,87 °/o P, während das gelbe Salz $(NH_4)_3PO_4 \cdot 12$ MoO_3 nur 1,64 °/o P enthält. Die Finkenersche Methode gibt daher bei geringen Phosphormengen genauere Resultate.

man nach dem Erkalten mit Wasser aus und filtriert. Im alkalischen Filtrat befinden sich außer Molybdän noch Wolfram, Vanadin, Chrom, Phosphor und Silizium.

Ist nur Molybdän zugegen, so säuert man die Lösung mit Schwefelsäure schwach an und fällt das Molybdän durch Schwefelwasserstoff in der Druckflasche (S. 148).

Oder man säuert die Lösung mit Schwefelsäure schwach an, macht ammoniakalisch und leitet Schwefelwasserstoff bis zur Sättigung ein. Dann macht man mit verdünnter Schwefelsäure schwach sauer, leitet wieder Schwefelwasserstoff ein, erhitzt, ohne das Einleiten zu unterbrechen, bis zum Sieden und läßt im Schwefelwasserstoffstrom erkalten. Das Schwefelmolybdän wird, wie auf S. 148 angegeben, weiter behandelt.

Ist auch Wolfram zugegen, so trennt man dieses vom Molybdän nach S. 125.

Bei Gegenwart von Wolfram, Molybdän, Chrom und Vanadin scheidet man zuerst das Wolfram durch mehrmaliges Eindampfen der gesinterten Masse mit Salzsäure ab[1]). Im salzsauren Filtrat von der Wolframsäure fällt man das Molybdän als Sulfid, wie oben angegeben. Im Filtrat vom Schwefelmolybdän bestimmt man Chrom und Vanadin nach S. 150 (Untersuchung des Chrom-Vanadinstahls).

Die Bestimmung der übrigen Körper erfolgt nach den bei der Untersuchung des Ferrosiliziums angegebenen Methoden (S. 120).

Die Schwefelbestimmung muß nach der bei der Untersuchung des Ferrosiliziums angegebenen Methode ausgeführt werden, da beim Lösen in Salzsäure Schwefel im Rückstand bleiben kann.

Bei der Kohlenstoffbestimmung durch unmittelbare Verbrennung im Sauerstoffstrom wird das Porzellanrohr durch Überkriechen der Masse über den Rand des Schiffchens beschädigt. Man setze daher außer dem Oxydationsmittel eine aufsaugende Substanz, z. B. Tonerde, hinzu.

Die Untersuchung des Ferrovanadins.

Bestimmung des Vanadins.

Titration mit Kaliumpermanganat.

Wesen der Methode. Man löst das Material in Salpetersäure, führt die Nitrate durch Glühen in Oxyde über, löst diese in Salzsäure und entfernt das Eisen durch Ausschütteln mit Äther. In der eisenfreien Lösung reduziert man das Vanadin durch mehrmaliges Eindampfen mit Salzsäure zu Tetroxyd und titriert mit Permanganat.

Ausführung. In einem Rundkolben löst man 2,5 g in 60 ccm Salpetersäure (spez. Gewicht 1,2), indem man die Säure nach und nach zusetzt und den Kolben durch Eintauchen in Wasser kühlt. Zuletzt

---

[1]) Die Wolframsäure ist von der Kieselsäure durch Abrauchen mit Schwefelsäure und Flußsäure zu reinigen.

erwärmt man bis zur vollständigen Lösung, dampft über freier Flamme ein[1]) und glüht, bis keine braunen Dämpfe mehr entweichen. Die Oxyde löst man in 60 ccm Salzsäure (spez. Gewicht 1,124) und dampft bis auf 40 ccm ein. Die konzentrierte Lösung behandelt man zur Entfernung des Eisens in dem Rotheschen Apparat mit Äther[2]). Hierbei bleiben jedoch geringe Mengen von Vanadin in der ätherischen Eisenchloridlösung zurück und können auch beim Nachschütteln mit verdünnter Äthersalzsäure nur schwer entfernt werden. Um diesen Rest von Vanadin in die salzsaure Lösung zu bringen, versetzt man die zum Nachschütteln zu verwendende verdünnte Äthersalzsäure mit einigen Tropfen Wasserstoffsuperoxydlösung, wodurch das gesamte Vanadin leicht in die salzsaure Lösung geht[3]). Die eisenfreie Lösung läßt man in eine flache Porzellanschale laufen, verdampft vorsichtig den Äther, dampft mehrmals mit je 50 ccm Salzsäure (spez. Gewicht 1,124) ab[4]), gibt 10 ccm Schwefelsäure (1:1) hinzu, dampft anfangs auf dem Wasserbad und zuletzt auf dem Finkenerturm bis zum Auftreten von weißen Schwefelsäuredämpfen ein[5]). Nach dem Erkalten löst man die Sulfate in Wasser, verdünnt mit 250 ccm Wasser, erwärmt die Lösung auf etwa 60⁰ und titriert[6]) mit Permanganatlösung[7]).

Berechnung siehe S. 33.

Größere Mengen von Chrom stören, da dieses ebenfalls durch Permanganat oxydiert wird. Wenn dieses vorhanden, mit Ferrosulfat titrieren, S. 32.

Das Ausschütteln des Eisens mit Äther ist nicht nötig, wenn man folgendermaßen verfährt. Man löst die Substanz im Rundkolben in Salpetersäure, dampft ein und glüht, wie bei der Phosphorbestimmung im Eisen, S. 97, beschrieben ist. Die Oxyde löst man in Salzsäure, dampft bis auf ein geringes Volumen ein, verdünnt mit Salzsäure, dampft wieder ein und wiederholt dies 3—4 mal, um das Vanadinchlorid zu Vanadylchlorid zu reduzieren. Dann setzt man Schwefelsäure zu und dampft ein, bis Dämpfe von Schwefelsäure entweichen. Die rein schwefelsaure Lösung erwärmt man auf 60⁰ und titriert mit Permanganatlösung. Die störende Farbe des Ferrisulfats macht man durch Zusatz von Phosphorsäure unschädlich. Man kann sämtliche Operationen in demselben Rundkolben vornehmen und spart auf diese Weise viel Zeit.

Titration mit Ferrosulfat.

Siehe Untersuchung des Vanadinstahls S. 145.

---

[1]) Siehe S. 97.　　　[2]) Siehe S. 42.

[3]) Hierdurch wird das Vanadin zu Pervanadinsäure oxydiert, die nicht von Äther zurückgehalten wird.

[4]) Um die Vanadinsäure zu Vanadinchlorid zu reduzieren.

[5]) Trautmann macht darauf aufmerksam, daß beim Eindampfen in offener Schale leicht eine Oxydation des Vanadylsalzes stattfindet. Man muß sorgsam oxydierende Gase, selbst in der Laboratoriumsluft, fernhalten (Stahl und Eisen 1911, S. 1316).

[6]) In der heißen Lösung läßt sich der Endpunkt sehr gut erkennen.

[7]) 1 g $KMnO_4$ in 1 Liter Wasser gelöst.

Bestimmung des Mangans.

Das Verfahren von Volhard-Wolff kann bei Gegenwart von Vanadin nicht angewendet werden. Man verfährt, wie bei der Bestimmung des Mangans im Ferrochrom angegeben ist (S. 123).

Bestimmung des Phosphors.

Bei Gegenwart von Vanadin kann man den Phosphor nicht ohne Abänderung des Finkenerschen Verfahrens bestimmen[1]), da zusammen mit der Phosphorsäure stets Vanadin gefällt wird.

Man verfährt folgendermaßen[2]). In einer flachen Porzellanschale löst man 5—10 g der Legierung in 75—100 ccm Salpetersäure (spez. Gewicht 1,2)[3]). Nachdem die Lösung beendet, und die Flüssigkeit klar geworden ist, nimmt man das Uhrglas ab und dampft auf dem Wasserbad soweit wie möglich ein. Um das Eindampfen zu beschleunigen, rührt man gegen Ende mit einem Glasstab. Dann stellt man die Schale auf einen Finkenerturm, erhitzt zuerst schwach und nach und nach stärker, bis keine Salpetersäure mehr entweicht[4]). Zuletzt bedeckt man die Schale mit einem Uhrglas und glüht so stark, daß die Nitrate zersetzt werden und keine braunen Dämpfe mehr entweichen[5]). Nach dem Erkalten löst man die Oxyde in Salzsäure (spez. Gewicht 1,124) und scheidet die Kieselsäure ab (S. 85)[6]). Das Filtrat von der Kieselsäure dampft man ein, nimmt mit Salpetersäure (spez. Gewicht 1,2) auf (S. 16) und fällt die Phosphorsäure mit Molybdänlösung (S. 16).

Den ausgewaschenen Niederschlag löst man in verdünntem Ammoniak, sammelt die Lösung und das Waschwasser in einem Becherglas von etwa 150 ccm Inhalt und dampft darin bis auf etwa 20 ccm ein, wenn die Flüssigkeit ein größeres Volumen haben sollte. Während des Eindampfens gibt man von Zeit zu Zeit einen Tropfen Ammoniak hinzu, wobei die Lösung, falls sie gelb geworden sein sollte, wieder farblos werden muß. Zu der abgekühlten schwach ammoniakalischen Lösung gibt man 5—6 g reines festes Chlorammonium, rührt eine Zeitlang kräftig um, damit die Lösung sich schnell mit Chlorammonium sättigt. Ein kleiner Rest von Chlorammon darf ungelöst bleiben. Ist die vorhandene Vanadinsäuremenge nicht zu gering, so wird die Flüssigkeit beim raschen Lösen des Chlorammoniums milchig trübe und scheidet Ammoniummetavanadat als feinflockigen Niederschlag ab. Nach etwa 6 Stunden ist die Fällung beendet.

---

[1]) Rose-Finkener: Handbuch der analyt. Chemie 1871, 2. Bd., S. 535.

[2]) Bauer-Deiss: Probenahme und Analyse von Eisen und Stahl. 2. Aufl. Berlin: Julius Springer 1922.

[3]) Man gibt die Säure nach und nach in kleinen Mengen zu. Evtl. stellt man die Schale in kaltes Wasser.

[4]) Hierbei muß ein Spritzen vermieden werden. Nach und nach entfernt man die Drahtnetze aus dem Turm.

[5]) Hierbei wird die phosphorige Säure zu Phosphorsäure oxydiert und die Kieselsäure unlöslich gemacht.

[6]) Verzichtet man auf die Bestimmung des Siliziums, so kann man das Lösen und Glühen bequemer in einem Glaskolben vornehmen (S. 97).

Der Niederschlag wird filtriert und mit Chlorammoniumlösung ausgewaschen[1]), bis das Durchlaufende mit Molybdänlösung nicht mehr auf Phosphorsäure reagiert. Das Filtrat wird schwach angesäuert und die Phosphorsäure durch Molybdänlösung gefällt.

Wegen der anwesenden großen Chlorammoniummengen enthält der gelbe Niederschlag überschüssige Molybdänsäure. Man löst deshalb den Niederschlag in verdünntem Ammoniak und fällt die Phosphorsäure nach der Methode von Jörgensen mit Magnesiamischung[2]).

Bei geringen Phosphormengen tut man gut, den ausgewaschenen Niederschlag von phosphorsaurer Ammoniakmagnesia in Salpetersäure zu lösen und in der Lösung die Phosphorsäure mit Molybdänlösung zu fällen[3]).

Silizium, Schwefel und Kohlenstoff bestimmt man nach den bei der Untersuchung des Ferrosiliziums angegebenen Methoden.

Bei der Bestimmung des Kohlenstoffs setze man ein aufsaugendes Mittel hinzu (siehe Bestimmung in Ferromolybdän).

Die Untersuchung des Ferrotitans.

Technische Bestimmung des Titans und des Siliziums[4]).

0,5 g der äußerst fein gepulverten Legierung schmilzt man in einem Platintiegel mit der 16fachen Menge von Kaliumbisulfat[5]) bei niedriger Temperatur[6]), bis keine unangegriffene Substanz mehr vorhanden ist. Die erkaltete Schmelze wird in kaltem Wasser unter häufigem Umrühren gelöst[7]). Die ausgeschiedene Kieselsäure wird filtriert und ausgewaschen. Da dieselbe nicht rein ist, muß man sie mit Schwefelsäure und Flußsäure abrauchen[8]) und den Rückstand wägen. Enthält die Kieselsäure aber noch unzersetzte Substanz, so muß man den Rückstand nochmals mit Kaliumbisulfat aufschließen. Das Filtrat von der Kieselsäure wird mit Wasser auf etwa 1 Liter verdünnt, der größte Teil der freien Säure mit Ammoniak neutralisiert und mit wäßriger schwefliger Säure versetzt[9]). Dann erwärmt man langsam bis zum Sieden und kocht im bedeckten Gefäße (Erlenmeyerkolben) 1 ½ bis 2 Stunden, wobei man das verdampfte Wasser ersetzt. Die ausgeschiedene Titansäure wird filtriert und mit 4 %iger Essigsäure ausgewaschen. Das Filtrat, das die größte Menge des Eisens enthält, muß ganz klar sein. Um sich zu überzeugen, daß die Fällung vollständig war, versetzt man das Filtrat nochmals mit etwas Ammoniak, um die Hauptmenge der Säure zu neutralisieren, setzt schweflige Säure zu und kocht nochmals

---

[1]) 250 g Chlorammonium in 1 Liter Wasser gelöst.
[2]) Siehe S. 127.   [3]) Siehe S. 127, Anm. 6.
[4]) Nach Ziegler: Dinglers polytechnisches Journal 1891, Bd. 279, S. 166.
[5]) Ziegler zieht das Natriumbisulfat der leichteren Löslichkeit halber vor.
[6]) Vergl. Anm. 4 auf Seite 34.
[7]) Treadwell empfiehlt, durch die Flüssigkeit einen Luftstrom zu leiten, um sie in stetiger Bewegung zu halten, wodurch die Lösung der Schmelze ungleich rascher erfolgt.   [8]) Siehe S. 85.
[9]) Statt schwefliger Säure verwendet Rose Schwefelwasserstoff zum Reduzieren des Eisens. Unterläßt man die Reduktion, so fällt die Titansäure bei ihrer Abscheidung durch Kochen eisenhaltig aus.

9*

eine Stunde. Eine etwaige Fällung von Titansäure wird mit der Hauptfällung vereinigt. Die auf diese Weise erhaltene Metatitansäure wird samt Filter im Platintiegel verascht, und da sie noch etwas Eisen enthält, nochmals mit Kaliumbisulfat geschmolzen und die Schmelze in derselben Weise wie beim ersten Aufschluß behandelt. Die nun fast rein erhaltene Titansäure wird unter Zusatz von etwas Ammoniumkarbonat geglüht, da sie hartnäckig Schwefelsäure zurückhält, und nach dem Erkalten gewogen. Man erhält fast niemals rein weiße Titansäure, auch wenn der Eisengehalt nur so gering ist, daß derselbe nach dem Schmelzen mit Kaliumbisulfat durch Rhodankalium nur eben noch nachweisbar ist. Meistens besitzt die Titansäure in der Kälte eine hellgraue bis bräunliche Farbe, beim Glühen eine tiefgelbe Farbe.

Oder man schließt die Legierung mit der 10fachen Menge eines Kaliumkarbonat-Magnesia-Gemisches auf, rührt nach dem Erkalten die gesinterte Masse mit kaltem Wasser zu einem Brei an und setzt 30 %ige Schwefelsäure bis zur stark sauren Reaktion hinzu. Das Lösen kann man, wenn reichlich Schwefelsäure im Überschuß vorhanden ist, durch mäßiges Erwärmen (auf 50°—60°) sehr beschleunigen, ohne zu fürchten, daß Titansäure ausfällt. Dann filtriert man von der ausgeschiedenen Kieselsäure[1]) ab, neutralisiert das Filtrat beinahe mit Ammoniak und fällt die Titansäure durch Kochen aus (S. 131). Die Titansäure enthält meistens noch Kieselsäure[2]) und etwas Eisen. Um diese zu entfernen, behandelt man sie mit Schwefelsäure und Flußsäure[3]) und schmilzt die kieselsäurefreie Titansäure mit Kaliumbisulfat (S. 34, Anm. 4).

Die Bestimmung des Phosphors geschieht durch Aufschließen mit Magnesia-Natriumkarbonat und Auslaugen der Masse mit kaltem Wasser. Nach dem Filtrieren wird der Rückstand, um zurückgebliebene Reste von Phosphorsäure nicht zu verlieren, nach dem Trocknen nochmals mit Natriumkarbonat (frei von Kalisalzen) geschmolzen und nach dem Auslaugen der zweiten Schmelze vom Rückstand, der alles Titan als Titanat enthält, filtriert und in den Filtraten die Phosphorsäure mit Molybdänlösung gefällt.

Die Bestimmung der übrigen Körper erfolgt, wie bei der Untersuchung des Ferrosiliziums angegeben ist (S. 120).

Die Untersuchung des Ferroaluminiums.

Bestimmung des Aluminiums[4]).

Von der zu grobem Pulver zerkleinerten Legierung löst man 5 g in einer Porzellanschale in verdünnter Schwefelsäure (1 : 4), dampft ein und erhitzt zuletzt auf dem Finkenerturm, bis Schwefelsäuredämpfe

---

[1]) Die Kieselsäure prüft man auf einen etwaigen Titangehalt. Man schmilzt sie mit Kaliumbisulfat (S. 34, Anm. 4) und bestimmt das Titan kolorimetrisch durch Zugabe von Wasserstoffsuperoxyd (S. 36).

[2]) Die Kieselsäure durch Eindampfen der Lösung unlöslich zu machen und auf diese Weise zu entfernen, ist nicht zu empfehlen, weil leicht etwas Titansäure dabei abgeschieden wird.   [3]) Siehe S. 85.

[4]) Regelsberger: Zeitschr. f. angew. Chem. 1891, S. 360.

entweichen. Nach dem Erkalten löst man unter Erwärmen die Sulfate in Wasser, spült die Flüssigkeit, ohne zu filtrieren, in einen 300-ccm-Meßkolben, füllt bis zur Marke auf und filtriert durch ein trockenes Faltenfilter. Vom Filtrat nimmt man 100 ccm, reduziert das Eisen durch Kochen mit Natriumthiosulfatlösung, kühlt ab und neutralisiert nahezu mit Natriumkarbonat. Diese Lösung gießt man in eine kochende Mischung von 50 ccm reiner Kalilauge (enthaltend 10 g Kaliumhydroxyd) und 40 ccm reiner Zyankaliumlösung (enthaltend 8 g Zyankalium)[1]). Die erkaltete Lösung gießt man in einen 500·ccm-Meßkolben, füllt bis zur Marke auf, filtriert durch ein trockenes Faltenfilter, entnimmt vom Filtrat 300 ccm, gibt dazu eine konzentrierte Lösung von Ammonnitrat (15 g Salz in Wasser gelöst) und kocht, bis die größte Menge des freien Ammoniaks verjagt ist. Die ausgefallene Tonerde wäscht man so lange aus, bis das Filtrat mit Eisenchlorid keine Blaufärbung mehr gibt. Nach dem Trockenen wird die Tonerde geglüht und gewogen. Hat man die ammoniakalische Lösung zu lange gekocht, so zersetzt sich leicht etwas Ferrozyankalium, und das Aluminiumhydroxyd ist eisenhaltig. In diesem Falle pulvert man die Tonerde sehr fein, glüht nochmals, wägt und behandelt so lange mit konzentrierter Salzsäure, bis sie rein weiß ist. In dieser Lösung titriert man, ohne zu filtrieren, das Eisen nach Reduktion mit Zinnchlorür mit Permanganat nach Reinhard und zieht das Eisen, in Oxyd umgerechnet, von der Tonerde ab. Oder man bestimmt das Eisen nach der auf S. 59 angegebenen Methode.

Genauere Resultate gibt die auf S. 112 angegebene Methode. Die Bestimmung der übrigen Körper erfolgt nach der bei der Untersuchung des Eisens angegebenen Methode.

Die Untersuchung der Legierungsstähle.

Qualitative Prüfung auf einzelne Elemente.

Nickel.

Man löst die Probe in Salzsäure, oxydiert das Eisen mit Salpetersäure, setzt in wenig Wasser gelöste Weinsäure hinzu (für 0,5 g Eisen 2 g Weinsäure) und macht schwach ammoniakalisch, wodurch kein Eisen gefällt werden darf. Dann säuert man mit Salzsäure schwach an, setzt Dimethylglyoximlösung[2]) hinzu, macht schwach ammoniakalisch und erwärmt. Bei Gegenwart von Nickel fällt dieses als rotes Nickeldimethylglyoxim.

Chrom.

Man löst die Probe in verdünnter Schwefelsäure, setzt etwas Ammoniumpersulfat hinzu und kocht. Nach dem Abkühlen setzt man

---

[1]) War die Reduktion nicht vollständig, so scheidet sich Eisenhydroxyd ab, ebenso Mangan als Manganhydroxydul.   [2]) Siehe S. 135.

Wasserstoffsuperoxyd und Äther hinzu und schüttelt um. Bei Anwesenheit von Chrom färbt sich die ätherische Lösung blau.

Oder man löst die Probe in Salpetersäure, dampft die Lösung in einer Porzellanschale zur Trockene und glüht, bis die Nitrate zerstört sind. Die Oxyde schmilzt man in einem Platintiegel mit Soda und etwas Salpeter, laugt die Schmelze mit Wasser aus und filtriert. Das Filtrat säuert man mit Essigsäure an und setzt Silbernitratlösung hinzu. Bei Gegenwart von Chrom fällt rotbraunes Silberchromat.

Wolfram.

Man löst die Probe in Salzsäure, dampft ein, nimmt mit Salzsäure auf und wiederholt das Eindampfen. Nach dem Aufnehmen mit Salzsäure und Wasser bleibt Wolframsäure als gelber Rückstand.

Prüfung in der Phosphorsalzperle siehe S. 10.

Vanadin.

Man löst die Probe in Salpetersäure, setzt etwas Ammoniumpersulfat hinzu und erhitzt. Nach dem Abkühlen setzt man einige Kubikzentimeter Phosphorsäure (spez. Gewicht 1,7) hinzu[1]) und läßt am Rande des Glases Wasserstoffsuperoxydlösung einlaufen.

Bei Gegenwart von Vanadin bildet sich an der Berührungsfläche der beiden Flüssigkeiten eine rotbraune Zone.

Molybdän.

Man löst die Probe in Salpetersäure, dampft die Lösung ein und zerstört die Nitrate durch Glühen. Die Oxyde schmilzt man im Platintiegel mit Soda, laugt die Schmelze mit Wasser aus und filtriert. Das Filtrat säuert man mit Schwefelsäure stark an, dampft ein und erhitzt, bis reichlich Schwefelsäuredämpfe entweichen. Nach dem Erkalten setzt man Alkohol hinzu. Bei Gegenwart von Molybdän tritt eine intensive Blaufärbung auf, die beim Erwärmen verschwindet und nach dem Erkalten wieder erscheint. Verdünnen mit Wasser zerstört die Färbung.

Titan.

Man löst die Probe in Salpetersäure, dampft die Lösung zur Trockene und glüht, bis die Nitrate zerstört sind. Die Oxyde schmilzt man im Platintiegel mit Kaliumbisulfat und löst die Schmelze in kaltem Wasser. Erhitzt man die Lösung zum Sieden, so fällt weiße körnige Metatitansäure aus, während die übrigen Metalle als Sulfate in Lösung bleiben. Die Metatitansäure filtriert man, wäscht mit heißem Wasser aus und verascht im Porzellantiegel. Löst man die Titansäure durch Schmelzen in einer Phosphorsalzperle auf und erhitzt anhaltend im Reduktions-

---

[1]) Um die Lösung zu entfärben, siehe S. 12, Anm. 1.

feuer, so färbt sich die Perle in der Hitze gelb und wird bei der Abkühlung violett.

Enthält die Titansäure Eisenoxyd, oder setzt man der eisenfreien Perle etwas Eisenoxyd zu, so färbt sich die Perle blutrot.

Titan bei Gegenwart von Wolfram[1].

Man löst die Probe in Salpetersäure, dampft die Lösung ein und zerstört die Nitrate durch Glühen. Die Oxyde schmilzt man im Platintiegel mit Kaliumbisulfat und löst die Schmelze in schwefelsäurehaltigem[2]) Wasser, wobei das Kaliumwolframat sich nicht löst. Im Filtrat weist man die Titansäure durch Zusatz von Wasserstoffsuperoxydlösung an der Gelbfärbung nach.

Chrom bei Gegenwart von Vanadin.

Man löst die Probe in Salpetersäure, dampft die Lösung ein und zerstört die Nitrate durch Glühen. Die Oxyde schmilzt man im Platintiegel mit Soda und etwas Salpeter, laugt die Schmelze mit Wasser aus, filtriert und säuert das Filtrat mit Schwefelsäure an. Darauf versetzt man die saure Lösung mit Wasserstoffsuperoxydlösung und Äther und schüttelt um. Chrom färbt die ätherische Lösung blau, während die wässerige Lösung durch Vanadin gelb bis braun gefärbt wird.

Quantitative Bestimmungen.

In dieser Abteilung sind hauptsächlich diejenigen Bestimmungen beschrieben, die eine Abweichung von den sonst gebräuchlichen Methoden bedingen.

Ist keine besondere Methode angegeben, so wende man diejenige an, die für die Bestimmung des betreffenden Körpers bei der Untersuchung des Eisens und der Eisenlegierungen beschrieben ist.

Die Untersuchung des Nickelstahls.

Die Bestimmung des Nickels[3].

Wesen der Methode. Versetzt man eine verdünnte neutrale oder schwach ammoniakalische Nickellösung mit einer alkoholischen Lösung von Dimethylglyoxim, so fällt das Nickel als rotes kristallinisches Nickeldimethylglyoxim aus. Dieses wird bei 110^{0}—120^{0} getrocknet und gewogen. Es enthält 20,31 % Nickel.

Ausführung. In einem Becherglas von 400—500 ccm Inhalt löst man 0,5—0,6 g Späne in 15—20 ccm Salzsäure (spez. Gewicht 1,124)

---

[1]) Treadwell: Kurzes Lehrbuch der analytischen Chemie.
[2]) In reinem Wasser löst sich das Kaliumwolframat zum Teil auf.
[3]) Methode von Brunck: Zeitschr. f. angew. Chem. 1907, S. 1844.

unter Erwärmen auf, oxydiert durch Zusatz einiger Tropfen Salpetersäure (spez. Gewicht 1,2) das Eisen und kocht, bis der Geruch nach Chlor verschwunden ist. Sollte sich Kieselsäure ausgeschieden haben, so filtriert man entweder die Lösung, oder löst die Kieselsäure durch Zusatz einiger Tropfen Flußsäure (S. 5). Dann verdünnt man mit Wasser auf etwa 300 ccm, setzt 2—3 g in Wasser gelöste Weinsäure[1]) und Ammoniak, bis zur schwach alkalischen Reaktion hinzu. Die Lösung muß vollkommen klar bleiben[2]). Dann macht man die Lösung durch Zusatz einiger Tropfen Salzsäure schwach sauer, erhitzt bis nahe zum Sieden[3]) und setzt tropfenweise unter Umrühren 20 ccm einer 1%igen alkoholischen Lösung von Dimethylglyoxim hinzu. Dann setzt man tropfenweise Ammoniak bis zur schwach alkalischen Reaktion hinzu[4]). Hierdurch fällt das Nickel aus. Die Fällung stellt man dann 1 Stunde auf ein heißes Wasserbad, läßt ½ Stunde abkühlen und filtriert den roten Niederschlag durch einen Gooch-Neubauer-Platintiegel[5]) unter Anwendung einer Saugpumpe, wäscht 8—12 mal mit heißem Wasser aus, trocknet im Luftbade ¾ Stunde lang bei 110⁰ bis 120⁰ und wägt nach dem Erkalten im Exsikkator.

Nach dem Wägen schüttet man die Hauptmenge des Niederschlages aus[6]), setzt den Tiegel auf den Saugkolben, saugt zuerst warme verdünnte Salzsäure hindurch und verdrängt schließlich die Salzsäure durch Wasser. Nach dem Trocknen ist der Tiegel wieder gebrauchsfertig[7]).

Durch Dimethylglyoxim wird nur das Nickel gefällt, nicht aber das Kobalt, das stets mit dem Nickel zusammen vorkommt. Man begeht keinen großen Fehler, wenn man annimmt, daß das Handelsnickel etwa 1% Kobalt enthält.

Das Verfahren ist auch bei Gegenwart von Chrom anwendbar, da Chromsalze aus stark verdünnter Lösung bei Gegenwart von Weinsäure durch Ammoniak nicht gefällt werden. Ebenso wirken Kupfer, Mangan und Vanadin nicht störend. Wolfram ist vorher abzuscheiden.

---

[1]) Um eine Fällung des Eisens durch Ammoniak zu verhindern.

[2]) Entsteht ein Niederschlag, so ist nicht genügend Weinsäure vorhanden. Man löst dann den Niederschlag in Salzsäure, gibt noch mehr Weinsäure zu und macht wieder ammoniakalisch.

[3]) In der Kälte entsteht ein sehr voluminöser Niederschlag, der sich schwer filtrieren läßt.

[4]) Das Dimethylglyoxim setzt man stets zu der sauren Lösung und macht dann erst ammoniakalisch, weil sonst der Niederschlag sehr voluminös ausfällt und sich schlecht filtrieren läßt.

[5]) Man kann auch einen Porzellan-Goochtiegel benutzen, bei dem die Filterschicht aus Asbest besteht. Auch auf einem gewogenen Papierfilter kann man den Niederschlag sammeln und nach dem Trocknen wägen. Das Trocknen dauert in diesem Fall etwa 2 Stunden.

[6]) Über die Wiedergewinnung des Dimethylglyoxims aus dem Niederschlag siehe S. 181.

[7]) Man kann den Niederschlag auch auf einem aschenfreien Filter sammeln, gut auswaschen, das getrocknete Filter vorsichtig im Porzellantiegel veraschen und das NiO wägen.

Elektrolytische Bestimmung von Nickel und Kobalt

unter gleichzeitiger Bestimmung von Silizium, Kupfer und Mangan
im Nickelstahl.

In einer flachen Porzellanschale löst man 5 g Stahl in 50 ccm Salzsäure (spez. Gewicht 1,124) unter Erwärmen auf dem Wasserbad auf, verdampft zur Trockene, wobei man die sich bildenden Klümpchen von Eisenchlorür mit einem am Ende breitgedrückten Glasstab zerdrückt. Entweicht auf dem Wasserbad keine Feuchtigkeit mehr, stellt man die Schale in ein Luftbad und scheidet die Kieselsäure nach S. 85 ab. Das Filtrat von der Kieselsäure dampft man bis auf ein geringes Volumen ein und entfernt nach der Oxydation des Eisens (S. 64, Anm. 3) dasselbe durch Ausschütteln mit Äther nach Rothe[1]). Die fast eisenfreie Lösung dampft man unter den auf S. 43 angegebenen Vorsichtsmaßregeln zur Trockene, nimmt den Rückstand mit einigen Tropfen Salzsäure und wenig Wasser auf, gibt in die Porzellanschale 75 ccm gesättigtes Schwefelwasserstoffwasser, erwärmt die bedeckte Schale einige Minuten auf einem heißen Wasserbad, bis das Schwefelkupfer sich zusammengeballt hat, gibt nochmals 25 ccm Schwefelwasserstoffwasser hinzu und filtriert. Das Schwefelkupfer wäscht man mit schwefelwasserstoffhaltigem, ganz schwach schwefelsäurehaltigem Wasser aus und verascht es in einem Platintiegel[2]).

Das Filtrat vom Schwefelkupfer dampft man unter Zusatz von 3—5 ccm Schwefelsäure (1:1) auf dem Wasserbade ein, setzt dann die Schale auf einen Finkenerturm und erhitzt allmählich, bis reichlich Schwefelsäuredämpfe entweichen[3]). Nach dem Erkalten nimmt man die Sulfate mit wenig Wasser auf, neutralisiert die Lösung mit Ammoniak setzt 0,5 g in wenig Wasser gelöstes neutrales Natriumazetat hinzu, verdünnt etwas und kocht auf. Das basische Eisenazetat filtriert man und wäscht es mit heißem Wasser aus[4]). Das Filtrat dampft man etwas ein, spült die Lösung mit wenig Wasser in ein Becherglas, neutralisiert mit Ammoniak, setzt 5—10 g in wenig Wasser gelöstes Ammoniumsulfat und 30—40 ccm konzentriertes Ammoniak[5]) hinzu, verdünnt mit Wasser auf etwa 150 ccm und elektrolysiert[6]) bei Zimmertemperatur mit einem Strom von 0,5—1 Ampere, bei 2,8—3,3 Volt Klemmenspannung. Nach 3—5 Stunden ist die Fällung meistens beendet[7]).

---

[1]) Siehe S. 42.

[2]) Siehe Schwefelbestimmung im Eisen nach Schulte, S. 102. — Das gewogene Kupferoxyd behandelt man mit Schwefelsäure und Flußsäure, um etwa darin enthaltene Kieselsäure zu entfernen und dem Silizium zuzurechnen.

[3]) Für die spätere Elektrolyse muß die Salzsäure entfernt werden.

[4]) Eventuell löst man den Niederschlag in verdünnter heißer Schwefelsäure und wiederholt die Fällung.

[5]) Das Ammoniak muß frei von Pyridinen sein, es muß, mit Salpetersäure neutralisiert, farblos bleiben. Enthält das Ammoniak organische Substanzen, so wird die Nickelfällung, wie ich beobachtet habe, sehr verzögert.

[6]) Man benutzt zweckmäßig eine Winklersche Platindrahtnetzelektrode und als Anode eine Platinspirale. (Treadwell: Kurzes Lehrbuch der analytischen Chemie.) Apparat von Frary (Zeitschr. f. Elektrochem. 13. 308).

[7]) Nach Treadwell soll man die Elektrolyse nicht zu lange fortsetzen, weil die Kathode beständig an Gewicht zunimmt, sobald alles Nickel gefällt

Das in der Lösung befindliche Mangan schwimmt zum größten Teil als flockiges Mangandioxydhydrat in der Flüssigkeit umher, zum ganz geringen Teil haftet es lose an der Anode. Um sich zu überzeugen, ob die Fällung des Nickels beendet ist, nimmt man mit einer Pipette 2—3 ccm aus der Flüssigkeit heraus, filtriert durch ein kleines Filter in ein Reagenzglas, neutralisiert das Ammoniak fast ganz mit Salzsäure und setzt 3—4 ccm einer 1%igen alkoholischen Lösung von Dimethylglyoxim hinzu. Bei weniger als 0,1 mg Nickel färbt sich die Flüssigkeit zuerst gelb, und nach kurzer Zeit scheiden sich rote Kristalle von Nickeldimethylglyoxim ab[1]). Ist die Fällung beendet, so nimmt man die Elektrode heraus, wäscht sie durch mehrmaliges Eintauchen in destilliertes Wasser, spült einige Male mit Wasser ab, taucht sie in absoluten Alkohol und trocknet vorsichtig über einer Gasflamme. Nach dem Erkalten im Exsikkator wägt man[2]). Die Gewichtszunahme ist Nickel + Kobalt.

Hat man das Nickel nach der Brunckschen Methode ermittelt, so ergibt die Differenz der beiden Bestimmungen den Gehalt an Kobalt.

Die entnickelte Lösung filtriert man, entfernt das Mangan von der Platinspirale durch Abreiben mit einer Gummifahne, tut das vorher benutzte kleine, gut ausgewaschene Filter auf das große und wäscht den Manganniederschlag gut mit heißem Wasser aus. Das Filter verascht man in einem Platintiegel, glüht stark bei reichlichem Luftzutritt und wägt das Mn_3O_4, das 72,03% Mangan enthält.

Die Untersuchung des Chromstahls.

Bestimmung des Chroms.

Wesen der Methode. Das durch Lösen des Stahls in Schwefelsäure erhaltene Chromsulfat oxydiert man durch Kochen mit Permanganatlösung zu Chromsäure und reduziert diese durch Zusatz von Ferrosulfat. Das nicht oxydierte Ferrosalz wird mit Permanganat zurücktitriert.

Ausführung. Man löst 1 g Stahl im Erlenmeyerkolben in 35 bis 40 ccm verdünnter Schwefelsäure (1 : 6) und spült die Lösung in einen

---

ist. Die Anode wird angegriffen, es geht Platin in Lösung und scheidet sich zum Teil an der Kathode ab. Bei Gegenwart von zu wenig Ammoniak bildet sich häufig an der Anode schwarzes Ni(OH)₃, wodurch die Resultate zu niedrig ausfallen.

[1]) Nach Philip läßt sich die Menge des Nickels dadurch recht genau schätzen, daß man die Färbung der umgerührten Flüssigkeit vergleicht mit der einer Lösung mit ebensoviel Ammoniak und bekannter Nickelmenge.

[2]) Die Elektrode reinigt man von dem anhaftenden Nickel nach Treadwell folgendermaßen. Man stellt die Elektrode in ein Becherglas, gießt so viel Salpetersäure (1 : 1) hinzu, daß die mit Nickel bekleidete Partie ganz bedeckt ist, und erhitzt mindestens 15 Minuten lang zum Sieden. Dies ist notwendig, um die letzten Spuren von Nickel zu entfernen. Versäumt man dies, so läuft die Elektrode beim nachherigen Ausglühen in allen möglichen Farben an, die beim wiederholten Behandeln mit Säure und Ausglühen kaum entfernt werden können.

geräumigen Erlenmeyerkolben (etwa 500 ccm Inhalt). Die Lösung erhitzt man zum Sieden und setzt so viel Permanganatlösung hinzu, daß das gesamte Eisen oxydiert wird und setzt dann noch einige Kubikzentimeter (5—6) hinzu, um das Chromisulfat zu Chromsäure zu oxydieren[1]). Dann kocht man einige Minuten, um das überschüssige Permanganat zu zerstören. Den Niederschlag von Mangandioxyd filtriert man und wäscht mit heißem Wasser so lange aus, bis das ablaufende Wasser nicht mehr auf Eisen reagiert. Das Filtrat kühlt man ab, gibt 15—20 ccm einer Lösung von Mohrschem Salz hinzu (hergestellt durch Auflösen von 28 g Salz in einem Gemisch von 700 ccm Wasser und 150 ccm konzentrierter Schwefelsäure und Verdünnen zu 1 Liter). Hierdurch wird die Chromsäure zu Chromoxyd reduziert[2]), und die gelbe Farbe der Lösung geht in Grün über[3]). Nach starkem Verdünnen (auf etwa 750 ccm) setzt man Phosphorsäure hinzu und titriert das nicht oxydierte Ferrosalz mit Kaliumpermanganatlösung[4]).

Berechnung siehe S. 194.

Chromstahl, der bis 2% Chrom enthält, löst sich in 20%iger Schwefelsäure. Höher chromhaltige Stähle lösen sich in einem Gemisch von 1 Teil konzentrierter Schwefelsäure und 2 Teilen Wasser.

Das zeitraubende Filtrieren des Mangandioxyd umgeht man neuerdings dadurch, daß man die Oxydation des Chroms zu Chromsäure durch Persulfat bewirkt. Es hat vor der Oxydation durch Permanganat den Vorzug, daß man den Überschuß einfach durch Erhitzen zerstört.

Die vollkommene Zerstörung wird aber erst durch $\frac{1}{2}$—$\frac{3}{4}$stündiges Kochen erreicht. Um diese Verzögerung in der Ausführung zu vermeiden, führt man das im Stahl vorhandene Mangan durch Zusatz von Silbernitrat in Übermangansäure über. Philips[5]) reduziert die Übermangansäure zu Manganosalz durch Erhitzen mit verdünnter Salzsäure, die in starker Verdünnung ohne Einfluß auf die Chromsäure ist[6]). Außerdem zerstört die Salzsäure sehr schnell das überschüssige Persulfat.

Nach Philips verfährt man folgendermaßen: Man löst je nach dem voraussichtlichen Chromgehalt 2—5 g Stahl in einem Erlenmeyerkolben von 500 ccm Inhalt in 20—30 ccm verdünnter Schwefelsäure, fügt, wenn sich kein Wasserstoff mehr entwickelt, 10 ccm 0,5%ige Silbernitratlösung[7]) und 100 ccm Ammoniumpersulfatlösung[8]) hinzu, verdünnt, wenn nötig, auf 150—200 ccm und kocht. Nach kurzem

---

[1]) $2\,KMnO_4 + 2\,FeSO_4 + 2\,CrSO_4 + 2\,H_2SO_4 = Fe_2(SO_4)_3 + 2\,CrO_3 + K_2SO_4 + 2\,MnSO_4 + 2\,H_2O.$

[2]) $2\,H_2CrO_4 + 6\,FeSO_4 + 6\,H_2SO_4 = 3\,Fe_2(SO_4)_3 + Cr_2(SO_4)_3 + 8\,H_2O.$

[3]) Durch Herausnehmen eines Tropfens der Lösung und Zusammenbringen mit einem Tropfen einer frisch bereiteten 2%igen Ferrizyankaliumlösung überzeugt man sich, daß Ferrosalz im Überschuß vorhanden ist. Andernfalls setzt man noch mehr Ferrosalzlösung hinzu. (Siehe S. 14, Anm. 3.)

[4]) Siehe S. 29.   [5]) Stahl und Eisen 1903, S. 1167.

[6]) In konzentrierter Lösung wird die Chromsäure reduziert.

[7]) Ein Abfiltrieren des ausgeschiedenen Chlorsilbers ist nach Heike nicht nötig (Ledebur: Leitfaden für Eisenhüttenlaboratorien. 8. Aufl., S. 128).

[8]) 60 g in 1 Liter Wasser gelöst. Die Lösung hält sich etwa einen Monat und muß nach dieser Zeit frisch bereitet werden.

Kochen setzt man 10 ccm Salzsäure (1 : 1) hinzu, kocht, bis der Chlorgeruch verschwunden ist, kühlt ab, fügt 15—20 ccm Ferrosulfatlösung von bekanntem Gehalt hinzu[1]), schüttelt um und gießt den Inhalt des Kolbens in eine große Porzellanschale von 1½ Liter Inhalt. Hier verdünnt man mit 1 Liter Wasser, versetzt mit 25 ccm Mangan-Phosphorsäurelösung[2]) und titriert mit Permanganat bis zur Rotfärbung

Die Untersuchung des Wolframstahls.

Bestimmung von Wolfram und Silizium.

Nach Ziegler[3]) löst man in einer flachen Porzellanschale 1—2 g Stahl in 16 bzw. 32 ccm Salpetersäure (spez. Gewicht 1,2). Nachdem die Gasentwicklung aufgehört hat, setzt man 30 bzw. 60 ccm verdünnte Schwefelsäure (1:5) hinzu, dampft auf dem Wasserbad ein und erhitzt schließlich auf dem Finkenerturm, bis Schwefelsäuredämpfe reichlich entweichen. Nach dem Erkalten löst man die Sulfate unter Erwärmen in einer reichlichen Menge Wasser auf und filtriert. Den Rückstand wäscht man mit schwach salzsäurehaltigem kalten Wasser, bis das Durchlaufende mit Rhodankalium nicht mehr auf Eisen reagiert. Den in der Schale sehr festhaftenden gelben Rand von Wolframsäure entfernt man dadurch, daß man die Schale mit einem Stück Filtrierpapier, das mit Ammoniak getränkt ist, auswischt. Das Papier wird mit dem Filter zusammen im Platintiegel verascht. Nach dem Trocknen des Filters verascht man es im Platintiegel und glüht (siehe Anm. 4). Der Rückstand besteht aus Wolframsäure und Kieselsäure. Den gewogenen Rückstand behandelt man mit Schwefelsäure und Flußsäure[4]) und wägt die Wolframsäure, die 79,31% Wolfram enthält. Die Differenz aus der ersten und zweiten Wägung ist Kieselsäure, die 46,93% Silizium enthält.

Man kann den Stahl auch in Salpetersäure lösen und ohne Zusatz von Schwefelsäure die Lösung zur Trockne dampfen, erhitzt dann auf dem Sandbad und glüht zuletzt, bis keine Dämpfe von Stickoxyd mehr entweichen. Die Oxyde löst man in Salzsäure, verdampft nochmals zur Trockene, erhitzt ½ Stunde bei 135°, nimmt den erkalteten Rückstand mit Salzsäure auf, dampft bis zur Sirupdicke ein, verdünnt mit salzsäurehaltigem Wasser auf etwa die doppelte Menge und filtriert Kieselsäure + Wolframsäure, die man wie oben angegeben weiterbehandelt.

Beim Lösen des Wolframstahls in Säuren bei Luftabschluß bleibt oftmals pulverförmiges metallisches Wolfram zurück, das sich aber beim Stehen an der Luft leicht zu Wolframsäure oxydiert[5]).

---

[1]) Siehe S. 139.　　　[2]) Wegen der Gegenwart von Salzsäure.
[3]) Dinglers polyt. Journ. 274. 513.
[4]) Siehe S. 85. — Beim Abrauchen der Kieselsäure bei Gegenwart von Wolframsäure bildet sich keine flüchtige Silicowolframsäure. Durch zu starkes Glühen kann sich aber Wolframsäure teilweise verflüchtigen. Man darf nicht über 900° erhitzen.
[5]) v. Knorre: Stahl und Eisen 1906, S. 1490.

Enthält der Stahl reichliche Mengen von Wolfram, so kann die sich ausscheidende Wolframsäure die Späne vor der weiteren Einwirkung der Säure schützen und das Lösen sehr verzögern. In diesem Fall[1]) übergießt man die fein zerteilte Probe mit Wasser und fügt Brom allmählich in kleinen Mengen hinzu, versetzt nach erfolgter Lösung mit Salpetersäure und verfährt weiter wie oben.

Enthält der Stahl Chrom, Molybdän und Vanadin, so kann die Wolframsäure durch diese Körper verunreinigt sein. In diesem Fall schmilzt man die Wolframsäure nach der Verflüchtigung der Kieselsäure mit der 6fachen Menge Soda und trennt, wie auf S. 125 und 126 beschrieben ist.

Ist die Wolframsäure eisenhaltig, so schmilzt man sie mit der 6fachen Menge Soda[2]), behandelt die Schmelze nach dem Erkalten mit heißem Wasser, bis sie ganz zerfallen ist, filtriert das ausgeschiedene Eisenoxyd ab und wäscht es mit heißem Wasser. Im Filtrat, in dem die Wolframsäure als Natriumwolframat enthalten ist, kann man sie auf verschiedene Weise bestimmen.

Durch Abdampfen mit Salz- oder Salpetersäure.

Das in einer Porzellanschale befindliche Filtrat säuert man mit Salzsäure oder Salpetersäure stark an, verdampft auf dem Wasserbad zur Trockene und erhitzt eine Stunde bei 130° im Trockenschrank. Nach dem Erkalten nimmt man mit Salzsäure auf, verdampft wieder zur Trockene und wiederholt dies mehrmals[3]). Dann filtriert man, wäscht die Wolframsäure mit schwach salzsäurehaltigem Wasser (7 %ige Salzsäure), oder mit einer 10%igen Ammonnitratlösung aus, trocknet, glüht und wägt[4]).

Abscheidung der Wolframsäure durch Mercuronitrat nach Berzelius.

Das möglichst konzentrierte Filtrat der Sodaschmelze versetzt man mit einigen Tropfen Methylorange, setzt Salpetersäure bis zur Rosafärbung hinzu und kocht, um die Kohlensäure vollkommen auszutreiben. Zu der heißen Lösung gibt man eine möglichst neutrale konzentrierte Mercuronitratlösung[5]) im Überschuß hinzu. Der graue Niederschlag von Mercurowolframat setzt sich schnell ab, und die überstehende Flüssigkeit muß wasserhell erscheinen. Nach 3—4 Stunden filtriert man den Niederschlag, wäscht ihn mit mercuronitrathaltigem Wasser[6]) aus, trocknet das Filter, verascht es unter einem gut-

---

[1]) Classen: Ausgewählte Methoden der analytischen Chemie. Bd. 1, S. 228.   [2]) Siehe S. 25.

[3]) Durch einmaliges Abdampfen mit Salz- oder Salpetersäure läßt sich die WO_3 nicht vollständig abscheiden, weil sich etwas lösliches Alkalimetawolframat bildet ($Na_2WO_4 + 3 WO_3 = Na_2W_4O_{13}$), welches durch Säuren schwer zersetzt wird. Dieses kann nur durch mehrmaliges Eindampfen mit Salz- oder Salpetersäure in unlösliche Wolframsäure übergeführt werden (Treadwell: Kurzes Lehrbuch der analytischen Chemie).

[4]) Über das Glühen der Wolframsäure vgl. Anm. 4 auf S. 140.

[5]) 200 g Mercuronitrat unter schwachem Erwärmen in 20 ccm Salpetersäure (spez. Gewicht 1,2) und wenig Wasser lösen. Nach erfolgter Lösung mit Wasser zu 1 Liter verdünnen und über Quecksilber aufbewahren.

[6]) 100 ccm Wasser mit 5 ccm gesättigter Mercuronitratlösung versetzt.

ziehenden Abzug in einem Porzellantiegel und wägt nach dem Glühen[1]) und Erkalten die Wolframsäure, die 79,31 % Wolfram enthält.

Abscheidung des Wolframs als Benzidinwolframat nach v. Knorre.

Das konzentrierte Filtrat der Sodaschmelze versetzt man mit etwas Methylorange, fügt dann Salzsäure bis zur Rosafärbung hinzu und 10 ccm $^1/_{10}$-Normalschwefelsäure. Dann setzt man einen Überschuß von Benzidinchlorhydratlösung[2]) hinzu. (Für je 10 ccm $^1/_{10}$-Normalschwefelsäure muß man mindestens 1 ccm Benzidinlösung verwenden.) Nach 5 Minuten filtriert man den Niederschlag und wäscht ihn mit verdünnter Benzidinchlorhydratlösung[3]) aus, bis einige Tropfen, auf einem Platinblech verdampft und geglüht, keinen Rückstand hinterlassen. Den Niederschlag verbrennt man naß im Platintiegel, glüht[4]) und wägt die zurückbleibende Wolframsäure.

Führt man die Fällung der Wolframsäure in salzsäurehaltiger Lösung in der Kälte aus, so fällt der weiße Niederschlag von Benzidinwolframat flockig aus, läßt sich schwer filtrieren und geht beim Waschen mit Wasser leicht durchs Filter. Nimmt man die Fällung aber in der Hitze vor, so ist der Niederschlag dichter und läßt sich leicht filtrieren. Das Auswaschen geschieht mit benzidinhaltigem kalten Wasser, worin der Niederschlag unlöslich ist. Da das Benzidinwolframat in heißem benzidinhaltigen Wasser etwas löslich ist, muß man die Lösung erkalten lassen, ehe man filtriert.

Fällt man dagegen, wie oben angegeben, unter Zusatz von Schwefelsäure, so erhält man auch in der Kälte einen gut filtrierbaren Niederschlag, der aus einer Mischung von kristallinischem Benzidinsulfat und amorphem Benzidinwolframat besteht und nach 5 Minuten filtriert werden kann.

Bestimmung des Wolframs nach v. Knorre.

Man löst den Stahl unter Luftabschluß[5]) in Salzsäure oder verdünnter Schwefelsäure, wobei alles Wolfram, mit etwas Eisen verunreinigt, als Metall zurückbleibt[6]). Nach dem Erkalten filtriert man und wäscht das fein verteilte Wolfram mit verdünnter Benzidinchlorhydratlösung aus[7]). Den ausgewaschenen Niederschlag verascht man im Platintiegel, schmilzt ihn zur Entfernung des Eisens mit der 6fachen Menge Soda und fällt im Filtrat der Schmelze die Wolframsäure durch Benzidinchlorhydrat.

---

[1]) Siehe Anm. 4 auf S. 140.

[2]) In einer Reibschale verreibt man 20 g käufliches Benzidin mit Wasser, spült mit ungefähr 400 ccm Wasser in ein Becherglas, fügt 25 ccm Salzsäure (spez. Gewicht 1,19) hinzu und erwärmt, bis sich alles gelöst hat. Die braune Flüssigkeit filtriert man und verdünnt mit Wasser zu 1 Liter. Von dieser Lösung genügen 5,6 ccm, um 0,1 g WO_3 zu fällen.

[3]) Von der konzentrierten Lösung verdünnt man 10 ccm mit Wasser auf 300 ccm.   [4]) Siehe Anm. 4 auf S. 140.   [5]) Siehe S. 140.

[6]) Man trennt auf diese Weise den größten Teil des Eisens vom Wolfram.

[7]) Wäscht man mit reinem Wasser, so oxydiert sich das fein verteilte Wolfram rasch an der Luft und geht in graugelbe Wolframsäure über, die trübe durch das Filter geht.

Bestimmung des Wolframs nach L. Wolter [1].

Wolter fand, daß die meisten für die Untersuchung empfohlenen Methoden deshalb unpraktisch sind, weil sie alle voraussetzen, daß das Material in Pulverform verwendet werden muß. Wolframstahl, besonders hochprozentiger, ist aber derartig hart, daß er sich nicht bohren oder feilen läßt, ohne die Werkzeuge stark anzugreifen, wodurch das Analysenmaterial verunreinigt, und die Genauigkeit der Untersuchung beeinträchtigt wird. Man muß sich daher damit begnügen, den Wolframstahl im Stahlmörser zu grobem Pulver zu zerstoßen. Dieses löst sich aber in Säuren nur sehr langsam. Selbst durch Schmelzen mit Soda und Salpeter oder Natriumsuperoxyd werden gröbere Teile kaum angegriffen. Wolter fand, daß der Aufschluß selbst bei grobem Material leicht durch Schmelzen mit Kaliumbisulfat bewerkstelligt werden kann.

Nach seiner Vorschrift verfährt man folgendermaßen: 0,2—0,5 g des Materials werden in einem Platintiegel von 40—45 ccm Inhalt mit der 30 fachen Menge Kaliumbisulfat geschmolzen. Um ein zu starkes Aufschäumen zu vermeiden, trägt man zuerst nur die 10 fache Menge ein und erhitzt bei gut bedecktem schiefstehenden Tiegel ganz langsam, bis weiße Dämpfe entweichen. Nun muß man die Flamme etwa ½ Minute entfernen, da sich im Innern des Tiegels jetzt eine ziemlich lebhafte Reaktion vollzieht. Man hört, wenn dieser Zeitpunkt eingetreten ist, ein starkes Brausen im Tiegel. Jetzt läßt man ein wenig erkalten und gibt den Rest des Kaliumbisulfats in zwei weiteren Portionen zu. Die Reaktion vollzieht sich langsamer, und man erhitzt nun, bis der Boden des Tiegels anfängt rotglühend zu werden, und reichlich weiße Dämpfe entwickelt werden. Man steigert ganz allmählich die Temperatur bis zur vollen Rotglut des bedeckten Tiegels. Nach etwa $1/_4$ Stunde ist meistens die Reaktion beendet. Die Masse muß ruhig unter mäßigem Perlen schmelzen und darf keine schwarzen Partikelchen von unaufgeschlossenem Material enthalten. Ist dieser Punkt erreicht, so läßt man erkalten. Tiegel und Deckel werden nun mit Wasser ausgekocht, sorgfältig abgespült, und die Wassermenge so bemessen, daß die Lösung etwa 60—75 ccm beträgt. Die durch Wolframsäure etwas getrübte Flüssigkeit wird mit 20 ccm Salzsäure (spez. Gewicht 1,124) versetzt und gekocht, bis der Niederschlag von Wolframsäurehydrat rein gelb geworden ist. Man läßt etwa ½ Stunde auf dem Wasserbad stehen, filtriert durch ein kleines Filter und wäscht mit einer 10 %igen Ammonnitratlösung [2] aus. Der zitronengelbe Niederschlag wird auf dem Filter in warmem verdünntem Ammoniak gelöst, die Lösung in einem gewogenen Platintiegel aufgefangen, und das Filter mit Ammonnitratlösung gewaschen. Die Lösung des Ammonwolframats wird nun im Wasserbad zur Trockene verdampft, dann ganz sorgfältig bei aufgesetztem Uhrglas, bis dieses nicht mehr von Ammonsalzen beschlagen

---

[1] Chemiker-Zeit. 1910, S. 2. Aus Treadwell: Kurzes Lehrbuch der analytischen Chemie.
[2] Beim Waschen mit reinem Wasser geht die Wolframsäure durchs Filter.

wird, erhitzt, dann über der Flamme des Bunsenbrenners geglüht[1]) und nach dem Erkalten gewogen.

So bestimmt man die Hauptmenge des Wolframs. Das Filtrat von der abgeschiedenen Wolframsäure enthält noch Wolfram. Um diese Wolframmenge noch zu gewinnen, verdampft man das Filtrat mehrmals mit Salz- oder Salpetersäure und verfährt nach S. 141.

Enthält der Stahl Silizium, so ist die gewogene Wolframsäure kieselsäurehaltig. Man übergießt sie mit einigen Tropfen Flußsäure, verdampft zur Trockene, fügt nochmals Flußsäure hinzu, verdampft wieder und glüht zuletzt über der Flamme eines Bunsenbrenners[2]).

In bezug auf andere Verunreinigungen siehe S. 141.

Die Untersuchung des Molybdänstahls.

Die Bestimmung des Molybdäns[3]).

Wesen der Methode. Man löst den Stahl in Salpetersäure und zersetzt die Nitrate durch wiederholtes Eindampfen mit Salzsäure, trennt nach Auchy[4]) die Molybdänsäure durch Behandeln mit überschüssiger Natronlauge vom Eisen, reduziert die Molybdänsäure in schwefelsaurer Lösung und titriert mit Permanganat. Die Reduktion geht unter diesen Bedingungen nur bis zu $Mo_{12}O_{19}$

$$5\,Mo_{12}O_{19} + 34\,KMnO_4 = 60\,MoO_3 + 17\,K_2O + 34\,MnO.$$

Chrom ist dabei ohne Einfluß.

Ausführung. Man löst 1,5 g Stahl bzw. 0,3 g Ferromolybdän in 20 ccm Salpetersäure, dampft zur Trockene, löst den Rückstand in 20 ccm Salzsäure (spez. Gewicht 1,19), dampft nochmals zur Trockene und löst wieder in 10 ccm Salzsäure. Alsdann bringt man in einen 300-ccm-Meßkolben 100 ccm einer 10 %igen Ätznatronlösung, gießt die Eisenlösung hinein, füllt bis zur Marke auf und schüttelt tüchtig durch. Die Lösung filtriert man durch ein trockenes Filter, bringt 200 ccm (= 1 g Einwage) in einen geräumigen Kolben, setzt vorsichtig unter Umschütteln 80 ccm heiße verdünnte Schwefelsäure (1 : 4) und 10 g Zink[5]) hinzu, erhitzt bis zur vollständigen Reduktion (20—25 Minuten), ohne zu kochen, filtriert rasch vom Zink ab, spült den Kolben und das Filter mit kaltem Wasser nach und titriert mit Permanganat. (Siehe Phosphorbestimmung auf S. 20.)

Der Titer der Permanganatlösung auf Eisen multipliziert mit 0,605 ergibt den Titer auf Molybdän.

Oder man fällt das Molybdän als Molybdänsulfid aus und führt es durch Glühen in Trioxyd über, das gewogen wird. (Siehe S. 149.)

Für die Kohlenstoffbestimmung beachte man das auf Seite 128 Gesagte.

---

[1]) Siehe S. 140, Anm. 4.　　　[2]) Siehe S. 140, Anm. 4.
[3]) Beckurts: Die Methoden der Maßanalyse. 2. Abteilung, S. 576.
[4]) Journ. Amer. Chem. Soc. 1902. 24. 273; 1903. 25. 215; 1905. 27. 1240.
[5]) Den Eisengehalt des Zinks bestimmt man nach S. 21. Die hierfür verbrauchte Permanganatmenge ist von der Gesamtmenge abzuziehen.

Die Untersuchung des Vanadinstahls.

Bestimmung des Vanadins.

Titration mit Ferrosulfat nach Lindemann[1]).

Wesen der Methode. In schwach schwefelsaurer kalter Lösung wird die V_2O_5 durch eine auf Permanganat eingestellte Lösung von Ferrosulfat zu V_2O_4 reduziert, wobei das Ferrosalz zu Ferrisalz oxydiert wird. Den Endpunkt der Titration erkennt man daran, daß ein Tropfen der Flüssigkeit, mit Ferrizyankalium[2]) zusammengebracht, Blaufärbung gibt. Siehe S. 32.

Chrom, selbst in größerer Menge vorhanden, stört nicht.

Ausführung. Man löst 5 g Stahl in einem Rundkolben in 50 ccm Salpetersäure[3]) (spez. Gewicht 1,2), verdampft nach dem Lösen über freier Flamme zur Trockene und glüht, bis keine roten Dämpfe mehr entweichen[4]). Die Oxyde löst man nach dem Erkalten in 50 ccm Salzsäure (spez. Gewicht 1,124), setzt zur vollständigen Oxydation des Vanadylsalzes zu Vanadinsäure einige Kristalle Kaliumchlorat hinzu und kocht zur Vertreibung des Chors. Sobald kein Chlorgeruch mehr zu bemerken ist, verdünnt man mit Wasser, setzt zur Entfernung etwa vorhandenen Chlors Ammoniak in geringem Überschuß hinzu, säuert wieder mit Schwefelsäure an, spült die erkaltete Lösung in einen 500-ccm-Meßkolben und füllt mit Wasser bis zur Marke auf. Nach gutem Mischen bringt man 100 ccm der Lösung in ein Becherglas und setzt aus einer Bürette solange Ferrosulfatlösung unter Umrühren hinzu, bis ein Tropfen der Flüssigkeit auf einer Porzellanplatte, mit Ferrizyankaliumlösung zusammengebracht, die Endreaktion durch Blaufärbung anzeigt.

Wegen der hierbei nötigen Tüpfelprobe verwende man einen Teil der zu titrierenden Lösung, um den annähernden Verbrauch an Ferrosulfat zu ermitteln und bestimme in einem zweiten bzw. dritten Teil den endgültigen Verbrauch.

Titration mit Kaliumpermanganat.

Wesen der Methode. Siehe Untersuchung des Ferrovanadins S. 128.

Ausführung. Man löst 1 g im Rundkolben in Salpetersäure und verfährt, wie bei der Untersuchung des Ferrovanadins auf S. 128 beschrieben ist.

Bestimmung des Phosphors.

Siehe S. 130.

Bestimmung des Mangans.

Siehe Untersuchung des Ferrovanadins S. 130.

Bestimmung des Kohlenstoffs.

Siehe Untersuchung des Ferromolybdäns S. 128.

---

[1]) Zeitschr. f. analyt. Chem. 1879. 18. 102.   [2]) Siehe S. 14, Anm. 3.
[3]) Man setze die Säure allmählich zu und kühle durch Eintauchen in Wasser.   [4]) Siehe S. 97.

Die Untersuchung des Nickel-Wolframstahls.

Wesen der Methode. Man scheidet zuerst das Wolfram als Wolframsäure ab und fällt im Filtrat das Nickel durch Dimethylglyoxim.

Bestimmung des Wolframs.

Ausführung. In einer flachen Porzellanschale löst man 1—2 g Stahl in 20—30 ccm Salzsäure[1]) (spez. Gewicht 1,124), verdampft nach erfolgter Lösung auf dem Wasserbad zur Trockene, wobei man die Klümpchen von Eisenchlorür mit einem am Ende breit gedrückten Glasstab zu feinem Pulver zerdrückt. Dann erhitzt man die Schale ½ Stunde lang in einem Trockenschrank bei 135° und verfährt weiter, wie bei der Untersuchung des Wolframstahls (S. 140) angegeben ist.

Das Auswaschen der Wolframsäure darf nicht mit reinem Wasser vorgenommen werden, da sie sonst durch das Filter geht. Man wäscht zuerst zur Entfernung des Eisens mit salzsäurehaltigem Wasser und verdrängt dann die Salzsäure durch Waschen mit Wasser, dem man 10% Ammonnitrat zusetzt. Das Filter verbrennt man naß in einem Platintiegel und wägt Wolframsäure + Kieselsäure[2]). Die Kieselsäure entfernt man durch Abrauchen mit Flußsäure[3]). Da die Wolframsäure meistens eisenhaltig ist, schmilzt man sie mit Soda, wie auf S. 141 angegeben ist. Siehe auch S. 25.

Bestimmung des Nickels.

Im Filtrat von der Wolframsäure fällt man, nachdem man das Eisen oxydiert hat, das Nickel mit Dimethylglyoxim (siehe S. 135).

Die Untersuchung des Chrom-Wolframstahls.

Bestimmung des Chroms.

Wesen der Methode. Um das Filtrieren der Wolframsäure, die bei der Benzidinfällung außerdem stets durch Chrom verunreinigt ist[4]), zu umgehen, versetzt man nach v. Knorre[5]) die Lösung in der sich die Wolframsäure ausgeschieden hat, mit Natriumphosphat[6]), wodurch sich lösliche Phosphorwolframsäure bildet, die bei der Titration der Chromsäure mit Permanganat nicht störend wirkt und beim Kochen nicht ausfällt.

Ein vollständiges Lösen des Chrom-Wolframstahls läßt sich durch Behandeln mit 45—50%iger Schwefelsäure erreichen.

---

[1]) Enthält der Stahl reichliche Mengen von Wolfram, so übergießt man die feinen Späne mit Wasser und fügt Brom allmählich in kleinen Mengen hinzu, versetzt nach erfolgter Lösung mit Salzsäure und verfährt weiter wie oben. Siehe auch S. 140.   [2]) Siehe S. 140.   [3]) Siehe S. 140, Anm. 4.

[4]) Hinrichsen: Mittlg. aus dem Kgl. Materialprüfungsamt 1907, Heft 6.

[5]) Stahl und Eisen 1907.

[6]) 1 Teil $Na_2HPO_4 + 12 H_2O$ in 10 Teilen Wasser gelöst.

Ausführung. 1—2 g Stahl übergießt man in einem Rundkolben mit 15—25 ccm Schwefelsäure, erwärmt zuerst gelinde und später, wenn die Einwirkung der Säure nachläßt, bis zum lebhaften Sieden, unter zeitweiligem Ersatz des verdampften Wassers, bis keine Spur von Wasserstoffentwicklung mehr zu erkennen ist. Dann fügt man in kleinen Mengen Salpetersäure (spez. Gewicht 1,2) hinzu und erwärmt zuerst gelinde, dann einige Minuten bis zum Sieden, um das Ferrosalz zu Ferrisalz zu oxydieren und das schwarze Pulver von metallischem Wolfram in Wolframsäure überzuführen. Das Kochen mit Salpetersäure ist fortzusetzen, bis kein metallisches Wolfram mehr vorhanden ist, sondern alles zu gelber Wolframsäure oxydiert ist. Um die lösliche Phosphorwolframsäure zu erzeugen, genügt es nicht, einfach Natriumphosphatlösung zuzusetzen, sondern man muß die saure, mit 20 ccm Natriumphosphatlösung versetzte Flüssigkeit zunächst durch Zusatz eines Überschusses von konzentrierter Kali- oder Natronlauge alkalisch machen, um lösliches Wolframat zu erzeugen. Dabei fügt man die Lauge unter Umschütteln in kleinen Portionen hinzu, bis die Flüssigkeit rotes Lackmuspapier intensiv blau färbt. Um nicht zu viel Lauge zu verbrauchen, ist darauf zu achten, beim Lösen und Oxydieren mit möglichst wenig Säure auszukommen. Die alkalisch gemachte Flüssigkeit versetzt man dann langsam unter Umschütteln mit verdünnter Schwefelsäure, bis der starke Niederschlag von Eisenhydroxyd sich nach einiger Zeit wieder klar löst, wobei ein großer Überschuß von Säure zu vermeiden ist, um nachher bei der Oxydation mit Persulfat ohne weiteres eine quantitative Überführung des Chroms zu Chromsäure bewirken zu können. War der Aufschluß gelungen, so muß beim Ansäuern eine klare Lösung entstehen, in der das Wolfram nunmehr als Phosphorwolframsäure in Lösung bleibt.

In dieser Lösung bestimmt man das Chrom durch Titration mit Permanganat, nach vorheriger Reduktion der Chromsäure durch Ferrosulfat, nach der Methode von **Philips** (S. 139).

Berechnung siehe S. 194.

Bestimmung des Wolframs.

Wesen der Methode. Da die durch Benzidin gefällte Wolframsäure stets chromhaltig ist, fällt man in der Lösung des Stahls Wolfram und Chrom zusammen durch Mercuronitrat nach der Methode von **Berzelius** und wägt das Gemisch von Wolframsäure und Chromoxyd. In einer besonderen Einwage bestimmt man das Chrom nach der oben angegebenen Methode und bestimmt das Wolfram aus der Differenz.

Ausführung. 2 g Stahl werden in einer Porzellanschale in verdünnter Salpetersäure (spez. Gewicht 1,2) gelöst, die Lösung abgedampft, der Rückstand mit Salpetersäure aufgenommen, wieder abgedampft und dies mehrmals wiederholt, bis das ausgeschiedene Wolfram vollständig zu Wolframsäure oxydiert ist. Der Rückstand wird dann zur Zerstörung der Nitrate geglüht[1]). Die Oxyde werden in einen Platintiegel

---

[1]) Um eine Verflüchtigung der Wolframsäure zu verhüten, darf man nicht über 900° erhitzen.

gebracht und mit der 6fachen Menge Soda aufgeschlossen. Nach dem Erkalten wird die Schmelze mit Wasser bis zum vollständigen Zerfallen gekocht, das Eisenoxyd filtriert und mit heißem Wasser ausgewaschen. In dem mit einem geringen Überschuß von Salpetersäure versetzten Filtrat werden Wolfram und Chrom durch Mercuronitrat in der Siedehitze gefällt. Die Mercuronitratlösung setzt man in der Kälte hinzu[1]) und erhitzt dann zum Sieden[2]). Nach dem Erkalten wird der Niederschlag filtriert[3]) und mit mercuronitrathaltigem Wasser ausgewaschen (siehe S. 141, Anm. 6). Nach dem Trocknen wird der Niederschlag unter dem Abzug im Porzellantiegel verascht und geglüht[4]). Er besteht aus $WO_3 + Cr_2O_3$.

Das auf maßanalytischem Wege bestimmte Chrom wird zu Cr_2O_3 umgerechnet und in Abzug gebracht.

Die Untersuchung des Chrom-Molybdänstahls.

Bestimmung des Molybdäns[5]).

Man löst in einem Becherglas 2 g Stahl in 10 ccm Salzsäure (spez. Gewicht 1,124), setzt zur Vertreibung der Kieselsäure wenige Tropfen Flußsäure hinzu und spült die Lösung in eine kleine Druckflasche[6]), leitet in der Kälte Schwefelwasserstoff bis zur Sättigung ein, verschließt die Flasche, stellt sie in ein Wasserbad, das man langsam zum Kochen erhitzt, bis der Niederschlag von Schwefelmolybdän sich vollständig abgesetzt hat. Dann läßt man erkalten, filtriert und wäscht den Niederschlag mit schwach salzsäurehaltigem Schwefelwasserstoffwasser aus. Mit dem Molybdän fällt das gesamte Kupfer aus. Man übergießt den Niederschlag auf dem Filter mit Schwefelnatriumlösung, nachdem man das Trichterrohr mit einem kleinen Korken verschlossen hat und läßt die Lösung einige Zeit mit dem Niederschlag in Berührung. Das Schwefelmolybdän geht in Lösung, während das Kupfersulfid zurückbleibt. Dann entfernt man den Korken und wäscht das Schwefelkupfer anfangs mit verdünnter Schwefelnatriumlösung und zuletzt mit schwefelwasserstoffhaltigem Wasser aus. Das Kupfersulfid wird durch Rösten

---

[1]) In der Kälte entsteht braunes basisches Mercurochromat $4\,Hg_2O, 3\,CrO_3$.

[2]) Beim Erhitzen geht das braune basische Salz in das feuerrote neutrale Salz Hg_2CrO_4 über.

[3]) Die beendete Fällung erkennt man daran, daß die überstehende Flüssigkeit farblos ist.   [4]) Siehe Anm. 1, S. 147.

[5]) Treadwell: Kurzes Lehrbuch der analytischen Chemie. Nach dem Ätherverfahren von Rothe läßt sich Molybdän nicht von Eisen trennen.

[6]) Beim Arbeiten mit Druckflaschen sind folgende Vorsichtsmaßregeln zu beobachten. Die sorgfältig zugebundene Flasche wird mit einem Bleiring beschwert, an einem Stativ so aufgehängt, daß sie den Boden des Wasserbades nicht berührt und bis zum Hals in das Wasser eintaucht. Das Wasserbad wird langsam zum Sieden erhitzt. Verdampftes Wasser wird durch Zugießen von siedend heißem Wasser ersetzt. Das Wasser darf man nicht auf die Flasche gießen. Nach 2—3 Stunden läßt man das Wasserbad erkalten, nimmt die völlig erkaltete Flasche heraus und öffnet sie. Den Stopfen kann man etwas einfetten und das Fett vor dem Filtrieren mit Äther entfernen.

in Kupferoxyd übergeführt und gewogen (siehe S. 104). Zu dem kalten Filtrat setzt man verdünnte Salzsäure bis zur schwach sauren Reaktion hinzu, um das Molybdänsulfid wieder auszufällen. Um ganz sicher zu gehen, leite man noch 1—2 Stunden Schwefelwasserstoff ein. Das nun kupferfreie Molybdänsulfid filtriert man, wäscht den Niederschlag zunächst mit schwach salzsäurehaltigem Schwefelwasserstoffwasser und zuletzt mit Alkohol bis zum Verschwinden der Salzsäurereaktion aus.

Das Filter bringt man noch feucht in einen geräumigen Porzellantiegel und trocknet auf dem Wasserbade. Hierauf bedeckt man den Tiegel und erhitzt sehr sorgfältig über kleiner Flamme, bis keine Kohlenwasserstoffe mehr entweichen, entfernt den Deckel, brennt die an der Tiegelwandung haftende Kohle bei möglichst niedriger Temperatur weg und führt nun unter allmählicher Steigerung der Temperatur das Sulfid in Trioxyd über. Die Operation ist beendet, sobald kein Schwefeldioxyd mehr entweicht. Nach dem Erkalten fügt man etwas in Wasser aufgeschlämmtes Quecksilberoxyd[1]) hinzu, rührt gut um, verdampft zur Trockene, verjagt das Quecksilberoxyd durch gelindes Erhitzen unter einem Abzug und wägt das zurückbleibende Trioxyd (MoO_3).

Viel bequemer läßt sich das Molybdäntrisulfid in Molybdäntrioxyd überführen wie folgt: Man filtriert das Molybdänsulfid durch einen Goochtiegel, wäscht wie oben angegeben aus, trocknet den Tiegel bei 100° und stellt ihn in einen Nickeltiegel. Dann bedeckt man den Goochtiegel mit einem Uhrglas[2]) und erhitzt sorgfältig über sehr kleiner Flamme, wobei unter schwacher Glüherscheinung das Trisulfid größtenteils zu Trioxyd verbrennt. Sobald das Aufglühen vorüber, entfernt man das Uhrglas und erhitzt weiter bei offenem Tiegel, so daß der Boden des Nickeltiegels schwach glüht, bis zu konstantem Gewicht. Das so erhaltene Molybdäntrioxyd enthält stets Spuren von SO_3 und hat infolgedessen ein etwas bläuliches Aussehen[3]). Die Resultate sind aber trotzdem vorzüglich. Das Molybdäntrioxyd enthält 66,67 % Mo.

Bestimmung des Chroms. Das durch Chrom violett gefärbte Filtrat wird auf geringes Volumen eingedampft, mit 20 ccm Salzsäure (spez. Gewicht 1,124) und 2 ccm Salpetersäure (spez. Gewicht 1,4) versetzt und gekocht, bis alles Eisen oxydiert ist[4]). Dann dampft man mehrmals mit Salzsäure bis zur Vertreibung der Salpetersäure ein, entfernt das Eisen durch Ausschütteln mit Äther[5]) nach dem Verfahren von Rothe, verdampft die eisenfreie Lösung zur Verjagung des Äthers zur Trockene (Vorsicht!), nimmt den Rückstand mit etwas Salzsäure und Wasser auf und fällt das Chrom in der siedend heißen Lösung mit Ammoniak[6]). Das ausgefallene Chromhydroxyd filtriert man, wäscht es mit ammon-

---

[1]) Das Quecksilberoxyd wird zugesetzt, um etwa nicht veraschte Kohlenteilchen völlig zu verbrennen.

[2]) Bei der Oxydation des Molybdänsulfids dekrepitiert die Masse, weshalb der Tiegel anfangs bedeckt zu halten ist.

[3]) Ein Verlust durch Verflüchtigung des Molybdäntrioxyds ist nicht zu befürchten, solange man die dunkle Rotglühhitze nicht überschreitet.

[4]) Prüfen mit Ferrizyankalium, S. 14, Anm. 3.   [5]) Siehe S. 42.

[6]) Man verwende einen möglichst geringen Überschuß von Ammoniak, andernfalls ist die Fällung nicht vollständig. Das Filtrat ist dann rosa ge-

nitrathaltigem heißen Wasser aus, trocknet es und verascht es im Porzellantiegel. Das geglühte Chromoxyd kann man nicht direkt wägen, da es stets alkalihaltig und chromathaltig ist[1]). Man vermengt es mit Natriumsuperoxyd (2—3 g), schmilzt es im Porzellantiegel, löst die Schmelze in heißem Wasser, reduziert die Chromsäure mit Ferrosulfat und titriert das nicht oxydierte Ferrosalz mit Permanganat (siehe S. 30).

Die Untersuchung des Chrom-Vanadinstahls.

Bestimmung des Chroms.

Wesen der Methode. Die salzsaure Lösung versetzt man mit Bariumkarbonat in geringem Überschuß und trennt auf diese Weise Chrom und Vanadin von Eisen und Mangan. Chrom und Vanadin trennt man nach Zusatz von Ammoniumphosphat durch Ammoniak, bestimmt das Chrom maßanalytisch und fällt das Vanadin mit Mercuronitrat.

Ausführung. 2—5 g Stahl löst man in einem Rundkolben unter ständigem Durchleiten von Kohlensäure[2]) in verdünnter Salzsäure. Für je 1 g Stahl verwendet man 5 ccm Salzsäure (spez. Gewicht 1,124) und 10 ccm Wasser. Durch mäßiges Erwärmen befördert man das Lösen und kocht zuletzt, bis keine Gasentwicklung mehr zu bemerken ist. Dann läßt man im Kohlensäurestrom erkalten, setzt tropfenweise Natriumkarbonatlösung hinzu, bis ein geringer, bleibender Niederschlag entsteht, der durch Zusetzen einiger Tropfen verdünnter Salzsäure wieder gelöst wird, verdünnt mit der gleichen Menge ausgekochtem Wasser und gibt, ohne vorher zu filtrieren, zu der kalten Lösung[3]) in Wasser aufgeschlämmtes Bariumkarbonat in ganz geringem Überschuß hinzu, verschließt den Kolben und läßt unter häufigem Umschütteln 24 Stunden stehen. Den Niederschlag filtriert man, wäscht mit kaltem Wasser aus, trocknet das Filter und verascht es im Platintiegel[4]). Den Rückstand mengt man mit 5 Teilen Soda und 1 Teil Salpeter und schmilzt

färbt. Man koche bis zum Verschwinden des Ammoniakgeruches, wobei sich das gelöste Chromhydroxyd abscheidet. Oder säuert mit Essigsäure ganz schwach an.

[1]) Der wäßrige Auszug besitzt stets eine gelbe Farbe und gibt mit Silbernitrat eine rote Fällung von Silberchromat.

[2]) Um eine Oxydation des Ferrosalzes zu vermeiden. Die Trennung mit Bariumkarbonat gründet sich darauf, daß Chromisalze und Vanadylsalze ebenso wie Ferri-Aluminium- und Uranylsalze durch Bariumkarbonat in der Kälte gefällt werden, während Ferrosalze ebenso wie Mangan-, Nickel-, Kobalt- und Zinksalze nicht gefällt werden. Dies beruht darauf, daß die zweiwertigen Metallsalze in der Kälte nicht hydrolytisch gespalten und daher durch Bariumkarbonat nicht gefällt werden. In der Hitze dagegen werden sie merklich hydrolytisch gespalten und dann auch durch Bariumkarbonat gefällt. Die dreiwertigen Metallsalze werden durch Wasser stark hydrolytisch dissoziert und deshalb durch Bariumkarbonat gefällt.

[3]) Siehe Anm. 2.

[4]) Die Methode läßt sich auch für Roheisen anwenden. Man nimmt eine Einwage von 10 g. Bei graphithaltigem Eisen muß man den Graphit möglichst vollständig verbrennen.

bis zum ruhigen Fließen[1]). Nach dem Erkalten behandelt man die Schmelze mit heißem Wasser, filtriert, wäscht den Rückstand mit heißem Wasser und verdampft das Filtrat zur Reduktion der Chromsäure nach dem Ansäuern mit Salzsäure und Zusatz von Alkohol zur Trockene[2]). Den Rückstand nimmt man mit wenig Salzsäure und Wasser auf, setzt einige Körnchen Kaliumchlorat hinzu und kocht[3]). Dann setzt man einige Tropfen Ammoniumphosphatlösung hinzu[4]) und fällt in der Siedehitze das Chrom durch Ammoniak[5]). Nach dem Auswaschen mit ammonnitrathaltigem heißen Wasser trocknet man das Chromhydroxyd und verfährt weiter, wie auf S. 150 angegeben ist.

Bestimmung des Vanadins[6]).

Fällung durch Mercuronitrat.

Das ammoniakalische Filtrat vom Chromhydroxyd neutralisiert man mit Salpetersäure[7]), setzt tropfenweise unter Umrühren eine möglichst neutrale kaltgesättigte Lösung von Mercuronitrat hinzu, bis nach dem Absitzen des grauen Niederschlages ein weiterer Tropfen des Fällungsmittels keine Fällung mehr gibt, neutralisiert mit Ammoniak, kocht auf, läßt den Niederschlag von Mercurovanadat absetzen und wäscht ihn mit Wasser aus, dem man auf je 100 ccm $^1/_{10}$ ccm kaltgesättigter Mercuronitratlösung zugesetzt hat, bis das Filtrat keine deutliche Natriumreaktion mehr gibt. Das Filter wird getrocknet und samt Niederschlag in einen Platintiegel gebracht. Den bedeckten Tiegel erhitzt man ganz allmählich (unter einem Abzug) und nimmt, wenn das Filter verkohlt ist, den Deckel ab. Dann erhitzt man anfangs mit kleiner Flamme weiter, bis die Filterkohle verascht ist, verstärkt nach und nach die Hitze und schmilzt bei Rotglut die Vanadinsäure. Nach dem Erkalten im Exsikkator wägt man das V_2O_5, das 55,92 % Vanadin enthält.

---

[1]) Siehe S. 25.

[2]) Die Chromsäure wird hierdurch schon in gelinder Wärme ohne Chlorentwicklung zu Chlorid reduziert. $K_2Cr_2O_7 + 3 C_2H_5OH + 8 HCl = 2 CrCl_3 + 2 KCl + 7 H_2O + 3 C_2H_4O$ (Aldehyd).

[3]) Um die durch das Eindampfen mit Salzsäure reduzierte Vanadinsäure wieder zu oxydieren.

[4]) Um zu verhindern, daß mit dem Chrom auch Vanadin gefällt wird.

[5]) Siehe Anm. 6 auf S. 149.

[6]) Über die Abscheidung des Vanadins als Sulfid bemerkt Treadwell: Kurzes Lehrbuch der analytischen Chemie, folgendes: „Die Abscheidung des Vanadins als Vanadinsulfid, durch Ansäuren einer mit überschüssigem Ammonsulfid versetzten Alkalivanadatlösung ist nicht statthaft, weil hierbei nur ein Teil des Vanadins als braunes Sulfid gefällt wird, während stets ein Teil als Vanadylsalz in Lösung bleibt. Schon H. Rose macht auf die Ungenauigkeit dieser Methode aufmerksam, was aber nicht hindert, daß sie sogar in einigen der allerneuesten Werke über analytische Chemie empfohlen wird. Ich habe die Methode gründlich probieren lassen und mich von ihrer gänzlichen Unbrauchbarkeit überzeugt."

[7]) Hierbei muß man sorgsam vermeiden, die Lösung sauer zu machen, weil durch die frei werdende salpetrige Säure (von der Sodasalpeterschmelze) die Vanadinsäure zu Vanadylsalz reduziert wird. Letzteres wird durch Mercuronitrat nicht gefällt. (Treadwell: Kurzes Lehrbuch der analytischen Chemie.)

Titration mit Ferrosulfat.

Siehe S. 145, Untersuchung des Vanadinstahls.

Die Gegenwart von Chrom stört bei dieser Methode nicht, da dasselbe als Chlorid vorhanden, auf das Ferrosulfat nicht einwirkt. (Siehe auch Untersuchung des Chromstahls und Vanadinstahls bzw. Ferrochroms und Ferrovanadins.)

Die Untersuchung des Chrom-Nickelstahls.

Bestimmung des Nickels.

Aus einer Einwage von 0,5—1 g Stahl bestimmt man das Nickel durch Fällung mit Dimethylglyoxim, wobei das Chrom nicht störend wirkt (siehe S. 136).

Bestimmung des Chroms.

Bei geringem Nickelgehalt des Stahls bestimmt man das Chrom, wie bei der Untersuchung des Chromstahls S. 138 beschrieben ist.

Bei höherem Nickelgehalt stört die grüne Farbe des Nickelsulfats trotz starker Verdünnung das Erkennen der Endreaktion. In diesem Fall verfährt man folgendermaßen.

Man löst 2—5 g unter Luftabschluß in Salzsäure, wie bei der Untersuchung des Chrom-Vanadinstahls S. 150 beschrieben ist und trennt, wie dort angegeben ist, Chrom von Eisen und Nickel durch Bariumkarbonat. Den Niederschlag filtriert man, wäscht mit kaltem Wasser aus, trocknet das Filter und verascht es im Platintiegel. Den Rückstand mengt man mit 5 Teilen Soda und 1 Teil Salpeter und schmilzt bis zum ruhigen Fließen[1]). Nach dem Erkalten behandelt man die Schmelze mit heißem Wasser, filtriert, wäscht den Rückstand mit heißem Wasser, säuert das Filtrat mit Schwefelsäure an, setzt Ferrosulfatlösung hinzu und titriert mit Permanganat, wie bei der Untersuchung des Chromstahls S. 138 beschrieben ist.

Die Untersuchung des Wolfram-Molybdänstahls.

Wesen der Methode. Man scheidet zuerst das Wolfram als Wolframsäure ab, trennt dann nach Auchy[2]) die Molybdänsäure durch Behandeln mit überschüssiger Natronlauge vom Eisen, reduziert die Molybdänsäure und titriert sie mit Permanganat. Oder man fällt das Molybdän als Sulfid aus und führt dieses durch Glühen in Trioxyd über.

Ausführung.

Bestimmung des Wolframs,

Man löst in einer flachen Porzellanschale 1,5—2 g Stahl in 20 bis 25 ccm Salpetersäure (spez. Gewicht 1,2), dampft zur Trockene, nimmt

---

¹) Siehe S. 25.
²) Journ. Americ. Chem. Soc. 1902. 24. 273; 1903. 25. 215; 1905. 27. 1240.

den Rückstand mit 20 ccm Salzsäure (spez. Gewicht 1,19) auf, dampft nochmals zur Trockene und verfährt zur Abscheidung der Wolframsäure, wie auf S. 140 angegeben ist.

Bestimmung des Molybdäns.

Im Filtrat von der Wolframsäure bestimmt man das Molybdän wie im Molybdänstahl, durch Titration mit Permanganat. (Siehe S. 144.) Oder man fällt es als Sulfid aus. (Siehe S. 148.)

Die Untersuchung des Chrom-Wolfram-Molybdänstahls.

Wesen der Methode. Man scheidet zuerst das Wolfram als Wolframsäure ab, dann das Molybdän als Sulfid und bestimmt zuletzt das Chrom, nach Entfernung des Eisens durch Äther, maßanalytisch.

Ausführung.

Bestimmung des Wolframs.

Man löst 2 g Stahl in einer flachen Porzellanschale in 10 ccm Salzsäure (spez. Gewicht 1,124) und scheidet die Wolframsäure wie bei der Untersuchung des Nickel-Wolfram-Stahls ab. (Siehe S. 146.)

Bestimmung des Molybdäns.

Im Filtrat von der Wolframsäure scheidet man das Molybdän als Sulfid ab. (Siehe Chrom-Molybdän-Stahl S. 148.)

Bestimmung des Chroms.

Im Filtrat vom Molybdänsulfid bestimmt man das Chrom maßanalytisch, wie bei der Untersuchung des Chrom-Molybdän-Stahls (S. 149) beschrieben ist.

Die Untersuchung des Chrom-Vanadin-Molybdänstahls.

Wesen der Methode. Aus der salzsauren Lösung fällt man das Molybdän als Sulfid, trennt nach Fortkochen des Schwefelwasserstoffs Chrom und Vanadin durch Bariumkarbonat von Eisen und Mangan. Chrom und Vanadin trennt man nach Zusatz von Ammoniumphosphat durch Ammoniak, bestimmt das Chrom maßanalytisch und fällt das Vanadin durch Mercuronitrat oder bestimmt es titrimetrisch.

Ausführung. Man löst in einem Becherglas 2 g Stahl in 10 ccm Salzsäure (spez. Gewicht 1,124), setzt zur Vertreibung der Kieselsäure wenige Tropfen Flußsäure hinzu und fällt das Molybdän als Sulfid in einer Druckflasche, wie auf S. 148 angegeben ist.

Das Filtrat vom Molybdänsulfid kocht man zur Vertreibung des Schwefelwasserstoffs, filtriert den ausgeschiedenen Schwefel ab, fällt Chrom und Vanadin durch Bariumkarbonat und verfährt, wie auf S. 150 angegeben ist.

Die Untersuchung der Schlacken.

Das Lösen.

Je nachdem die Schlacken durch Behandeln mit Salzsäure vollkommen oder nur teilweise aufgeschlossen werden können, schlägt man zwei verschiedene Wege ein.

Stark basische Schlacken, die von Salzsäure zersetzt werden, behandelt man in einer flachen Porzellanschale mit Salzsäure vom spez. Gewicht 1,19 und scheidet nach dem bei der Untersuchung der Erze angegebenen Verfahren die Kieselsäure ab. Im Filtrat von der Kieselsäure bestimmt man dann die einzelnen Körper, wie bei der Erzuntersuchung beschrieben ist.

Schlacken, die durch Behandeln mit Salzsäure nicht vollkommen zersetzt werden, muß man durch Schmelzen mit Kaliumnatriumkarbonat aufschließen, um die auf diese Weise an Basen angereicherte Substanz durch Salzsäure zersetzen zu können.

Nach dem Erkalten weicht man den Schmelzkuchen mit Wasser auf, fügt Salzsäure im Überschuß hinzu und scheidet durch Eindampfen die Kieselsäure ab.

In manchen Fällen behandelt man die Schlacken zuerst mit Salzsäure, filtriert und schließt den ausgewaschenen Rückstand durch Schmelzen mit Kaliumnatriumkarbonat auf.

Ist eine Bestimmung der Kieselsäure nicht erforderlich, so behandelt man die Schlacken nach dem Durchfeuchten mit Schwefelsäure mit Flußsäure und entfernt auf diese Weise die Kieselsäure. Dann verjagt man die Flußsäure durch Eindampfen und bestimmt die einzelnen Körper nach den üblichen Methoden.

Die qualitative Untersuchung.

Diese wird so vorgenommen, wie bei der Untersuchung der Erze beschrieben ist. Die Untersuchung gestaltet sich aber insofern wesentlich einfacher als bei der Erzuntersuchung, weil manche Körper, z. B. Blei, Kupfer, Zink, Arsen, Antimon, Nickel und Kobalt, gar nicht oder nur in so geringen Mengen vorkommen, daß sie bei der Untersuchung unberücksichtigt bleiben können. In allen Fällen enthalten die Schlacken als Hauptbestandteile Kieselsäure, Eisenoxydul, auch Eisenoxyd (Frischfeuer- und Schweißschlacken), ferner in größeren oder geringeren Mengen Tonerde, Manganoxydul, Kalk, Magnesia und Alkalien. Schwefel kommt meistens als Sulfid vor. Basische Schlacken, die längere Zeit an der Luft gelegen haben, enthalten Schwefel auch als Sulfat. Phosphorsäure findet sich in Hochofenschlacken selten in größerer Menge vor, dagegen reichlich in basischen Martin-, Puddel- und Schweißschlacken. In großen Mengen in Thomasschlacken. In seltenen Fällen enthalten die Schlacken Barium, Strontium, Titan, Chrom und Vanadin.

Die quantitative Untersuchung.

Bestimmung des Eisens.

Eine Bestimmung des Eisens allein, ohne daß auch die übrigen Körper bestimmt werden, kommt nur bei eisenreichen Schlacken, die für den Hochofenbetrieb Verwendung finden, vor (Puddel-, Frischfeuer- und Schweißofenschlacken).

Ausführung. In einem Erlenmeyerkolben erhitzt man 0,5—1 g Schlacke mit 10—15 ccm Salzsäure (spez. Gewicht 1,19), bis ein ungefärbter Rückstand hinterbleibt, und bestimmt das Eisen durch Titration mit Permanganat nach der Reinhardschen Methode (S. 13).

Hinterbleibt nach längerer Einwirkung der Säure ein gefärbter Rückstand, so setzt man einige Tropfen Flußsäure hinzu und kocht einige Zeit (siehe S. 5, Anm. 2).

Erreicht man auch hierdurch nicht die beabsichtigte Wirkung, so filtriert man die Lösung, wäscht den Rückstand salzsäurefrei, verascht das Filter in einem Platintiegel und schließt den Rückstand durch Schmelzen mit der 5—6fachen Menge Kaliumnatriumkarbonat auf[1]). Die erkaltete Masse[2]) weicht man in einer Porzellanschale bis zum vollständigen Zerfall mit heißem Wasser auf[3]), gibt Salzsäure bis zur deutlich sauren Reaktion hinzu und vereint die Lösung mit dem salzsauren Filtrat.

Die Bestimmung des Mangans.

In einigen Schlacken (Hochofenschlacken von der Spiegeleisen- und Ferromangandarstellung, Bessemer-, Kupolofen- und Mischerschlacken) wird oftmals das Mangan allein bestimmt, ohne daß eine Gesamtuntersuchung der betreffenden Schlacke erforderlich ist. Diese Schlacken können bis zu 30% Mangan enthalten.

Ausführung. In einem Erlenmeyerkolben löst man 1—2 g Schlacke in 15—25 ccm Salzsäure (spez. Gewicht 1,19), oxydiert das Eisen durch Hinzufügen einer kleinen Menge von Kaliumchlorat (etwa 0,1 g) und kocht, bis der Geruch nach Chlor verschwunden ist. Nachdem man sich von der vollständigen Oxydation des Eisens überzeugt hat, spült man die Lösung in einen 500-ccm-Meßkolben und bestimmt in einem Teil das Mangan nach der Methode von Volhard-Wolff (S. 14).

Die Bestimmung des Schwefels.

In allen frischen Schlacken ist der Schwefel als Sulfid enthalten und kann durch Behandeln der Schlacke mit Salzsäure in Schwefel-

---

[1]) Siehe S. 25.

[2]) Die Schmelze läßt sich leicht durch Drücken des Tiegels entfernen, wenn man denselben noch rotwarm auf eine kalte Eisenplatte (Amboß oder Hammer) stellt und dort erkalten läßt.

[3]) Man darf nicht sogleich Salzsäure zusetzen. Durch die Säure würde die äußere Schicht des Schmelzkuchens zersetzt werden und die sich ausscheidende Kieselsäure würde das Innere vor dem Angriff der Säure schützen.

wasserstoff übergeführt werden, sofern die betreffende Schlacke durch Salzsäure vollkommen zersetzbar ist. Den entweichenden Schwefelwasserstoff leitet man in Kadmiumazetatlösung und bestimmt den Schwefel entweder nach der Methode von Schulte (S. 102) oder titrimetrisch mit Jodlösung (S. 107).

Haben aber die Schlacken längere Zeit an der Luft gelagert, so ist ein Teil des Sulfids in Sulfat übergegangen, und die Bestimmung nach der oben beschriebenen Methode fällt zu niedrig aus. In solchen Fällen muß man die Probe durch Schmelzen aufschließen und die in der Lösung befindliche Schwefelsäure durch Chlorbarium fällen.

Fällung als Schwefelkadmium.

Hierzu benutzt man den auf S. 102 angegebenen Apparat. Die als Vorlage dienenden Erlenmeyerkolben wählt man etwas größer, weil größere Mengen von Schwefelkadmium zu erwarten sind. Man nimmt Kolben von ungefähr 150—200 ccm Inhalt und beschickt sie mit je 50 ccm Kadmiumazetatlösung. Für die Untersuchung verwendet man von Kokshochofenschlacken 1—2 g, von anderen Schlacken 3—5 g.

Ausführung. Man bringt die möglichst fein gepulverte Schlacke in den Kolben, übergießt mit 30—40 ccm Wasser, leitet 5 Minuten lang Kohlensäure durch den Apparat und erhitzt zum Sieden. Hiermit bezweckt man, daß die Schlacke sich nicht an den Boden fest ansetzt, sondern in der Flüssigkeit suspendiert bleibt. Nun erst läßt man 25 bis 100 ccm Salzsäure (spez. Gewicht 1,124) einfließen und verfährt wie bei der Schwefelbestimmung im Eisen (S. 102).

Fällung als Bariumsulfat.

In einem Platintiegel mengt man 2—3 g fein gepulverte Schlacke mit der doppelten Menge Natriumkarbonat[1]) und 0,5 g Salpeter und erhitzt 20 Minuten lang auf mäßige Rotglut. Damit von den Verbrennungsgasen kein Schwefel in den Tiegel gelangen kann, stellt man den Tiegel in die kreisrunde Öffnung einer etwas schräg gestellten Asbestplatte[2]). Die erkaltete Masse bringt man in eine flache Porzellanschale, übergießt mit heißem Wasser und erwärmt die bedeckte Schale mäßig, bis die Schmelze vollkommen zerfallen ist. Sollte die Flüssigkeit durch Manganat grün gefärbt sein, so setzt man zur Reduktion desselben einige Tropfen Alkohol hinzu. Dann filtriert man und wäscht den Rückstand mit heißem Wasser aus. Das Filtrat dampft man zur Abscheidung der Kieselsäure zur Trockene[3]). Den Rückstand nimmt man mit 5 ccm Salzsäure (spez. Gewicht 1,124) und 50 ccm Wasser auf, erwärmt kurze Zeit auf dem Wasserbad[4]) und filtriert die Kieselsäure. Das Filtrat verdünnt man auf 150—200 ccm und fällt die Schwefelsäure als Bariumsulfat aus (S. 22).

---

[1]) Frei von Sulfat.
[2]) Pufahl in Lunge-Berl: Chemisch-technische Untersuchungsmethoden, II. Bd., 7. Aufl. Berlin: Julius Springer 1922.
[3]) Siehe S. 24.   [4]) Siehe S. 24, Anm. 2.

Die Bestimmung des Phosphors.

In einer Porzellanschale übergießt man 2—5 g Schlacke mit 30 bis 75 ccm Salzsäure (spez. Gewicht 1,19), dampft nach vollständiger Zersetzung zur Trockene und scheidet die Kieselsäure ab[1]. Den Rückstand nimmt man mit 5 ccm Salzsäure auf und oxydiert das Eisen mit Salpetersäure, dampft noch einmal mit 25 ccm Salpetersäure ein, filtriert, wäscht die Kieselsäure mit Wasser aus und fällt im Filtrat die Phosphorsäure mit Molybdänlösung (S. 15).

Bei phosphorsäurereichen Schlacken verwendet man nur einen Teil des Filtrates zur Fällung.

Bestimmung der Gesamtphosphorsäure in Thomasschlacken.
(Methode Wagner.)

In einem vollkommen trockenen[2] Erlenmeyerkolben von 200 ccm Inhalt übergießt man 5 g mit wenig Wasser durchfeuchtete Schlacke mit 25 ccm konzentrierter Schwefelsäure, schwenkt den Kolben tüchtig, um ein Anhaften am Boden des Kolbens zu vermeiden und erhitzt unter öfterem Umschütteln schwach auf einem Asbestdrahtnetz. Man hört mit dem Erhitzen auf, sobald die Masse dick wird, eine gelblichweiße Farbe annimmt, und Dämpfe von Schwefelsäure entweichen. Darauf läßt man vollständig erkalten und fügt aus einer Spritzflasche vorsichtig unter fortwährendem Umschütteln etwa 30 ccm kaltes Wasser hinzu. Hierbei erhitzt sich die Flüssigkeit stark. Man läßt erkalten und spritzt den Inhalt des Kolbens in einen 250 ccm Meßkolben, auf den man einen Trichter gesetzt hat. Dann füllt man den Meßkolben zu $^3/_4$ mit Wasser an, schwenkt um, läßt unter der Wasserleitung vollständig erkalten und füllt mit Wasser bis zur Marke auf. Nach gutem Durchmischen filtriert man durch ein trockenes Faltenfilter von 18 cm Durchmesser[3] in ein trockenes Becherglas von ½ Liter Inhalt.

Da die ersten Kubikzentimeter meistens trübe durchlaufen, vertausche man das Becherglas, wenn das Filtrat klar ist, mit einem anderen trockenen Glase.

Von dem vollkommen klaren, grün gefärbten Filtrat entnimmt man mit einer Pipette 50 ccm (= 1 g Einwage), bringt sie in ein Becherglas von 250 ccm Inhalt, gibt genau 100 ccm Ammoniumzitratlösung[4] hinzu und rührt mit einem, mit einem Stück Gummischlauch überzogenen Glasstab tüchtig um. Darauf setzt man weiter unter gutem Umrühren

---

[1] Siehe S. 23.
[2] Um ein Anhaften der Schlacke an den Wänden zu verhüten.
[3] Max Dreverhoff-Dresden Nr. 259.
[4] 500 g Zitronensäure gelöst in einem Gemisch von 2,8 Liter Wasser und 2,2 Liter Ammoniak (spez. Gewicht 0,91). Die Zitronensäure verhindert das Mitfallen von Eisen und Tonerde.

genau 35 ccm Magnesiamischung[1]) hinzu, rührt weiter, bis der Niederschlag sich bildet, und läßt 45 Minuten stehen. Nach dieser Zeit filtriert man den Niederschlag durch ein Filter von 7 cm Durchmesser[2]) und wäscht den Niederschlag mindestens zwölfmal mit ammoniakhaltigem Wasser[3]) und zuletzt zweimal mit Alkohol.

Nach dem Trocknen wird das Filter in einem Porzellantiegel verascht und der Rückstand ($Mg_2P_2O_7$) gewogen. Er enthält 63,79 % P_2O_5.

Sollte der Glührückstand nicht durch und durch weiß sein, so befeuchtet man ihn nach dem Erkalten mit einigen Tropfen 10 %iger Ammoniumnitratlösung, trocknet auf dem Wasserbad und glüht wieder.

Bestimmung der „zitronensäurelöslichen Phosphorsäure" im Thomasmehl[4]).

Durch Düngeversuche mit Thomasmehlen verschiedenen Ursprungs, die von verschiedenen Versuchsstationen, namentlich von Wagner in Darmstadt, ausgeführt wurden, war nachgewiesen worden, daß die alte Grundlage, auf der der Handel mit Thomasmehl stattfand, eine unvollkommene war, und daß es daher empfehlenswerter erschien, das Thomasmehl nicht mehr ausschließlich nach seinem Gehalt an Gesamtphosphorsäure und Feinmehl zu bewerten, sondern auch den Löslichkeitsgrad zu berücksichtigen.

Auf Grund seiner Versuche arbeitete daher Wagner eine analytische Methode (Behandlung der Thomasmehle mit saurer Ammonzitratlösung) aus, die geeignet war, die relative Löslichkeit der Thomasmehle und damit ihren relativen Wirkungswert zu ermitteln. Die Methode Wagners wurde durch den Verband der landwirtschaftlichen Versuchsstationen im Deutschen Reich eingehend geprüft und darauf beschlossen, vom 1. Juli 1895 ab das Thomasmehl auf Grund seines Gehaltes an „zitratlöslicher Phosphorsäure" im Handel zu bewerten und von einer Ermittelung des Gesamtgehaltes an Phosphorsäure sowie des Feinmehlgehaltes abzusehen.

Später hatte Wagner festgestellt, daß die Zusammensetzung der im Handel vorkommenden Thomasmehle eine andere geworden war, indem der Gehalt an Kalk und Kieselsäure bzw. der Gehalt an leicht zersetzbarem Kalksilikat vielfach sich vergrößert hat, und daß infolgedessen die Ergebnisse der von ihm vorgeschlagenen Bestimmungsmethode der „zitratlöslichen Phosphorsäure" sich nicht mehr deckten mit dem durch Gefäßdüngungsversuche festgestellten relativen Wir-

---

[1]) 500 g Magnesium-Ammoniumchlorid (oder 220 g Magnesiumchlorid und 280 g Ammoniumchlorid) werden in einem Gemisch von 1 Liter verdünntem Ammoniak (1 Teil vom spez. Gewicht 0,91 mit 1 Teil Wasser verdünnt) und 1 Liter Wasser gelöst. Nötigenfalls filtrieren.

[2]) Schleicher und Schüll, Schwarzband Nr. 589.

[3]) 100 ccm Ammoniak (spez. Gewicht 0,91) mit 1 Liter Wasser verdünnt.

[4]) Aus Lunge-Berl: Chemisch-technische Untersuchungsmethoden. 7. Aufl. Berlin: Jul. Springer 1922. Bearbeitet von Prof. Dr. Böttcher in Leipzig-Möckern.

kungswerte der Thomasmehle. Er schlug daher vor, anstatt der Ammoniumzitratlösung eine 2%ige Zitronensäurelösung zum Lösen der Thomasmehlphosphorsäure zu benutzen und die „zitronensäurelösliche Phosphorsäure" im Thomasmehl nach folgender Methode (Bewertung der Thomasmehle nach ihrem Gehalt an löslicher Phosphorsäure) zu bestimmen, weil die nach dieser erhaltenen Resultate eine bessere Übereinstimmung zwischen Löslichkeit und Wirkungswert aufweisen als die bei Verwendung der alten Lösung erhaltenen.

„5 g Thomasmehl bringt man in eine Halbliterflasche, in die man zuvor 5 ccm Alkohol gegossen hat[1]), und füllt mit 2%iger Zitronensäurelösung, deren Temperatur 17,5° C beträgt, bis zur Marke auf. Die Flasche wird mit einem Kautschukstopfen verschlossen und ohne Verzug 30 Minuten lang in einem Rotierapparat (Abb. 25) gebracht, der sich 30—40mal in der Minute um seine Achse dreht. Die Mischung wird dann sofort filtriert."

Im Filtrat wird die Phosphorsäure nach der Molybdänmethode oder nach der Zitratmethode oder der Wagnerschen Methode bestimmt.

Die Molybdänmethode.

Diese Methode ist wie folgt auszuführen. 50 ccm des Filtrats werden in ein Becherglas gebracht und mit 80—100 ccm Molybdänlösung versetzt. Hierauf wird die Mischung durch Einstellen in ein Wasserbad auf etwa 65° erwärmt. Das Becherglas wird nach 10 Minuten aus dem Wasserbad genommen, zur Seite gestellt und erkalten gelassen. Nach dem Erkalten wird filtriert, der gelbe Niederschlag mit 1%iger Salpetersäure sorgfältig ausgewaschen[2]) und in ca. 100 ccm ungewärmtem 2%igen Ammoniak gelöst. Die ammoniakalische Lösung wird unter Eintröpfeln und beständigem Umrühren mit 15 ccm Magnesiamischung versetzt, das Becherglas mit einer Glasscheibe bedeckt und ca. 2 Stunden zur Seite gestellt.

Die phosphorsaure Ammoniakmagnesia wird dann, falls nicht der Gooch-Tiegel in Anwendung kommt, auf einem Filter von bekanntem Aschengehalt gesammelt, mit 2%igem Ammoniak ausgewaschen, getrocknet, über einem Bunsenbrenner bis zur vollständigen Veraschung der Filterkohle (30—40 Minuten) und schließlich noch 2 Minuten im Heraeus-Tiegel-Ofen geglüht, im Exsikkator erkalten gelassen und gewogen.

Es ist Bedingung, daß der gelbe Niederschlag sich in dem ungewärmten 2%igen Ammoniak schnell und vollkommen klar löse. Wird die Lösung erst nach längerem Stehen klar[3]), so ist wie folgt zu verfahren. Man fällt die ammoniakalische Lösung mit Magnesiamischung (wie oben), sammelt den Niederschlag auf einem Filter, setzt das Becherglas unter den Trichter, wäscht das Filter mit ca. 100 ccm halbprozentiger

---

[1]) Um ein Anhaften am Glase zu verhindern.
[2]) Bis mit Tanninlösung (1 Teil Tannin in 300 Teilen Wasser gelöst) keine Reaktion auf Molybdän (Gelbfärbung) mehr zu bemerken ist.
[3]) Dies tritt ein, wenn der Molybdänniederschlag mit Kieselsäure verunreinigt ist.

Salzsäure aus und fügt dem Filtrat unter Eintröpfeln und beständigem Umrühren 20 ccm einer Mischung aus 1 Teil Magnesiamischung und 2 Teilen 20%igem Ammoniak zu. Die weitere Behandlung ist dann wie oben vorzunehmen.

Darstellung der Lösungen nach Wagner.

1. Konzentrierte Zitronensäurelösung.

Genau 1 kg chemisch reine, kristallisierte unverwitterte Zitronensäure wird in Wasser gelöst und die Lösung auf genau 10 Liter verdünnt. Dieser Lösung werden 5 g Salizylsäure zur Haltbarmachung beigefügt.

2. Verdünnte Zitronensäurelösung (2%ig). Genau 1 Volumteil konzentrierte Zitronensäurelösung (1) wird mit 4 Volumteilen Wasser verdünnt.

3. Molybdänlösung. Die Molybdänlösung kann nach einer der folgenden Vorschriften bereitet werden.

125 g reine Molybdänsäure werden in einen Literkolben gebracht, mit ca. 100 ccm Wasser aufgeschlämmt und unter Zufügen von ca. 300 ccm 8%igem Ammoniak gelöst. Die Lösung wird mit 400 g Ammoniumnitrat versetzt, bis zur Marke mit Wasser aufgefüllt und in 1 Liter Salpetersäure vom spez. Gewicht 1,19 gegossen[1]). Die Mischung wird 24 Stunden bei ca. 35° C stehengelassen und filtriert.

Oder: 150 g chemisch reines molybdänsaures Ammonium werden in eine Literflasche gebracht und in Wasser gelöst. Die Lösung wird mit 400 g Ammoniumnitrat versetzt, bis zur Marke mit Wasser aufgefüllt und in 1 Liter Salpetersäure vom spez. Gewicht 1,19 gegossen. Die Mischung wird 24 Stunden bei ca. 35° C stehengelassen und filtriert.

4. Magnesiamischung. 110 g kristallisiertes reines Magnesiumchlorid und 140 g Ammoniumchlorid werden mit 700 ccm Ammoniakflüssigkeit (von 8% NH_3) und 1300 ccm Wasser übergossen. Nach mehrtägigem Stehen wird die Lösung filtriert.

5. Zitrathaltige Magnesiamischung. 200 g Zitronensäure werden in 20%igem Ammoniak gelöst und mit 20%igem Ammoniak bis zu 1 Liter aufgefüllt. Diese Lösung wird mit 1 Liter Magnesiamischung versetzt.

Die Zitratmethode.

In der zitronensauren Phosphatlösung kann die Phosphorsäure viel schneller und bequemer durch direkte Fällung mit gewöhnlicher Zitratlösung und Magnesiamischung bestimmt werden, da die früheren Angaben Wagners, daß die direkte Ausfällung der Phosphorsäure mit Magnesiamischung zu hohe Zahlen liefere, sobald der Kieselsäuregehalt der Lösung eine gewisse Grenze überschreite, sich nicht bestätigten. Böttcher fand[2]), daß man die „zitronensäurelösliche Phosphorsäure" nach der gewöhnlichen Zitratmethode richtig bestimmen kann, und zwar ohne jede Modifikation, nur muß man die Fällung in der frisch bereiteten Lösung vornehmen, nach dem Fällen mit Zitratlösung und Magnesiamischung sofort ausschütteln und nach dem Ausschütteln so-

---

[1]) Siehe S. 173, Anm. 1.　　　　[2]) Chemiker-Zeit. 21, 168, 783, 993; 1897.

fort filtrieren. Böttcher hat daher folgendes einfaches Verfahren vorgeschlagen, das auch von dem Verband der landwirtschaftlichen Versuchsstationen im Deutschen Reich geprüft und als Verbandsmethode
angenommen worden ist.

50 ccm der nach Wagners Vorschrift frisch bereiteten zitronen-
sauren Lösung werden mit 50 ccm gewöhnlicher Zitratlösung und 25 ccm
Magnesiamischung versetzt, hierauf sofort 30 Minuten in einem Schüttel-
apparat geschüttelt und möglichst bald durch den Gooch-Tiegel filtriert.
Nach dem Auswaschen mit verdünntem Ammoniak (5 %ig) wird der
Niederschlag getrocknet und wie gewöhnlich geglüht usw.

Darstellung der Lösungen für die Zitratmethode.

1. Zitratlösung. 1100 g reinste Zitronensäure werden in Wasser
gelöst mit 4000 ccm 24%igem Ammoniak versetzt und auf 10000 ccm
aufgefüllt.

2. Magnesiamischung. 550 g Chlormagnesium, 1050 g Chlorammonium werden in 6500 ccm Wasser und 3500 ccm 24 %igem Ammoniak gelöst.

Wagner[1]) hat eine Fällung mit zitrathaltiger Magnesiamischung
(S. 160 Nr. 5) vorgeschlagen, worauf der Niederschlag nach 30 Minuten
oder nach 2 Stunden filtriert werden kann. Man verfährt folgendermaßen:

50 ccm zitronensaure Phosphatlösung werden mit 50 ccm zitrathaltiger Magnesiamischung versetzt und 30 Minuten geschüttelt oder
gerührt und dann der Niederschlag filtriert. Oder man läßt die Fällung
2 Stunden stehen und filtriert dann.

Trotz der Beobachtungen von Böttcher (S. 160) nehmen viele
Laboratorien darauf Rücksicht, ob viel oder wenig Kieselsäure in der
zitronensauren Phosphatlösung vorhanden ist und schlagen demnach
zwei verschiedene Wege ein.

Um über die Menge der gelösten Kieselsäure ein Urteil zu gewinnen,
verfährt man nach Kellner[2]) folgendermaßen:

50 ccm der zitronensauren Phosphatlösung versetzt man mit
50 ccm ammoniakalischer Zitratlösung[3]), kocht ungefähr 1 Minute lang
und stellt die Lösung 5—10 Minuten beiseite. Scheidet sich nach dieser
Zeit ein in Salzsäure nicht vollständig auflösbarer Niederschlag aus,
so scheidet man vor der Fällung der Phosphorsäure die Kieselsäure ab.
Man verfährt folgendermaßen:

100 ccm der zitronensauren Phosphatlösung werden in einer halbkugelförmigen Porzellanschale unter Zusatz von 7,5 ccm Salzsäure
(spez. Gewicht 1,124) auf dem Wasserbad, bis zu einem nicht mehr
nach Salzsäure riechenden Sirup eingedampft. Der Rückstand wird
noch heiß mit 1,5—2 ccm Salzsäure (spez. Gewicht 1,124) gut verrührt und in so viel Wasser gelöst, als zum Auffüllen in einem 100-ccm-

---

[1]) Chemiker-Zeit. 21; 905. 1897.   [2]) Chemiker-Zeit. 1902, S. 1151.
[3]) 200 g Zitronensäure werden in 20%igem Ammoniak gelöst und mit
20%igem Ammoniak bis zu 1 Liter aufgefüllt. Siehe S. 160, Nr. 5.

Meßkolben nötig ist. Die Lösung wird nach gutem Umschwenken durch ein trockenes Filter gegossen und in 50 ccm von dem Filtrat die Phosphorsäure mit 50 ccm zitrathaltiger Magnesiamischung (S. 160 Nr. 5) gefällt.

Zeigt die Kellnersche Reaktion aber, daß Kieselsäure in störender Menge nicht vorhanden ist, so fällt man in der zitronensauren Phosphatlösung die Phosphorsäure unmittelbar mit zitrathaltiger Magnesiamischung (S. 160 Nr. 5), indem man 50 ccm der zitronensauren Phosphatlösung mit 50 ccm zitrathaltiger Magnesiamischung versetzt und nach der Vorschrift von Wagner verfährt (S. 157).

Bemerkung zu der vorstehenden Methode[1]).

1. Es ist unbedingt nötig, daß die Zitronensäurelösung, mit der das Thomasmehl behandelt wird, auf das genaueste den vorgeschriebenen Gehalt, also 20 g chemisch reine, kristallisierte, unverwitterte Zitronensäure, im Liter aufweisen muß.

2. Die anzuwendende Zitronensäurelösung soll möglichst genau von mittlerer Zimmertemperatur (17,5° C) sein. Abweichungen von dieser Temperatur bewirken Fehler. Der Rotierapparat muß daher in einem Zimmer von annähernd gleicher Lufttemperatur aufgestellt sein. Größere Abweichungen der Zimmertemperatur sind dadurch unschädlich zu machen, daß man über die Halbliterflaschen Blechhülsen schiebt, die mit Filz ausgekleidet sind.

3. Beim Übergießen der 5 g Thomasmehl mit 500 ccm Zitronensäurelösung bemerkt man mitunter, daß kleine Zusammenballungen des Thomasmehles entstehen, die der Durchnetzung sich längere Zeit entziehen und am Boden der Flasche festhaften. Wiewohl diese Erscheinung selten auftritt, so ist derselben doch Beachtung zu schenken, und, um einem dadurch entstehenden Fehler für jeden Fall sicher zu entgehen, werden in den Halbliterkolben 5 ccm Alkohol gegossen, ehe das Thomasmehl eingebracht wird. Auch ist es ratsam, nach dem Zufügen eines Teiles der Zitronensäure (200—300 ccm) erst einmal umzuschütteln, damit sich am Boden nichts festsetzt.

4. Es hat sich als unstatthaft erwiesen, anstatt des vorgeschriebenen Rotierapparates von Ehrhardt und Metzger in Darmstadt (Abb. 25) einen Schüttelapparat zu verwenden. Die Schüttelapparate sind nicht überall von gleicher Konstruktion und arbeiten nicht überall mit gleicher Stärke, so daß die Ergebnisse der Zitratanalyse untereinander differieren.

5. Der Rotierapparat hat in der Minute nicht mehr als 40 und nicht weniger als 30 Umdrehungen zu machen, und die Dauer der Operation ist genau auf eine halbe Stunde zu bemessen. Nach Verlauf derselben ist sofort abzufiltrieren, da längeres Stehenbleiben einen Fehler der Analyse nach oben oder unten bewirken kann.

6. Die Filtration muß möglichst beschleunigt werden, und man verwendet zweckmäßig ein so großes Faltenfilter, daß sogleich die ganze Flüssigkeitsmenge nach dem Absetzen des ungelöst gebliebenen

---

[1]) Da diese Methode ganz konventionell ist, halte man sich genau an die gegebenen Vorschriften.

Rückstandes auf das Filter gebracht werden kann. Kleine und schlecht funktionierende Filter können infolge zu sehr verzögerter Filtration zu einer Fehlerquelle werden. Filtriert die Flüssigkeit anfangs trübe, so ist sie auf das Filter zurückzugießen, bis ein vollkommen klares Filtrat entsteht. Ein häufiges Zurückgießen und eine hierdurch bedingte längere Dauer des Filtrierens ist unzulässig. Man muß ein Filtrierpapier von bester Beschaffenheit verwenden, wie solches von Ehrhardt und Metzger in Darmstadt für diesen Zweck geliefert wird.

7. Es ist sorgfältig darauf zu achten, daß die zur Herstellung der Molybdänlösung verwendete Molybdänsäure bzw. das molybdänsaure

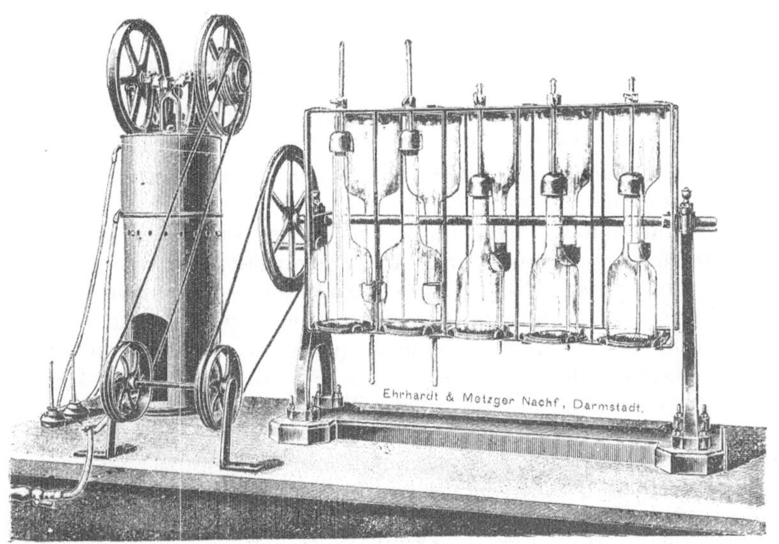

Abb. 25.

Ammon absolut rein sind. Das Ammonium molybdic. purissim. pro analysi von E. Merck in Darmstadt hat sich bisher als tadellos erwiesen.

8. Die Mischung aus dem zitronensauren Auszug und der Molybdänlösung ist aus dem Wasserbade zu nehmen, wenn sie die vorgeschriebene Temperatur von 65° C erreicht hat. Dehnt man die Digestionsdauer erheblich aus, so kann eine Verunreinigung des Niederschlages mit Kieselsäure entstehen, besonders dann, wenn der zitronensaure Auszug nicht im frischen Zustand, sondern erst nach 6- oder 12 stündigem Stehen mit Molybdänlösung versetzt wurde.

9. Eine Verunreinigung des Molybdänniederschlages mit Kieselsäure erkennt man an der langsam erfolgenden Auflösung desselben in Ammoniak und dem Entstehen einer nicht vollkommen klaren oder erst langsam sich klärenden Lösung. Ist dies der Fall, so ist — wie oben angegeben — der Magnesianiederschlag nochmals zu fällen.

10. Der zitronensaure Auszug des Thomasmehles verändert sich bei längerem Stehen äußerlich nicht oder nur wenig und hält sich tage-

11*

lang entweder vollkommen klar oder trübt sich etwas, ohne einen Niederschlag entstehen zu lassen. Trotzdem geht aber eine für die Anwendung der direkten Fällungsmethode bedeutungsvolle Veränderung in ihm vor, die darin besteht, daß die in dem Auszug übergegangene Kieselsäure in einen durch Zusatz von Ammoniak bzw. ammoniakalischer Zitratlösung fällbaren Zustand übergeht. Die Fällbarkeit der Kieselsäure steigert sich von Stunde zu Stunde. Es ist daher notwendig, den filtrierten Auszug möglichst sofort auszufällen.

Die Fällbarkeit der Kieselsäure wird durch die Wärme erheblich vermehrt; das Ausrühren oder Ausschütteln ist daher in einem kühlen Raum vorzunehmen.

Bestimmung des Eisenoxyduls.

In basischen, säurelöslichen Schlacken bestimmt man das Eisenoxydul wie in Erzen (S. 39).

Saure, in Säure nicht vollständig lösliche Schlacken müssen aufgeschlossen werden.

Zum Aufschließen darf Flußsäure nicht verwendet werden, weil diese fast immer organische Substanzen enthält, die reduzierend auf Kaliumpermanganat wirken. Man verwendet hierzu nach Finkener das leicht rein zu erhaltende Fluorammonium oder Fluorkalium.

Die sehr fein gepulverte Schlacke (0,5 g) übergießt man zunächst in einer Platinschale mit Wasser und setzt dann etwa 3—4 g Fluorammonium oder Fluorkalium hinzu. Man wartet, bis das Fluorammonium gelöst ist, was man durch gelindes Erwärmen beschleunigen kann. Darauf setzt man 25—30 ccm Schwefelsäure (1:1) hinzu und erhitzt die Schale auf einem Drahtnetz unter Umrühren mit einem Platinspatel, bis die Substanz zersetzt ist[1]). Dann stellt man die Schale in kaltes Wasser, verdünnt nach dem Abkühlen mit Wasser und titriert das schwefelsaure Eisenoxydul mit Kaliumpermanganat (S. 13)[2]).

Bestimmung von metallischem Eisen neben Eisenoxyd und Eisenoxydul.

Sofern die Schlacken unmagnetisch sind, wie Hochofen-, Thomas- und Bessemerschlacken, läßt sich das metallische Eisen mit einem Magnet entfernen. Anders bei magnetischem Material, wie Frischfeuer-

---

[1]) Unter einem gut ziehenden Abzug.

[2]) Ein Zusatz von Phosphorsäure, um die Gelbfärbung der Lösung durch nach und nach entstehendes Ferrisulfat zu zerstören, ist in diesem Fall überflüssig, weil Eisenfluorid ebenfalls farblos ist. Nach Dittrich (Ber. über die Versammlungen des oberrheinischen geol. Vereins 1910, S. 92) wirkt Mangan bei Gegenwart von Flußsäure störend auf die Eisentitration. Diese störende Wirkung läßt sich durch Zusatz von 1—2 g Kaliumsulfat aufheben. Benutzt man zum Aufschließen Fluorammonium, so setzt man der Lösung Kaliumsulfat hinzu. Ammonsulfat hat nicht die gleiche Wirkung.

und Schweißschlacken. Für diesen Fall empfiehlt Neumann folgendes Verfahren[1]).

Die sehr fein gepulverte Substanz wird mit einer gemessenen Menge einer Kupfersulfatlösung von bekanntem Kupfergehalt erwärmt. Metallisches Eisen fällt eine äquivalente Menge Kupfer aus, die nach dem Auswaschen entweder direkt bestimmt wird, oder besser aus einer Kupferbestimmung der unverbrauchten Lösung durch Differenz ermittelt wird. Auf diese Weise erhält man den Gehalt an metallischem Eisen.

Nun erhitzt man eine zweite Probe derselben Schlacke mit verdünnter Schwefelsäure. Der entweichende Wasserstoff wird aufgefangen und bestimmt. Dies ist jedoch nur ein Teil des vom Eisen entwickelten Gesamtwasserstoffs. Der Rest reduziert in der Schlacke enthaltenes Eisenoxyd zu Oxydul. Man stellt nun durch Titration mit Permanganat die Oxydulmenge fest, die sich also aus ursprünglichem metallischen Eisen, ursprünglichem Oxydul und reduziertem Oxyd zusammensetzt.

Man bringt die zu Anfang bestimmte Menge des metallischen Eisens nach Umrechnung in Oxydul in Abzug, dann rechnet man aus, wieviel Wasserstoff diese Eisenmenge für sich allein hätte entwickeln müssen.

Zieht man von dieser Menge diejenige des aufgefangenen Wasserstoffes ab, so ergibt sich aus der Differenz, wieviel Oxydul durch Wasserstoff aus Oxyd gebildet ist.

Bringt man diese Oxydulmenge noch von dem vorher titrierten Gesamtoxydul in Abzug, so erhält man die Menge des ursprünglich vorhandenen Oxyduls.

Aus der Bestimmung des Gesamteisengehaltes in einer dritten Probe läßt sich dann leicht auch durch Abzug von Metall und Oxydul der Oxydgehalt der Schlacke berechnen.

Bestimmung der Alkalien.

Da die bei der Zersetzung der säurelöslichen Schlacken zurückbleibende Kieselsäure stets mehr oder weniger Alkali zurückhält, so tut man besser, die Kieselsäure durch Zusatz von Flußsäure zu entfernen und verfährt folgendermaßen:

In einer Platinschale rührt man 2—3 g sehr fein gepulverte Schlacke mit etwas Wasser zu einem Brei an, setzt Schwefelsäure (1:1) (für je 1 g Substanz 1 ccm Säure) und zuletzt Flußsäure hinzu. Hat diese einige Zeit eingewirkt, so erwärmt man unter fortwährendem Umrühren. Hört man kein Knirschen mehr, so ist die Zersetzung beendet. In den meisten Fällen geht die Zersetzung ziemlich schnell vor sich. Merkt man aber, daß nach Verlauf von einer Viertelstunde noch unzersetzte Substanz vorhanden ist, so gibt man wieder etwas Flußsäure hinzu, bedeckt die Schale mit einem Pappdeckel und läßt über

---

[1]) Neumann: Stahl und Eisen 1905, S. 1070.

Nacht stehen. Man dampft dann auf dem Wasserbad ein und erhitzt auf dem Finkenerturm, bis dicke Dämpfe von Schwefelsäure anfangen zu entweichen[1]). Darauf läßt man erkalten, setzt 10 ccm Salzsäure (spez. Gewicht 1,124) hinzu, verrührt diese, dampft nicht ganz zur Trockene ein und gibt nach einiger Zeit etwa 400 ccm Wasser hinzu. Enthält die Schlacke sehr viel Kalk, so muß man noch etwas mehr Wasser zusetzen. Bariumsulfat bleibt allerdings ungelöst zurück. Dann spült man die Lösung in einen Erlenmeyerkolben, macht sie schwach ammoniakalisch, setzt Schwefelammonium im Überschuß hinzu, füllt den Kolben mit Wasser beinahe an und verschließt luftdicht mit einem Korken. Nach 12stündigem Stehen filtriert man den Niederschlag, der Eisen, Tonerde, Chrom, Titan und Phosphorsäure enthält und wäscht ihn mit schwefelammonhaltigem Wasser aus. Das Filtrat säuert man mit Salzsäure an und kocht zur Vertreibung des Schwefelwasserstoffs, macht schwach ammoniakalisch und fällt in der siedend heißen Lösung den Kalk mit Ammoniumoxalat[2]). Nach 6—10stündigem Stehen filtriert man und wäscht das Kalziumoxalat mit heißem Wasser aus. Das Filtrat dampft man in einer Platinschale zur Trockene, indem man zur Beschleunigung gegen Ende die sich ausscheidenden Salze mit einem Platinspatel durchrührt, bis die Masse ganz trocken erscheint. Dann vertreibt man die Hauptmenge der Ammonsalze auf dem Finkenerturm und den Rest über freier Flamme[3]). Nach dem Erkalten spült man vom oberen Rande der Schale aus das an der Wandung Haftende mit wenig heißem Wasser nach der Mitte hin zusammen, spritzt den Platinspatel ebenfalls ab, dampft wieder zur Trockene (diesmal ohne zu rühren) und vertreibt den kleinen Rest der Ammonsalze, wie oben angegeben, durch Erhitzen. Der nun verbleibende Rückstand wird mit Wasser aufgenommen, und die Lösung auf dem Wasserbad bis auf ein möglichst kleines Volumen eingedampft. Nach dem Erkalten setzt man 20—30 ccm Schaffgottsche Lösung[4]) hinzu und rührt mehrere Minuten um. Nach 24stündigem Stehen unter einer Glasglocke filtriert man den Niederschlag[5]) und wäscht ihn mit Schaffgottscher Lösung aus, bis das Durchlaufende nach dem Glühen auf Platinblech keinen Rückstand mehr hinterläßt[6]). Das Filtrat erhitzt man anfangs in einer

---

[1]) Dieses Erhitzen ist notwendig, um die Flußsäure zu vertreiben. Ein vollständiges Abrauchen der Schwefelsäure ist aber nicht ratsam, weil leicht schwer lösliche basische Salze entstehen.   [2]) Siehe S. 58, Anm. 1.

[3]) Das Erhitzen über freier Flamme muß vorsichtig geschehen. Solange noch ein knisterndes Geräusch wahrzunehmen ist, bei bedeckter Schale. Dann entfernt man das Uhrglas und erhitzt weiter, aber niemals bis über Rotglut der Schale. Die an dem Uhrglas befindlichen Ammonsalze vertreibt man ebenfalls durch Erhitzen und spült nach dem Erkalten das am Uhrglas Haftende mit wenig Wasser in die Schale.

[4]) 230 g Ammoniumkarbonat löst man in 180 ccm Ammoniak (spez. Gewicht 0,92) und verdünnt mit Wasser zu 1 Liter.

[5]) Der zuerst ausfallende flockige Niederschlag besteht aus Magnesiumkarbonat, das aber wieder in Lösung geht. Der später ausfallende körnige Niederschlag besteht aus Ammoniummagnesiumkarbonat.

[6]) Sind viel Alkalien vorhanden, so enthält der Niederschlag geringe Mengen Alkali. In diesem Fall löst man in Salzsäure, verdampft zur Trockene und wiederholt die Fällung.

bedeckten Porzellanschale auf dem Wasserbad, das man allmählich
anheizt, da sich das Ammonkarbonat in der Lösung bei ungefähr 60°
unter Entwicklung von Kohlensäure zersetzt. Sobald dies eintritt,
entfernt man die Flamme unter dem Wasserbad und steigert die Temperatur erst, wenn die Kohlensäureentwicklung aufgehört hat. Dann
spritzt man das Uhrglas ab, dampft zur Trockene ein und vertreibt etwa
vorhandene Ammonsalze durch gelindes Erhitzen. Den Rückstand
nimmt man nach Zusatz von einigen Tropfen Salzsäure mit wenig Wasser
auf und filtriert[1]) den Schaleninhalt in einen gewogenen geräumigen
Platintiegel. Dann setzt man einige Tropfen Schwefelsäure (1:1) hinzu,
vertreibt das Wasser auf einem Wasserbade, erhitzt den Tiegel schließlich auf dem Finkenerturm, bis die überschüssige Schwefelsäure vertrieben ist und glüht über freier Flamme. Da die Sulfate hartnäckig
Schwefelsäure zurückhalten, tut man ein Stückchen Ammonkarbonat
in den Tiegel und glüht bis zur Vertreibung der Ammonsalze. Dies
wiederholt man, bis zwei aufeinanderfolgende Wägungen das gleiche
Resultat geben. Der Rückstand besteht aus $K_2SO_4 + Na_2SO_4$.

Will man Kalium und Natrium trennen, so löst man die Sulfate
in Wasser, spült die Lösung in eine Porzellanschale, dampft ein, bis auf
1 g Substanz etwa 15 ccm Flüssigkeit kommen, und setzt nach und nach
(alle Minuten 1—1 ½ ccm)[2]) Platinchlorwasserstoffsäure, sog. Platin-
chloridlösung, in hinreichender Menge und darauf das 20 fache Volumen
eines Gemisches von absolutem Alkohol und Äther (2:1) hinzu. Man
gebraucht so viel Platinchlorid, daß sich nicht nur das Kalium, sondern
auch das Natrium mit Platin verbinden kann[3]). Die Fällung läßt man
12 Stunden unter einer Glasglocke stehen. Nach dieser Zeit filtriert man
den Niederschlag durch ein mit Alkohol-Äther durchfeuchtetes Filter[4])
und wäscht vorsichtig[5]) mit der Alkohol-Äther-Mischung aus, bis das
Durchlaufende ganz farblos ist, und trocknet das Filter an der
Luft. Den in der Schale zurückbleibenden Niederschlag entfernt man
mit etwas Filtrierpapier und tut dieses auf das Filter. Das trockene
Filter faltet man oben zusammen, bringt es mit der Spitze nach oben
in einen Rose-Tiegel und erhitzt bei aufgelegtem Deckel bei so niedriger
Temperatur, daß die entweichenden Gase sich nicht entzünden und das
Papier nur verkohlt[6]). In den erkalteten Tiegel leitet man durch die

---

[1]) Man nimmt ein möglichst kleines Filter. Auf dem Filter bleiben
kohlige Substanzen zurück, die aus dem Ammoniak stammen. (Pyridinbasen.)

[2]) Damit der Niederschlag nicht zu kleinkristallinisch wird.

[3]) Da Natriumsulfat mehr Platin erfordert als die gleiche Gewichtsmenge Kaliumsulfat, so nimmt man an, daß nur ersteres vorhanden ist.
Man setzt auf 1 g des Sulfatgemisches mindestens 1,6 g Platin als Platinchlorwasserstoffsäure hinzu. Herstellung der Lösung S. 179.

[4]) Das Filtrat muß gelb gefärbt sein. Eine farblose Lösung zeigt an, daß
zu wenig Platinchlorid angewendet worden war. Dadurch kann ein Fehler
entstehen, weil nicht alles Natrium an Platin gebunden ist und als in Alkohol-
äther unlösliches Sulfat zusammen mit dem Kaliumplatinchlorid zurückbleibt.

[5]) Man vermeidet ein Aufrühren, weil der feinkörnige Niederschlag leicht
durch das Filter geht.

[6]) Um ein Verstäuben zu verhüten. Aus demselben Grunde trennt man
auch den Niederschlag nicht vom Filter.

Öffnung im Deckel durch ein Porzellanrohr 10 Minuten lang Wasserstoff
ein, um die Luft zu verdrängen, erhitzt zuerst mit ganz kleiner Flamme,
vergrößert diese allmählich bis zur dunklen Rotglut des Tiegelbodens
und erhitzt, bis keine Dämpfe von Salzsäure mehr entweichen. Schließlich verbrennt man die Kohle bei reichlichem Luftzutritt und wägt das
Platin[1]). Das Gewicht des Platins multipliziert mit 0,4826 ergibt das
Gewicht von K_2O, das, in K_2SO_4 umgerechnet und von der Summe
der Sulfate ($K_2SO_4 + Na_2SO_4$) subtrahiert, das Gewicht für Na_2SO_4
bzw. Na_2O ergibt.

Trennung des Kaliums vom Natrium.

Diese kann nach einer Finkenerschen Methode schneller und
bequemer auf folgende Weise ausgeführt werden:

Man löst die Sulfate von Kalium und Natrium in höchstens 50 ccm
heißem Wasser, bringt die Lösung in eine halbkugelförmige Porzellanschale, gibt so viel Platinchlorwasserstoffsäure hinzu, daß auf 0,1 g
Sulfate 0,1 g Platin kommt und dampft auf dem Wasserbade bis auf
höchstens 5 ccm ein. Alsdann bringt man durch vorsichtiges Umschwenken der Schale oder durch Umrühren mit einem Glasstab die
gesamte ausgeschiedene Salzmasse mit dem noch verbliebenen Flüssig-
keitsrest in Berührung, läßt erkalten und setzt allmählich zuerst 30 ccm
absoluten Alkohol und darauf unter weiterem Umrühren 15 ccm Äther
hinzu. Unter öfterem Umrühren läßt man alsdann die mit einem Uhrglas bedeckte Schale ½ Stunde bei Zimmertemperatur stehen[2]). Das
Gemisch von Natriumsulfat und Kaliumplatinchlorid, das sich unterdessen ausgeschieden hat, bringt man mit Hilfe einer Federfahne auf
ein mit Alkohol befeuchtetes Filter. Zum Auswaschen des Niederschlages
genügen meistens 30 ccm einer Mischung von 2 Vol. absolutem Alkohol
und 1 Vol. Äther. Das Auswaschen ist beendet, sobald die ablaufende
Flüssigkeit farblos ist. Die weitere Behandlung des Niederschlages kann
nach zwei Methoden geschehen:

1. Man setzt unmittelbar nach Beendigung des Auswaschens ein
Becherglas von etwa 250 ccm Inhalt unter den Trichter und löst den
Niederschlag durch Aufgießen von heißem Wasser vom Filter in das
Becherglas. Das Lösen ist beendet, wenn das Wasser farblos abläuft.
Die Lösung im Becherglas versetzt man mit etwa 5 ccm gelber Schwefel-
ammoniumlösung, erhitzt ungefähr 5 Minuten mit kleiner Flamme, bis
die Flüssigkeit eine tiefbraune Farbe angenommen hat[3]) und gibt schließlich das gleiche Volumen, welches die Flüssigkeit jetzt besitzt, Salzsäure
(spez. Gewicht 1,124) hinzu, kocht auf dem Drahtnetz, bis das ausgeschiedene Schwefelplatin sich zusammengeballt hat und die überstehende
Flüssigkeit klar und farblos geworden ist. Das ausgeschiedene Schwefelplatin wird filtriert, mit schwach salzsäurehaltigem Wasser ausgewaschen

---

[1]) Bei sehr geringen Mengen verbrennt man unmittelbar die Filterkohle
bei Luftzutritt, sobald keine Gase aus dem Tiegel mehr entweichen.

[2]) Man muß darauf achten, daß bei diesen Arbeiten die Luft nicht durch
Ammoniakdämpfe verunreinigt ist.

[3]) Es bildet sich platinsulfonsaures Ammon.

und schließlich samt dem Filter in einem Porzellantiegel anfangs schwach und zuletzt stark geglüht. Das zurückbleibende reine Platin wird gewogen. Sein Gewicht mit 0,4826 multipliziert ergibt das Gewicht an K_2O.

2. Man trocknet den Niederschlag im Trockenschrank, bis Äther und Alkohol sich verflüchtigt haben, bringt ihn vom Filter auf Glanzpapier, verbrennt das Filter für sich in einem Rose-Tiegel, gibt den Niederschlag nach dem Erkalten des Tiegels hinzu und reduziert im Wasserstoffstrom[1]) bei ganz gelinder Temperatur, bis keine Salzsäuredämpfe mehr wahrzunehmen sind. Die Flamme des Bunsenbrenners darf hierbei nicht höher als 2 cm sein, und ihre Spitze darf den Boden des Rose-Tiegels nicht berühren. Nach dem Erkalten wäscht man das Gemisch von reduziertem Platin und schwefelsaurem Natron mit heißem Wasser aus, wozu man sich einer fein ausgezogenen Pipette oder auch eines Filters bedienen kann. Den zurückbleibenden Platinschwamm trocknet man im Trockenschrank, glüht ihn stark und wägt ihn nach dem Erkalten.

Bestimmung des Vanadins.

Wird wie bei der Untersuchung der Erze ausgeführt (S. 32).

Gesamtuntersuchung.

In einer flachen Porzellanschale übergießt man 1—2 g Schlacke mit 15—25 ccm Salzsäure (spez. Gewicht 1,19), dampft nach erfolgtem Lösen zur Trockene und scheidet die Kieselsäure ab (S. 23).

Saure Schlacken schließt man durch Schmelzen mit Kaliumnatriumkarbonat auf und scheidet die Kieselsäure ab (S. 155).

Die geglühte und gewogene Kieselsäure muß auf Reinheit geprüft werden (S. 24).

Das Filtrat von der Kieselsäure dampft man bis auf ein kleines Volumen ein, oxydiert das Eisenoxydul mit Salpetersäure (S. 14, Anm. 3) und trennt Eisen, Tonerde und Phosphorsäure von Kalk und Magnesia nach dem Azetatverfahren (S. 54).

Enthält die Schlacke wenig Eisen und viel Phosphorsäure, so setzt man eine gemessene Menge Eisenchloridlösung hinzu (S. 54, Anm. 4), um die gesamte Phosphorsäure an Eisen zu binden und auf diese Weise in den Niederschlag zu bekommen. Den Niederschlag löst man nach dem Auswaschen in Salzsäure, teilt die Lösung und bestimmt in einem Teil das Eisen durch Titration mit Permanganat (S. 13), oder wenn die Menge nur klein ist, nach S. 59. In einem zweiten Teil fällt man die Tonerde als Phosphat (S. 27). In einem dritten Teil bestimmt man die Phosporsäure nach dem Molybdänverfahren (S. 15).

Im Filtrat von der Azetatfällung bestimmt man Kalk und Magnesia nach S. 54. Liegt eine kalkreiche Schlacke vor, so teilt man die Lösung für die Kalkfällung.

---

[1]) Siehe Seite 41.

Enthält die Schlacke Titansäure, so bleibt diese bei eisenarmen Schlacken quantitativ bei der Kieselsäure und wird nach S. 35 bestimmt.

Bei eisenreichen Schlacken befindet sich die Titansäure zum großen Teil im Filtrat von der Kieselsäure[1] und wird zusammen mit dem Eisen, der Tonerde und der Phosphorsäure gefällt. In diesem Fall reduziert man den Niederschlag nach dem Glühen im Wasserstoffstrom und bestimmt die Titansäure nach S. 33.

Bereitung und Titerstellung der Lösungen.

Bereitung und Titerstellung der Kaliumpermanganatlösung.

Man löst 5 g reines Kaliumpermanganat in 1 Liter Wasser auf und kocht die Lösung ungefähr 15 Minuten lang. Nach dem Erkalten filtriert man die Lösung durch ein Asbestfilter[2] und hebt sie in einer mit gut passendem Glasstopfen verschließbaren Flasche aus braunem Glas[3] vor Licht und Staub geschützt auf. Eine so bereitete Lösung hält sich monatelang unverändert. Zweckmäßig prüft man jeden Monat den Titer.

Titerstellung mit Natriumoxalat.

Man löst eine genau gewogene Menge (0,20—0,25 g) in ungefähr 200 ccm Wasser, fügt ungefähr 10 ccm Schwefelsäure (1 : 4) hinzu[4], erwärmt auf 40^0—50^0 [5]) und titriert mit Kaliumpermanganat auf Rot. Die Reaktion verläuft nach folgender Gleichung:

$$5\,Na_2C_2O_4 + 2\,KMnO_4 + 8\,H_2SO_4 = 2\,MnSO_4 + K_2SO_4 + 5\,Na_2SO_4$$
$$+ 10\,CO_2 + 8\,H_2O.$$

Aus der Formel für die Oxydation des Ferrosulfats durch Kaliumpermanganat

$$10\,FeSO_4 + 2\,KMnO_4 + 8\,H_2SO_4 = 5\,Fe_2(SO_4)_3 + K_2SO_4 + 2\,MnSO_4$$
$$+ 8\,H_2O$$

geht hervor, daß $2\,KMnO_4$ entsprechen $10\,Fe$.

---

[1]) Je höher man bei der Abscheidung der Kieselsäure erhitzt hat, desto mehr Titansäure bleibt bei der Kieselsäure.

[2]) Den hierzu verwendeten Asbest kocht man vorher mit einer verdünnten Permanganatlösung.

[3]) Statt einer Flasche aus braunem Glas kann man auch eine aus farblosem Glas verwenden, die man mit schwarzem Lack überzogen hat.

[4]) Wichtig ist, daß die Lösung eine genügende Menge freier Schwefelsäure enthält, um die Ausscheidung von Mangansuperoxyd zu verhindern. Sollte die Lösung während des Titrierens eine bräunliche Färbung annehmen, so fehlt es an Schwefelsäure.

[5]) Das Erwärmen der Flüssigkeit ist nötig, weil die Reaktion in der Kälte zu langsam und mit undeutlicher Endreaktion verläuft. Bei 40^0—50^0 geht die Reaktion infolge der Kontaktwirkung des Mangansalzes sehr schnell vor, nachdem die ersten Tropfen langsam entfärbt sind. Der Übergang von farblos in rosa ist plötzlich und scharf.

Aus der ersten Formel ergibt sich, daß $2\,KMnO_4$ entsprechen $5\,Na_2C_2O_4$, folglich auch $5\,Na_2C_2O_4 = 10\,Fe$, oder $670{,}0\,Na_2C_2O_4 = 558{,}4\,Fe$, oder $1\,Na_2C_2O_4 = 0{,}8334\,Fe$.

Das nach der Vorschrift von Sörensen[1] hergestellte Natriumoxalat wird von der Firma C. A. F. Kahlbaum, Berlin, in einem hohen Grad von Reinheit geliefert, es enthält nur Spuren von Feuchtigkeit und ist, sorgfältig aufbewahrt, unbegrenzt lange haltbar. Um die Feuchtigkeit zu entfernen, genügt ein zweistündiges Trocknen im Luftbade bei 105°, Erkaltenlassen im Exsikkator und Aufbewahren in einem verschlossenen Wägegläschen.

Titerstellung mit Mohrschem Salz.

Mohr hatte als Grundlage für die Eisentitration die Titerstellung mit Eisenoxydul-Ammoniumsulfat $FeSO_4 + (NH_4)_2SO_4 + 6\,H_2O$ in Vorschlag gebracht. Diese Methode ist sicher, vorausgesetzt, daß man reines Salz zur Verfügung hat, die bequemste. Für die Titerstellung löst man eine genau gewogene Menge (0,6—0,7 g) in 150—200 ccm Wasser unter Zusatz von 15 ccm Schwefelsäure (1:1) unter gelindem Erwärmen auf und titriert nach dem Abkühlen mit Permanganat auf Rot.

Die Reaktion verläuft nach folgender Gleichung:

$$10\,FeSO_4 + 2\,KMnO_4 + 8\,H_2SO_4 = 5\,Fe_2(SO_4)_3 + K_2SO_4 + 2\,MnSO_4 + 8\,H_2O.$$

Da das Mohrsche Salz, wenn es rein ist, praktisch genau $^1/_7$ seines Gewichts an Eisen enthält, so ist die Berechnung des Titers sehr bequem.

Das Mohrsche Salz ist in großer Reinheit von der Firma C. A. F. Kahlbaum, Adlershof bei Berlin, zu beziehen. In gut verschlossenen Flaschen ist es lange Zeit unverändert haltbar. Gegen die Verwendung dieses Salzes wird oft eingewendet, daß es, mit Rhodankalium geprüft schwache Reaktion auf Ferrisalz zeigt. Hierzu sei bemerkt, daß die Rhodanreaktion so geringe Ferrimengen anzeigt, daß dieselben mit Rücksicht auf die sonst bei Titrationen vorkommenden Fehler gar nicht in Betracht kommen.

Bereitung und Titerstellung der Kaliumdichromatlösung.

Man löst 8,766 g käufliches Salz in 1 Liter Wasser auf. Von dieser Lösung entspricht 1 ccm 0,01 g Fe.

Obgleich das Salz sehr rein in den Handel kommt[2], tut man doch gut, den Wirkungswert durch Titration eines Ferrosalzes zu bestimmen. Zu diesem Zweck löst man 3,5 g Mohrsches Salz in ungefähr 200 ccm

---

[1] Zeitschr. für anal. Chem. 1903, S. 333.

[2] Das oftmals empfohlene Verfahren, das Salz von anhaftender Feuchtigkeit durch Schmelzen desselben zu befreien, ist durchaus zu verwerfen, da sehr leicht durch Überhitzung oder Spuren von Staub das Salz reduziert wird. Mit dem geschmolzenen Salz erhält man niemals eine klare Lösung, stets ist grünes Cr_2O_3 suspendiert.

Wasser unter Zusatz von 20 ccm Salzsäure (spez. Gewicht 1,124) und füllt die Lösung in einem Meßkolben von 250 ccm mit Wasser bis zur Marke auf. Nach gutem Umschwenken entnimmt man mit einer Pipette 50 ccm von dieser Lösung (enthaltend 100 mg Fe), bringt sie in ein Becherglas, verdünnt mit 50 ccm Wasser und titriert mit der Kaliumdichromatlösung, bis alles Eisen oxydiert ist. Da der Endpunkt nur durch eine Tüpfelreaktion mit Ferrizyankaliumlösung[1]) ermittelt werden kann, so macht man zuerst eine Vorprobe, indem man die Titerflüssigkeit kubikzentimeterweise zusetzt, gut umrührt und einen Tropfen der Lösung mit einem Tropfen Ferrizyankaliumlösung auf einer weißen Porzellanplatte zusammenbringt. Solange noch Blaufärbung eintritt, fährt man mit dem Zusatz der Dichromatlösung fort[2]). Nachdem man auf diese Weise die zuzusetzende Menge annähernd festgestellt hat, entnimmt man eine zweite Menge von 50 ccm Ferrosalzlösung, setzt gleich die Mindestmenge Dichromatlösung auf einmal zu und dann tropfenweise weiter, bis keine Blaufärbung mit Ferrizyankaliumlösung eintritt. Ist alles Eisen oxydiert, so tritt statt der blauen Farbe eine braungelbe auf.

Die Reaktion verläuft nach folgender Gleichung:

$$6\,FeSO_4 + K_2Cr_2O_7 + 8\,H_2SO_4 = 3\,Fe_2(SO_4)_3 + Cr_2(SO_4)_3 + 2\,KHSO_4 + 7\,H_2O$$

oder

$$6\,FeCl_2 + K_2Cr_2O_7 + 14\,HCl = 3\,Fe_2Cl_6 + Cr_2Cl_6 + 2\,KCl + 7\,H_2O.$$

Infolge der Bildung des Chromisalzes färbt sich die Lösung smaragdgrün.

Die Kaliumdichromatlösung hält sich lange Zeit unverändert.

Zinnchlorürlösung.

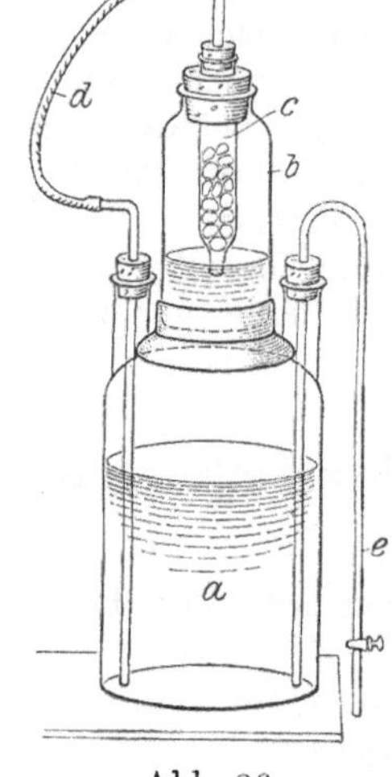

Abb. 26.

Man löst 200 g Zinnchlorür in 600 ccm Salzsäure (1,124 spez. Gewicht). Nach dem Lösen gibt man 3 Liter Salzsäure (1,124 spez. Gewicht) hinzu und verdünnt mit 4 Liter Wasser. Die Lösung hebt man in nebenstehendem Gefäß in einer Kohlensäureatmosphäre auf (Abb. 26). *a* enthält die Zinnchlorürlösung, *b* Salzsäure, *c* Marmorstücke, durch *d* wird Kohlensäure von *c* nach *a* geleitet, durch das Rohr *e* wird die Lösung abgelassen. Sollte sich das Zinnchlorür in Salzsäure nicht klar lösen (Bildung von Oxychlorid durch oberflächliche Oxydation), so erwärmt man die salzsaure Lösung vor dem Verdünnen mit Wasser mit metallischem Zinn, bis das Oxychlorid reduziert ist, und die Lösung klar wird.

---

[1]) Man verwendet eine 2%ige Lösung. Da das Ferrizyankalium durch Staub oftmals oberflächlich zu Ferrozyankalium reduziert ist, so muß man das Salz vor dem endgültigen Lösen erst mehreremal mit kaltem Wasser abspülen.   [2]) Nach und nach geht die Farbe in blaugrün über.

Quecksilberchloridlösung.

50 g Quecksilberchlorid unter Erwärmen in 1 Liter Wasser lösen.

Mangansulfatlösung.

Man löst 110 g kristallisiertes Mangansulfat ($MnSO_4 + 4\,H_2O$) in 500—600 ccm Wasser, gibt 138 ccm Phosphorsäure (1,7 spez. Gewicht) und 130 ccm konzentrierte Schwefelsäure hinzu und verdünnt mit Wasser auf 1 Liter.

Molybdänlösung.

Nach Finkener.

80 g Ammoniummolybdat ($(NH_4)_6Mo_7O_{24} + 4\,H_2O$) übergießt man in einem zylindrischen Gefäß mit Glasstopfen mit 640 ccm Wasser und 160 ccm Ammoniak (spez. Gewicht 0,925) und schüttelt bis zur vollständigen Lösung. Die filtrierte Lösung gießt man in dünnem Strahl in mehreren Absätzen unter Umrühren in eine gut gekühlte Mischung von 960 ccm Salpetersäure (spez. Gewicht 1,2) und 240 ccm Wasser[1]). Die Salpetersäure befindet sich zweckmäßig in einer großen Porzellanschale, die auf kaltem Wasser schwimmt. Man hebt die Lösung in einer mit einem Becherglas bedeckten Flasche auf. In einer fest verschlossenen Flasche setzt sich bald ein gelber Niederschlag von der Zusammensetzung $H_2MoO_4 \cdot H_2O$ ab.

Nach Classen.

150 g Ammoniummolybdat werden in 1 Liter Wasser gelöst und die Lösung nach und nach in 1 Liter Salpetersäure (1,2 spez. Gewicht) eingegossen. Nach einigen Tagen wird die Lösung filtriert. Oder 500 g Molybdänsäure (MoO_3) werden in einem Gemisch von 1 Liter Wasser und 1 Liter Ammoniak (spez. Gewicht 0,91) gelöst. Diese Lösung wird nach und nach unter Umrühren in 8 Liter gekühlte Salpetersäure gegossen, die durch Vermischen von 2 Liter Säure (spez. Gewicht 1,4) und 6 Liter Wasser erhalten wird.

Da in dem gelben Phosphorniederschlag 24 Mol. MoO_3 auf 1 Mol. P_2O_5 enthalten sind, so erfordern 0,1 g P_2O_5 zur Fällung ungefähr 2,45 g MoO_3 oder 3 g Ammoniummolybdat. Von der nach Finkener bereiteten Lösung fällt also 1 ccm ungefähr 0,0014 g P_2O_5. Zur Fällung verwende man aber die doppelte der berechneten Menge[2]).

Verarbeitung der Molybdänrückstände[3]).

Die bei der Phosphorfällung erhaltenen sauren und ammoniakalischen molybdänhaltigen Filtrate bewahrt man getrennt auf und verarbeitet sie, wie folgt.

In eine große weithalsige Flasche bringt man 250 ccm starkes Ammoniak und gibt die gesammelten molybdänhaltigen Filtrate dazu, wobei entweder sofort oder nach einiger Zeit eine kristallinische Aus-

---

[1]) Man gieße niemals umgekehrt die Säure in die Ammoniummolybdatlösung.   [2]) Siehe S. 189.
[3]) Bornträger: Zeitschr. für anal. Chem. 1894, S. 341.

scheidung von fast reiner Molybdänsäure erfolgt. Ist die Flasche beinahe voll, so macht man die Flüssigkeit mit Salpetersäure fast neutral und läßt den Niederschlag sich absetzen, gießt die überstehende Flüssigkeit, die nur noch ganz wenig Molybdänsäure enthält, ab, bringt den Niederschlag auf eine Nutsche, wäscht einmal mit Wasser aus (nicht öfter, denn sonst geht die Molybdänsäure wieder in Lösung) und saugt möglichst trocken. Den Niederschlag behandelt man mit möglichst wenig Ammoniak, wobei sich die Molybdänsäure leicht unter Erwärmung auflöst, während Eisen- und Aluminiumhydroxyd, Magnesia und Kieselsäure ungelöst zurückbleiben. Diese werden filtriert und das Filtrat mit destilliertem Wasser verdünnt, bis die Lösung bei 17° C ein spezifisches Gewicht von $1,1 = 14°$ Bé erhält. Sie enthält dann in 1 Liter genau 150 g Ammoniummolybdat. Diese Lösung gießt man in 1 Liter Salpetersäure (spez. Gewicht 1,2) und läßt 1 Tag stehen, damit sich Spuren von Phosphorsäure als gelber Niederschlag ausscheiden. Die abgegossene Lösung ist vollkommen rein.

Magnesiamischung.

Nach de Koninck.

55 g krist. Magnesiumchlorid,
70 g Ammoniumchlorid

werden in 650 ccm Wasser gelöst und mit Ammoniak (spez. Gewicht 0,96) zu einem Liter verdünnt. Nach mehrtägigem Stehen wird die Lösung filtriert. 1 ccm dieser Lösung fällt 0,04 g P_2O_5.

Bereitung und Titerstellung der Natronlauge und Salpetersäure.

Für hohen Phosphorgehalt. (Die Lösung enthält ungefähr zwischen 0,025—0,007 g P.) Man löst ungefähr 40 g reinstes Ätznatron (durchsichtige Stücke)[1] in Wasser und verdünnt die Lösung in einem Meßkolben mit Wasser zu 1 Liter. Die Lauge ist annähernd „Normal". 1 ccm dieser Lösung entspricht ungefähr 1,3 mg P. Zu der oben angegebenen Phosphormenge gebraucht man ungefähr 17 bzw. 5 ccm Lauge.

Für niedrigen Phosphorgehalt. (Die Lösung enthält weniger als 0,007 g P.)

Man löst ungefähr 8 g reinstes Ätznatron in Wasser und verdünnt zu 1 Liter. Die Lauge ist annähernd „$^1/_5$ Normal". 1 ccm dieser Lauge entspricht ungefähr 0,26 mg P. Zur Titration gebraucht man höchstens 26—27 ccm.

Salpetersäure. Man verwendet am besten Säure, die der Natronlauge gleichwertig ist, d. h. von der 1 ccm Säure 1 ccm Lauge entspricht. Anderenfalls muß man das Verhältnis der Säure zur Lauge feststellen.

---

[1]) Haftet an den Stücken undurchsichtiges weißes kohlensaures Natron, so tut man die Stücke in einen warmen Porzellanmörser und schabt die weiße Schicht mit einem Messer ab.

Normal-Salpetersäure enthält in 1 Liter 63,0 g HNO_3.

Titerstellung. Man bestimmt in einem Erz oder Eisen den Phosphorgehalt nach der Methode von Finkener (S. 15). Zu dem in dem Porzellantiegel befindlichen gelben Salz $(NH_4)_3PO_4$. $12 MoO_3$ setzt man aus einer Bürette so viel Natronlauge, daß der Tiegel zu $^3/_4$ seines Inhalts angefüllt ist, rührt mit einem Glasstab einige Zeit um und gießt die Lösung in ein Becherglas. Sollte das Salz in dem Tiegel noch nicht vollständig gelöst sein, so wiederholt man den Zusatz von Lauge. Schließlich spült man den Tiegel mit Wasser aus. Die Lösung in dem Becherglas muß farblos sein. Darauf verdünnt man mit Wasser bis zu ungefähr 50 ccm, setzt einige Tropfen Phenolphthaleinlösung[1]) hinzu, wodurch die Flüssigkeit bei einem Überschuß von Lauge, der stets vorhanden sein muß, rot wird und titriert den Laugeüberschuß mit Säure zurück. Nachdem man vorher das Verhältnis zwischen Lauge und Säure unter Anwendung von Phenolphthalein festgestellt hat, zieht man die verbrauchten Kubikzentimeter Säure von der Lauge ab und ermittelt so die Menge der Lauge. Da man das Gewicht des Salzes festgestellt hat und weiß, daß dieses 1,64% P bzw. 3,76% P_2O_5 enthält, kann man den Titer der Lauge berechnen.

Oder man nimmt ein Erz bzw. Eisen, dessen Phosphorgehalt man kennt und fällt die Phosphorsäure nach einer der oben angegebenen Methode. Den gelben Niederschlag behandelt man nach S. 21 und berechnet, da der Phosphorgehalt des Erzes bekannt ist, aus dem Verbrauch der Lauge deren Titer.

Bereitung und Stellen der Jodlösung[2]).

Man löst ungefähr 12 g Jodkalium[3]) in etwa 100 ccm Wasser auf, gibt ungefähr 6,5 g käufliches Jod dazu und löst dieses in einer mit Glasstopfen versehenen Literflasche unter Umschütteln auf. Nach dem vollständigen Lösen verdünnt man mit Wasser zu 1 Liter.

Zur Titerstellung der Jodlösung wägt man 0,4—0,5 g jodsaures Kalium[4]) (das Gewicht genau bestimmen) in ein Becherglas ein und löst unter gelindem Erwärmen in 150 ccm Wasser. Die Lösung verdünnt man nach dem Erkalten in einem Meßkolben mit Wasser zu 500 ccm. Hiervon entnimmt man mit einer Pipette 100 ccm, bringt

---

[1]) 10 g Phenolphtalein in 1 Liter absol. Alkohol gelöst.

[2]) Zum Aufbewahren der Jodlösung sind nur Flaschen mit Glasstopfen zu verwenden, am besten aus braunem Glas, da die Lösung vor Licht geschützt werden muß. Nach und nach, besonders bei häufigem Öffnen der Flasche, vermindert sich infolge von Verdampfen von Jod der Gehalt der Lösung. Wenn man den trockenen Stopfen in den trockenen Hals einsetzt und dafür sorgt, daß er auch vom Inneren der Flasche aus völlig trocken bleibt, soll sich nach Schmatolla (Apoth.-Zeit. 17, 248) eine $\frac{n}{10}$-Jodlösung im Laufe eines Jahres kaum merklich ändern.

[3]) Das Jodkalium dient nur als Lösungsmittel für das Jod. In einer konz. Jodkaliumlösung löst sich das Jod ziemlich leicht.

[4]) Die wäßrige Lösung desselben darf mit reinem Jodkalium versetzt keine Gelbfärbung geben. Siehe S. 191.

ungefähr 5 g in Wasser gelöstes Jodkalium dazu und gibt unter Umrühren 10 ccm Schwefelsäure (1 : 1) hinein. Das ausgeschiedene Jod titriert man mit Natriumthiosulfatlösung, bis die Lösung eine weingelbe Färbung annimmt, setzt einige Kubikzentimeter Stärkelösung[1]) hinzu und titriert weiter, bis die blaue Farbe verschwindet.

$$KJO_3 + 5\,KJ + 3\,H_2SO_4 = 6\,J + 3\,K_2SO_4 + 3\,H_2O,$$

d. h. 214 Gewichtsteile KJO_3 machen 761,52 Gewichtsteile Jod frei.

Man kann also berechnen, wieviel Jod aus den 100 ccm Lösung des jodsauren Kalis frei gemacht werden, und bestimmen, wieviel Milligramm Jod durch 1 ccm Natriumthiosulfatlösung nachgewiesen werden.

Natriumthiosulfatlösung[2])

bereitet man durch Auflösen von ungefähr 25 g reinem Salz in 1 Liter luftfreiem[3]) Wasser.

Darauf mißt man sich mit einer Pipette 10 ccm Jodlösung ab, bringt sie in ein Becherglas, verdünnt mit 100 ccm Wasser, titriert mit der Natriumthiosulfatlösung bis zur weingelben Farbe, setzt einige Kubikzentimeter Stärkelösung zu und titriert weiter bis zum Verschwinden der blauen Farbe.

Da man weiß, wieviel Milligramm Jod durch 1 ccm Natriumthiosulfatlösung nachgewiesen werden, so kann man berechnen, wieviel Jod in 10 ccm Jodlösung enthalten sind bzw. in 1 ccm.

Titration der arsenigen Säure mit Jod.

Die Oxydation der arsenigen Säure zu Arsensäure vollzieht sich nach folgender Gleichung:

$$As_2O_3 + 4\,J + 2\,H_2O = As_2O_5 + 4\,HJ,$$

d. h. 4 Gewichtsteile Jod entsprechen 2 Gewichtsteilen Arsen, oder 507,68 mg Jod entsprechen 149,92 mg As.

1 mg Jod = 0,2953 mg As.

Da man weiß, wieviel Milligramm Jod in 1 ccm Jodlösung enthalten sind, so kann man berechnen, wieviel mg As 1 ccm Jodlösung entspricht.

Zur Titerstellung der Jodlösung kann man auch eine Lösung benutzen, deren Gehalt an arseniger Säure bekannt ist. Zu diesem Zweck löst man nach Treadwell in einer halbrunden Porzellanschale 1,32 g arsenige Säure in möglichst wenig starker reiner Natronlauge[4]) in der Hitze auf. Nach 2—3 Minuten, wenn alles gelöst ist, gießt man die Lösung in einen 1-Liter-Meßkolben, spült die Schale sorgfältig aus,

---

[1]) Siehe S. 177.   [2]) Siehe S. 192.

[3]) Durch Auskochen luftfrei gemacht. Der oftmals empfohlene Zusatz von Ammoniumkarbonat zur Haltbarmachung der Lösung hat sich als unzweckmäßig erwiesen, da er eher das Gegenteil bewirkt.

[4]) Natriumkarbonat darf zum Lösen nicht verwendet werden, weil normale Alkalikarbonate meßbare Mengen von Jod verbrauchen. Natriumbikarbonat, das kein Jod verbraucht, nimmt man nicht gern, weil die arsenige Säure nur schwer von der Flüssigkeit benetzt wird, und deshalb das Lösen längere Zeit in Anspruch nimmt.

fügt einen Tropfen Phenolphthaleinlösung hinzu und hierauf reine verdünnte Schwefelsäure bis zur Entfärbung der Lösung. Dann löst man
ungefähr 20 g Natriumbikarbonat in 500 ccm kaltem Wasser, filtriert
und fügt diese Lösung hinzu. Sollte die Lösung noch rot erscheinen,
so setzt man noch einige Tropfen Schwefelsäure zu und füllt schließlich
mit Wasser bis zur Marke auf. 1 ccm dieser Lösung enthält 1 mg As.

Zur Titerstellung entnimmt man mit einer Pipette 50 ccm dieser
Lösung, enthaltend 50 mg As, und titriert unter Zusatz von Stärke-
lösung mit der Jodlösung bis zur Blaufärbung und berechnet, wieviel
Arsen durch 1 ccm Jodlösung nachgewiesen wird.

Stärkelösung.

Man verreibt in einer kleinen Porzellanreibschale 5 g Kartoffelstärke[1]) mit wenig Wasser zu einem gleichmäßigen Brei. Unterdessen
hat man in einer Porzellanschale 1 Liter Wasser zum Sieden erhitzt,
gießt den Brei hinein und kocht noch 1—2 Minuten lang; bis eine
fast klare Lösung entsteht. Durch Schwimmenlassen der Schale in
kaltem Wasser kühlt man die Lösung ab, läßt 12 Stunden stehen und
filtriert. Zur Haltbarmachung der Lösung verrührt man den Stärke-
brei mit ungefähr 0,01 g Quecksilberjodid. Oder man gießt die ohne
Zusatz von Quecksilberjodid bereitete Stärke in kleine Flaschen, stellt
diese bis zum Hals in ein Wasserbad und erhitzt 2 Stunden lang. Nachdem verschließt man die Flaschen mit weichen Korken, die man vorher
durch eine Flamme gezogen hat. Eine so sterilisierte Stärkelösung
hält sich in verschlossener Flasche unbegrenzt lange, ohne zu schimmeln,
und ist ebenso empfindlich wie frisch bereitete. Nachdem die Flasche
aber erst einmal geöffnet ist, tritt nach ungefähr 8 Tagen Schimmel-
bildung ein.

Sehr zu empfehlen ist die im Handel befindliche lösliche Stärke,
die mit kochendem Wasser sofort eine klare Flüssigkeit gibt und sich
mit Jod prächtig blau färbt.

Am bequemsten in der Anwendung ist die als Brei im Handel
vorkommende Zulkowskysche wasserlösliche Stärke, von der eine
kleine Menge in kaltem Wasser verrührt sofort eine klare Lösung gibt.

Die bekannte Tatsache, daß Jod mit Stärke eine Blaufärbung gibt,
ist zuerst von Stromeyer in Göttingen beobachtet worden[2]). Über
die Natur der Jodstärke herrscht bisher noch keine völlige Klarheit;
oftmals wird sie als chemische Verbindung, manchmal als eine feste
Lösung betrachtet. Früher nahm man ganz allgemein an, daß sie nur
aus Stärke und Jod bestände, bis Mylius[3]) zeigte, daß Jod allein
Stärkelösung kaum färbt und zur Bildung der blauen Jodstärke außerdem Jodwasserstoff oder ein lösliches Jodid zugegen sein muß. Es
genügt aber schon eine sehr geringe Menge dieser Stoffe, um die Blaufärbung zu bewirken. Selbst das reinste Jod enthält stets etwas Jod-

---

[1]) Kartoffelstärke gibt mit Jodlösung eine reinere Blaufärbung als
Weizenstärke.   [2]) Schweigg. Journ. 12, 349.   [3]) Ber. 20, 688.

wasserstoff, von dem man es durch öfteres Waschen mit Wasser befreien kann. Durch konzentrierte Jodkaliumlösung entsteht aus der blauen die rote Jodstärke, die durch Zusatz von viel Wasser wieder in die blaue übergeht. Oftmals bewirkt auch verdorbene Stärkelösung eine Mißfärbung. Die Menge der Stärkelösung übt keinen Einfluß auf den Jodverbrauch bei der Titration aus.

Bereitung der rauchenden Äthersalzsäure.

In einen geräumigen Stehkolben bringt man einige hundert Kubikzentimeter rauchende Salzsäure (spez. Gewicht 1,19), bedeckt den Kolben mit einem kleinen Becherglas und läßt aus der Wasserleitung Wasser darauf fließen. Von Zeit zu Zeit gibt man unter Umschwenken kleine Mengen von Äther hinzu, kühlt die dadurch warm gewordene Flüssigkeit wieder ab und fährt so fort, bis auf der Flüssigkeit eine dünne Schicht von Äther schwimmt. Die Äthersalzsäure hebt man in einer gut schließenden Flasche mit Kappe auf.

Für 100 ccm Salzsäure (spez. Gewicht 1,19) braucht man ungefähr 150 ccm Äther.

Bereitung der verdünnten Äthersalzsäure.

20%ige Salzsäure (spez. Gewicht 1,10), hergestellt durch Verdünnen von 1 Liter 25%iger Salzsäure (spez. Gewicht 1,124) mit $^1/_4$ Liter Wasser, versetzt man nach und nach unter Umschütteln mit Äther, bis auf der Flüssigkeit eine dünne Schicht von Äther schwimmt. Kühlen ist hierbei nicht nötig, weil die verdünnte Salzsäure sich beim Vermischen mit Äther nicht erwärmt.

Für 100 ccm Salzsäure (spez. Gewicht 1,10) braucht man ungefähr 30 ccm Äther.

Bereitung des Nesslerschen Reagens[1]).

Man löst 6 g Mercurichlorid in 50 ccm Wasser[2]) unter Erwärmen auf 80° in einer Porzellanschale auf, fügt 7,4 g Jodkalium in 50 ccm Wasser gelöst hinzu, läßt erkalten, gießt die überstehende Flüssigkeit ab und wäscht das Mercurijodid dreimal durch Dekantieren mit je 20 ccm kaltem Wasser, um alles Chlorid möglichst zu entfernen. Nun fügt man 5 g Jodkalium hinzu, wobei auf Zusatz von wenig Wasser das Mercurijodid in Lösung geht. Die so erhaltene Lösung spült man in einen 100-ccm-Kolben, fügt 20 g NaOH, in wenig Wasser gelöst, hinzu und verdünnt nach dem Erkalten der Lösung mit Wasser auf 100 ccm. Hat sich die Lösung völlig geklärt, so hebert man sie sorgfältig in eine reine Flasche ab und bewahrt sie im Dunkeln auf.

---

[1]) T r e a d w e l l : Kurzes Lehrbuch der analytischen Chemie. W i n k l e r : Chem. Zentralbl. 1899, S. 320.
[2]) Zum Lösen verwende man ammoniakfreies Wasser.

Bereitung von ammoniakfreiem Wasser[1]).

Ammoniakfreies Wasser erhält man durch Destillation von gewöhnlichem destillierten Wasser nach Zusatz von etwas Soda. Das zuerst übergehende Destillat, das immer Ammoniak enthält, wird solange beseitigt, bis die Nesslersche Reaktion negativ ausfällt, was eintritt, wenn ungefähr $1/4$ des ursprünglichen Wassers destilliert ist. Was nun übergeht, ist frei von Ammoniak und wird zur Bereitung der Nesslerschen Lösung verwendet. Die Destillation muß aber unterbrochen werden, wenn etwa $5/6$ des anfänglichen Wasserquantums destilliert sind, weil der Rest wiederum Ammoniak enthalten kann. Zuletzt zersetzen sich nämlich stickstoffhaltige organische Substanzen, die im Wasser vorkommen können und ihren Stickstoff erst dann als Ammoniak abgeben, wenn die Lauge stärker konzentriert wird.

Bereitung von Platinchlorwasserstoffsäure (Platinchlorid) als Reagens[2]).

Man muß zwei Fälle unterscheiden. Entweder man verwendet metallisches Platin oder das platinchloridhaltige Filtrat von der Kaliumfällung.

Darstellung aus metallischem Platin. Das meiste Platin des Handels ist iridiumhaltig, und obgleich das reine Iridium in Königswasser so gut wie unlöslich ist, so löst es sich darin, wenn es mit Platin legiert ist, recht erheblich. Ferner bildet sich beim Lösen von Platin in Königswasser nicht nur Platinichlorwasserstoffsäure, sondern auch Platinochlorwasserstoffsäure (die schädlichste Verunreinigung des Reagens) und Nitrosoplatinchlorid. Alle diese Umstände müssen bei der Darstellung berücksichtigt werden.

Zunächst reinigt man die zu verwendenden Platinschnitzel durch Auskochen mit konzentrierter Salzsäure und Waschen mit Wasser, bringt sie hierauf in einen geräumigen Kolben, übergießt mit Salzsäure (spez. Gewicht 1,124) und fügt nach und nach Salpetersäure hinzu, indem man fortwährend gelinde im Wasserbade erhitzt. Alles Platin und etwas Iridium geht in Lösung, während meistens kleine Mengen des letzteren Metalles als schwarzes Pulver ungelöst zurückbleiben.

Man gießt die Lösung, ohne zu filtrieren, in eine Porzellanschale, verdampft bis zur Sirupkonsistenz, löst in Wasser, versetzt mit ameisensaurem Natrium und Soda bis zur schwach alkalischen Reaktion und erwärmt zum Sieden, wobei das Platin und das Iridium sich in wenigen Minuten als schwarzes Pulver abscheiden. Die Operation muß wegen der starken Kohlensäureentwicklung in einer geräumigen Schale ausgeführt werden. Nun gießt man die überstehende Flüssigkeit ab, wäscht mehrmals mit Salzsäure, um alles Natriumsalz, und schließlich mit Wasser, um die Säure völlig zu entfernen. Das Pulver, das Platin und Iridium nebeneinander enthält (nicht legiert), wird getrocknet und in einem

---

[1]) Treadwell: Kurzes Lehrbuch der analytischen Chemie.
[2]) Aus Treadwell: Kurzes Lehrbuch der analytischen Chemie.

Porzellantiegel scharf vor dem Gebläse geglüht (wodurch das Iridium in Königswasser unlöslich wird) und gewogen. Das geglühte graue Metall löst man bei möglichst niedriger Temperatur in Salzsäure unter allmählichem Zusatz von Salpetersäure. Hierbei bilden sich bedeutende Mengen von Nitrosoplatinchlorid ($PtCl_6(NO)_2$). Durch Verdampfen der Lösung mit Wasser zerfällt diese Verbindung in Platinichlorwasserstoffsäure unter Entwicklung von Stickoxyden:

$$PtCl_6(NO)_2 + H_2O = NO_2 + NO + PtCl_6H_2.$$

Da aber das $NO_2(N_2O_4)$ zum Teil in der Lösung bleibt, so bildet sich von neuem, durch die Einwirkung des Wassers, Salpeter- und salpetrige Säure:

$$N_2O_4 + H_2O = HNO_3 + HNO_2,$$

die mit der vorhandenen Salzsäure Nitrosylchlorid liefern, das wiederum Nitrosoplatinchlorid erzeugt.

Man muß daher solange abwechselnd mit Salzsäure und Wasser verdampfen, bis keine salpetrigen Dämpfe mehr entweichen. Die so erhaltene Lösung enthält immer Platinochlorwasserstoffsäure (sie ist intensiv braun gefärbt). Um letztere Verbindung in Platinichlorwasserstoffsäure zu verwandeln, sättigt man die Lösung bei mäßiger Wärme mit Chlorgas, wodurch die Farbe viel heller wird, und verdunstet bei möglichst niedriger Temperatur im Wasserbade bis zur Sirupkonsistenz. Nach dem Erkalten erstarrt der Sirup zu einer kristallinisch strahligen, gelbbraunen Masse, die man in wenig kaltem Wasser löst und vom ungelösten Iridium abfiltriert.

Ist die Menge des letzteren groß, so glüht man es im Porzellantiegel und wägt. Zieht man das Gewicht des Iridiums von der angewandten Einwage ab, so erhält man das Gewicht des gelösten Platins.

Die filtrierte Lösung wird nun mit so viel Wasser verdünnt, daß 100 ccm der verdünnten Lösung 10 g Platin enthalten.

Darstellung aus Platinrückständen und Platinichlorwasserstoffsäure.

Durch Eindampfen einer alkoholischen Lösung von Platinichlorwasserstoffsäure entsteht Platinochlorwasserstoffsäure und Äthylen (C_2H_4), die Äthylenplatinochlorid ($PtCl_2C_2H_4$) liefern, das mit Kalium- und Ammonsalzen keine Fällung gibt.

Aus dieser löslichen organischen Platinverbindung bildet sich beim Verdampfen der alkoholischen Lösung ein unlösliches, im trockenen Zustande verpuffendes Pulver, das in Säuren unlöslich ist und nur durch starkes Glühen völlig zersetzt wird.

Um aus diesen Rückständen das Platin abzuscheiden, verdunstet man zunächst die alkoholische Lösung derselben zur Trockene, nimmt mit Wasser auf, gießt die Lösung in Natronlauge vom spez. Gewicht 1,2, der man 8% Glyzerin[1]) zugesetzt hat, und erhitzt zum Sieden, wobei sich das Platin als schweres schwarzes Pulver abscheidet:

$$2\,C_3H_8O_3 + 6\,PtCl_6H_2 + 6\,H_2O = 36\,HCl + 2\,CO_2 + 2\,C_2O_4H_2 + 6\,Pt.$$
GlyzerinOxalsäure

---

[1]) Zeitschr. für analyt. Chem. 1879, S. 507.

Das Platin wäscht man zunächst mit Wasser, dann mit Salzsäure und schließlich wieder mit Wasser. Man trocknet, glüht, wägt und verwandelt dann das Platin, wie oben angegeben, in Platinichlorwasserstoffsäure.

Wiedergewinnung des Dimethylglyoxims nach Brunck.

In einer Reibschale verreibt man die Niederschläge mit Wasser, spült den Brei in eine Porzellanschale und erwärmt unter kleinen Zusätzen von reinem Zyankalium, bis der rote Niederschlag sich zu einer gelbroten Flüssigkeit gelöst hat. In die filtrierte kalte Lösung leitet man etwa eine Stunde lang reine Kohlensäure ein. Das ausgeschiedene Dimethylglyoxim saugt man ab, wäscht mit kaltem Wasser aus und trocknet es. Von dem trockenen Glyoxim löst man 1 g in 100 ccm Alkohol, setzt eine kleine Menge Tierkohle hinzu, erwärmt und filtriert. Die klare Lösung wird zu weiteren Fällungen benutzt.

Erläuterungen.

Titerstellung der Kaliumpermanganatlösung.

Für die Titration des Eisens in schwefelsaurer Lösung stellt man den Titer der Kaliumpermanganatlösung am bequemsten und sichersten mit Hilfe von Natriumoxalat, das nach dem Verfahren von Sörensen hergestellt ist[1]). Die Titration in schwefelsaurer Lösung ist die genaueste Eisenbestimmung, die es gibt. In Hüttenlaboratorien aber, in denen täglich zahlreiche Eisenbestimmungen in Erzen in möglichst kurzer Zeit gemacht werden müssen, ist es viel zu zeitraubend, eine salzsaure Eisenlösung durch Eindampfen mit Schwefelsäure in Sulfatlösung überzuführen und hierin das Ferrisalz durch Reduktion mit metallischem Zink in Ferrosalz überzuführen, um dann mit Kaliumpermanganatlösung titrieren zu können. Aus diesem Grunde titriert man jetzt ganz allgemein das Eisen in salzsaurer Lösung nach dem Verfahren von Zimmermann-Reinhard[2]). Hierbei ist aber durch jahrelange fortgesetzte Arbeiten gefunden worden, daß der für eine schwefelsaure Lösung ermittelte oder aus einem Oxalat errechnete Titer nicht dem Reinhardschen Verfahren zugrunde gelegt werden darf[3]). Es ist einwandfrei festgestellt worden, daß bei dem Reinhardschen Verfahren der Verbrauch an Permanganatlösung etwas höher ist, als der Menge des Eisens entspricht, weil die in der Lösung enthaltene Salzsäure und das ausgeschiedene Quecksilberchlorid einen merkbaren Einfluß auf Permanganat ausüben.

Das bequemste wäre es, von reinem metallischem Eisen auszugehen. Früher wurde für diesen Zweck allgemein Blumendraht emp-

---

[1]) Siehe S. 170.   [2]) Siehe S. 183.   [3]) Stahl und Eisen 1910, 30, 411.

fohlen, der sicher aus dem reinsten technisch hergestellten Eisen besteht. Sein Gehalt an metallischem Eisen ist jedoch sehr schwankend. Man nahm einen Eisengehalt von 99,6—99,9% an. Um dieser Willkür ein Ende zu machen, stellte Classen reines Eisen auf elektrolytischem Wege aus Ferroammoniumoxalat dar. Bei Verwendung dieses Eisens erhält man tatsächlich richtige Resultate[1]). Da es aber für die meisten Hüttenlaboratorien zu umständlich ist, das Elektrolyteisen herzustellen, brachte im Jahre 1906 die Firma Felten & Guilleaume-Lahmeyerwerke (A.-G.) auf den Rat von Alexander Müller in Rotterdam eigens für den Gebrauch im Laboratorium einen Eisendraht von möglichster Reinheit in den Handel. Der Gehalt an reinem Eisen ist jeder Sendung beigegeben. Er entspricht 99,91% Fe. Classen wies aber nach, daß es unzulässig ist, den Titer der Permanganatlösung mit Eisendraht zu stellen, auch wenn man über den wirklichen Eisengehalt genau orientiert ist, da man stets mehr Permanganat verbraucht, als zur Oxydation des Eisens nötig ist, so daß der Titer der Permanganatlösung zu niedrig gefunden wird. Der Grund ist folgender. Selbst das reinste technisch gewonnene Eisen enthält mehr oder weniger Verunreinigungen (Kohlenstoff, Schwefel, Phosphor). Löst man das Eisen, so entstehen Kohlenwasserstoffe (zum Teil flüssige), Schwefel- und Phosphorwasserstoff, die nach dem Lösen z. T. noch in der Lösung vorhanden sind und durch Kaliumpermanganat leicht oxydiert werden. Es wird daher mehr Permanganat verbraucht, als dem wirklichen Eisengehalt entspricht[2]). Der Titer fällt also zu klein aus.

Der Chemikerausschuß des Vereins Deutscher Eisenhüttenleute schlägt als sehr brauchbares Material für die Titerstellung ein nach dem Verfahren von Kinder[3]) hergestelltes reines Eisenoxyd vor, das ziemlich genau 70% Eisen enthält. Die Firma C. A. F. Kahlbaum in Berlin stellt ein aus Ferrooxalat gewonnenes fast reines Eisenoxyd her, das einen Eisengehalt von 69,86% Fe besitzt gegenüber dem theoretischen Wert von 69,95 %.

Diese obengenannten Präparate, das elektrolytisch hergestellte Eisen, das nach dem Verfahren von Kinder hergestellte Eisenoxyd und das von der Firma C. A. F. Kahlbaum in den Handel gebrachte Eisenoxyd, können als einwandfreie Materialien für die Titerstellung angesehen werden.

Nach Treadwell[4]) kann man jedoch den Titer der Permanganatlösung recht gut mit Eisendraht stellen, wenn man den scheinbaren Eisengehalt desselben einmal mittels einer mit Natriumoxalat ein-

---

[1]) Treadwell: Kurzes Lehrbuch der analytischen Chemie. Sogar das elektrolytische Eisen enthält mitunter Spuren von Kohlenstoff. Der Kohlenstoff stammt aus der Oxalsäure und wird vom Eisen aufgenommen, wenn die Elektrolyse zu lange fortgesetzt worden war. Es enthält durchschnittlich 0,2—0,4 % Kohlenstoff. Unterbricht man die Elektrolyse, solange noch überschüssiges Eisen im Bade enthalten ist, erhält man kohlenstofffreies Eisen.

[2]) Eisendraht mit 99,1 % reinem Eisen ergab einen scheinbaren Eisengehalt von über 100 % (Thiele u. Deckert: Zeitschr. f. angew. Chem. 1901, 14, 1233).   [3]) Stahl u. Eisen 1910, S. 413.

[4]) Kurzes Lehrbuch der analytischen Chemie, 7. Aufl. 1917, S. 516.

gestellten Permanganatlösung ermittelt hat. Nur bei Anschaffung eines
neuen Vorrates an Draht muß der scheinbare Eisengehalt von neuem
bestimmt werden.

Zur Bestimmung des scheinbaren Eisengehaltes verfährt man am
einfachsten wie folgt: Den von der Firma Felten & Guilleaume-
Lahmeyerwerke[1]) hergestellten Eisendraht reinigt man, indem man
ihn wiederholt durch ein zusammengefaltetes Stück Schmirgelpapier
zieht, bis er völlig blank wird. Hierauf zieht man ihn so oft durch
Fließpapier, bis er an letzterem keinen grauen Strich mehr hinterläßt.
Den so gereinigten Draht wickelt man um einen trockenen Glasstab und
wägt davon ungefähr 0,2 g ab, bringt ihn in einen höchstens 250 ccm
fassenden Rundkolben, den man schräg in ein Stativ eingeklemmt hat,
verdrängt die Luft durch Einleiten von Kohlendioxyd[2]), fügt 55 ccm
verdünnte Schwefelsäure (5 ccm konz. H_2SO_4 und 50 cm Wasser, vorher
gemischt) hinzu, setzt den Gummistopfen mit Bunsenventil oder
Contat-Göckelschen[3]) auf, erhitzt über kleinen Flämmchen bis zum
völligen Auflösen des Eisens und erhält kurze Zeit in leisem Sieden.
Dann läßt man erhalten, entfernt den Pfropfen und läßt die Permanganatlösung direkt zu der Flüssigkeit im Kolben fließen bis zur ½ Minute
lang bleibenden Rotfärbung.

Treadwell betont dabei noch, daß der scheinbare Eisengehalt
des Drahtes je nach den Bedingungen, die beim Lösen desselben herr-
schen, verschieden gefunden werden kann. So fällt er höher aus, wenn
man das Lösen im kleinen Kolben mit Bunsenventil bei Wasserbad-
temperatur vornimmt, als wenn man die Flüssigkeit längere Zeit zum
Sieden erhitzt, weil die Flüssigkeit dann mehr von den verunreinigenden
Stoffen zurückhält. Durch Lösen im großen Kolben bei gleichzeitigem
Durchleiten von CO_2 erhält man je nach der Dauer und Geschwindigkeit, mit welcher das CO_2 durch die Flüssigkeit streicht, höhere oder
niedrigere Resultate. Streicht aber das CO_2 rasch und lange genug durch
die Flüssigkeit, so sind die Ergebnisse dieselben bei Wasserbad- wie bei
Siedehitze, einerlei, ob man große oder kleine Flüssigkeitsmengen verwendet. Am sichersten arbeitet man in allen Fällen bei Siedetemperatur[4]).

Titration des Eisens nach Zimmermann-Reinhard[5]).

Im Jahre 1846 veröffentlichte Margueritte eine Methode zur
titrimetrischen Bestimmung des Eisens mit Kaliumpermanganat, und
zwar titrierte er das Eisen in verdünnter kalter salzsaurer Lösung. Lange
Zeit galt diese Methode als völlig einwandfrei, bis im Jahre 1862 Löwen-
thal und Lenssen zeigten, daß die Oxydation des Ferroeisens durch

---

[1]) Von C. Gerhardt in Bonn zu beziehen.
[2]) Das Kohlendioxyd läßt man zuerst durch eine Flasche mit Wasser
und dann durch einen Turm, der mit Bimssteinstückchen, die mit Kupfer-
vitriollösung getränkt sind, streichen.   [3]) Siehe S. 40.
[4]) Lunge: Zeitschr. f. angew. Chem. 1904, S. 267. H. Kinder:
Chemiker-Zeit. 1907, S. 69 u. 117.
[5]) Aus Beckurts: Die Methoden der Maßanalyse.

Permanganat nur in schwefelsaurer Lösung und bei Abwesenheit von Salzsäure ohne Störung verläuft, und daß in salzsaurer Lösung selbst bei starker Verdünnung eine Oxydation der Salzsäure zu Chlor stattfindet, und hierdurch der Verbrauch an Permanganat zu hoch ausfällt.

Keßler fand, daß der störende Einfluß der Salzsäure durch einen Zusatz von Schwefelsäure und auch von Sulfaten zurückgedrängt wird, und daß bei Gegenwart genügender Mengen Manganosulfat oder -chlorid absolut kein Chlor frei wird, und der Verbrauch an Permanganat ganz normal ist.

Die Keßlersche Beobachtung blieb gänzlich unbeachtet, bis im Jahre 1881 Zimmermann die gleiche Beobachtung machte und ihre Wichtigkeit für die Praxis betonte.

Die Theorie dieser Erscheinungen ist folgende:

Permanganat entwickelt aus Salzsäure in der Kälte und bei den Verdünnungen, wie sie bei der Bestimmung des Eisens in Frage kommen, nicht die geringste Menge Chlor. Auch bei Gegenwart von Ferrieisen findet nicht die geringste Entwicklung von Chlor statt. Sobald man aber ein Ferrosalz zu einer Mischung von Permanganat mit Salzsäure hinzusetzt, tritt ein deutlicher Geruch nach Chlor auf.

Keßler erklärte diese eigenartigen Vorgänge, bei denen eine Reaktion zwischen zwei Stoffen (hier Permanganat und Salzsäure), die unter den in Frage kommenden Umständen nicht miteinander reagieren, durch eine andere, gleichzeitig verlaufende Reaktion (hier die Oxydation des Ferrosalzes zu Ferrisalz) vermittelt wird, aus einem allgemeinen Prinzip, das er in Anlehnung an einen Bunsenschen Ausdruck als „Chemische Induktion‟ bezeichnete.

Zimmermann gab folgende Erklärung: Das Ferroeisen nimmt bei der Titration so begierig Sauerstoff auf, daß es in ein Hyperoxyd übergeführt wird, das sofort wieder in Ferrieisen und Sauerstoff, der auf die Chlorwasserstoffsäure unter Entwicklung von Chlor einwirkt, zersetzt wird. Ist nun Manganosalz in der zu titrierenden Lösung vorhanden, so kann dieses als Sauerstoffüberträger dienen, indem es zunächst Manganoxyd- oder -superoxydhydrat bildet, das dann das Ferroeisen zu Ferrieisen oxydiert. Dabei setzte er stillschweigend voraus, daß die höheren Oxyde des Mangans aus der Salzsäure unter den betreffenden Bedingungen kein Chlor frei machen. In neuerer Zeit zeigte Manchot, daß die Zimmermannsche Erklärung den Tatsachen völlig gerecht wird. Dieser Theorie zufolge entsteht nach Manchot bei allen Oxydationsprozessen ein Primäroxyd, das im allgemeinen den Charakter eines Superoxyds besitzt. Dieses Superoxyd ist in den seltensten Fällen faßbar, es wird meist sofort zersetzt, indem es Sauerstoff, entweder als Gas oder an andere Substanzen (Akzeptoren), die zugegen sind, abgibt. Ein solcher Akzeptor kann, wie in vorliegendem Fall das Ferrosalz, auch die Substanz selbst sein, die oxydiert wird (Selbstakzeptor). Das Primäroxyd bildet sich direkt aus der reagierenden Oxydationsstufe, die Zwischenstufen werden übersprungen. In dem vorliegenden Fall bildet sich aus dem Ferroeisen (nicht aus Ferrieisen) das Primäroxyd Fe_2O_5, das sowohl, und zwar vorwiegend, auf den Rest des Ferrosalzes, als auch in geringem Maße auf die Salzsäure oxydierend einwirkt.

Die Wirkung des Manganosalzes ist wahrscheinlich eine doppelte. Einerseits gibt es mit Permanganat Mangansuperoxyd, das das Ferrosalz zu Ferrisalz oxydiert, aber unter den obwaltenden Umständen ohne Einwirkung auf Salzsäure ist. Andererseits nimmt es den Sauerstoff des Eisenprimäroxyds auf und überträgt ihn auf noch vorhandenes Eisenoxydul.

Für die Titration mit Kaliumpermanganat ist es notwendig, daß das gesamte Eisen als Ferrosalz vorhanden ist. Für die Reduktion ist die Anwendung des Zinnchlorürs deswegen besonders bequem, weil ein Überschuß davon einfach durch Zusatz von überschüssigem Quecksilberchlorid unwirksam gemacht wird. Ganz ohne Einwirkung auf den Verlauf der Titration ist jedoch, wie Meineke gezeigt hat, das dabei gebildete Quecksilberchlorür nicht, insofern, als es auf das während der Titration entstehende Ferrichlorid reduzierend wirkt und so indirekt einen höheren Permanganatverbrauch veranlaßt. Das Quecksilberchlorür wirkt in diesem Fall als Akzeptor. Direkt wird es durch Permanganat auch etwas oxydiert, doch kommt dieser Umstand für die Titration nicht in Betracht, weil es erst nach der Beendigung der Oxydation des Ferrosalzes auf das Permanganat wirkt, und auf ein nachträgliches Verschwinden der Rosafärbung keine Rücksicht genommen werden darf.

Die Wirkung des Ferrichlorids auf das Quecksilberchlorür ist um so größer, je mehr von diesem vorhanden ist. Es ist deshalb unbedingt notwendig, nur einen möglichst kleinen Überschuß von Zinnchlorür zur Reduktion anzuwenden, damit auch nur wenig Quecksilberchlorür entsteht. Dagegen schadet ein größerer Überschuß von Quecksilberchlorid nicht, ist sogar von Vorteil, weil dadurch die Umsetzung mit dem Zinnchlorür beschleunigt wird.

Zu beachten ist ferner, daß das Zinnchlorür nicht momentan mit dem Quecksilberchlorid reagiert, und daß diese Reaktion in stark verdünnten Flüssigkeiten sogar praktisch unvollständig ist. Man muß daher die Reduktion immer in konzentrierter Lösung vornehmen und auch da noch eine halbe Minute warten, ehe man verdünnt und titriert.

Vor Zusatz der Quecksilberchloridlösung zu der reduzierten Eisenlösung muß letztere gut gekühlt werden, weil sich sonst mit dem weißen Quecksilberchlorür schwarzes metallisches Quecksilber als feiner Niederschlag abscheidet, der das Erkennen der Rosafärbung erschwert. Der schwarze Quecksilberniederschlag bildet sich auch, wenn viel überschüssiges Zinnchlorür vorhanden ist.

Der Zusatz der Mangansulfatlösung hat den auf S. 184 beschriebenen Zweck.

Die Phosphorsäure in der Lösung bezweckt die Umwandlung des entstehenden Ferrichlorids, das wegen seiner gelben Farbe die Endreaktion undeutlich macht, in farbloses phosphorsaures Eisenoxyd, wodurch der Umschlag der farblosen Flüssigkeit nach Rosa leicht erkennbar wird[1]).

Verwendet man zum Verdünnen statt destillierten Wassers Leitungswasser, so tut man gut, in einer gleich großen Menge des Leitungswassers festzustellen, wieviel Permanganatlösung nötig ist, um die in dieser Menge Leitungswasser vorhandenen organischen Substanzen zu oxydieren. In den meisten Fällen ist diese Menge so gering, daß sie vernachlässigt werden kann.

Die Gegenwart von Kupfer selbst in so großen Mengen, wie sie in der Praxis kaum vorkommen, ist ohne Einfluß. Nickel, Kobalt, Blei, Titan und Chrom bis zu 4% sind ebenfalls ohne Einfluß. Falls das Chrom als Chromsäure zugegen ist, hat man nur darauf zu achten, daß es völlig durch das Zinnchlorür reduziert wird. Bei Gegenwart größerer Mengen Chrom ist das Ende der Titration nicht zu erkennen. Arsen wirkt störend, wenn man beim Auflösen nicht mit Kaliumchlorat oxydiert und es dadurch in Arsensäure übergeführt hat. Antimon wirkt immer störend, ist aber meistens in so geringen Mengen zugegen, daß man keine Rücksicht darauf zu nehmen braucht. Vanadinsäure, die sich in Erzen nur in sehr geringer Menge, in größerer dagegen oftmals in Puddelschlacken vorfindet, wirkt störend, da sie durch Zinnchlorür reduziert wird. In solchem Fall muß das Eisen vorher durch Ammoniak abgeschieden werden, das Eisenhydroxyd filtriert, gewaschen, in Salzsäure gelöst und in dieser Lösung das Eisen titriert.

Titration des Mangans nach Volhard-Wolff.

Das zur Neutralisation der Salzsäure und zur Ausfällung des Eisens benutzte Zinkoxyd muß frei sein von Beimengungen, die Kaliumpermanganatlösung entfärben, z. B. metallisches Zink, Schwefelzink und Schwefelkadmium[2]). Man versäume daher niemals, das Zinkoxyd daraufhin zu prüfen. L. L. de Koninck empfiehlt hierfür folgendes Verfahren. Man verreibe in einem Porzellanmörser 2—3 g Zinkoxyd sorgfältig mit 20—30 ccm Wasser, in dem man 0,5—1 g reinen Eisenalaun ($Fe_2(SO_4)_3 \cdot (NH_4)_2SO_4 + 24\,H_2O$) gelöst hat. Darauf gibt man nach und nach unter Umrühren verdünnte Schwefelsäure bis zur vollständigen Auflösung hinzu, wobei jedoch ein großer Überschuß zu vermeiden ist. Darauf gibt man einen Tropfen Kaliumpermanganatlösung hinzu, der eine deutliche Rosafärbung bewirken soll. Enthält das Zinkoxyd obige Verunreinigungen, so würden diese das Eisenoxydsalz reduzieren und einen Verbrauch von Kaliumpermanganatlösung bewirken. Genügt das Zinkoxyd dieser Probe nicht, so hilft meistens ein Glühen desselben in der Muffel.

---

[1]) Die Phosphorsäure darf keine phosphorige Säure enthalten, die durch Permanganat oxydiert wird. Zur Prüfung verdünne man etwas Phosphorsäure mit Wasser und überzeuge sich, daß ein Tropfen Permanganatlösung die Phosphorsäure deutlich rosa färbt.

[2]) Zu bestellen als „indifferent gegen Kaliumpermanganat".

Das in Wasser aufgeschlämmte Zinkoxyd darf keine Körner enthalten, die von der schwach sauren Flüssigkeit entweder gar nicht oder nur sehr langsam gelöst werden. Auf jeden Fall muß so viel Zinkoxyd zugefügt werden, bis die überstehende Flüssigkeit farblos erscheint, und auf dem Boden des Kolbens ein kleiner Überschuß von Zinkoxyd sich befindet, der notwendig ist, um die bei der Titration entstehende freie Chlorwasserstoffsäure zu binden. Die Reaktion verläuft nach folgender Gleichung:

$$3\,MnCl_2 + 2\,KMnO_4 + 2\,ZnO = 2\,KCl + 5\,MnO_2 + 2\,ZnCl_2.$$

Ohne Anwesenheit von Zinkoxyd würde die Umsetzung folgendermaßen verlaufen:

$$3\,MnCl_2 + 2\,KMnO_4 + 2\,H_2O = 2\,KCl + 5\,MnO_2 + 4\,HCl.$$

Die freie Chlorwasserstoffsäure würde in der Hitze teils lösend auf das ausgeschiedene MnO_2 wirken, teils zersetzend auf das zufließende Permanganat.

Das in der Lösung enthaltene Eisen muß als Ferrisalz vorhanden sein, da Ferrosalze durch Kaliumpermanganat ebenfalls oxydiert würden.

Als Titerflüssigkeit benutzt man die gleiche Kaliumpermanganatlösung wie zur Eisentitration. Den Titer für Mangan erhält man, indem man den Titer auf Eisen mit 0,2952 multipliziert. Diese Zahl erhält man folgendermaßen. Nach der Gleichung

$$3\,MnCl_2 + 2\,KMnO_4 + 2\,ZnO = 2\,KCl + 5\,MnO_2 + 2\,ZnCl_2$$

entsprechen $3\,MnCl_2 = 2\,KMnO_4$. Aus der Gleichung

$$10\,FeSO_4 + 2\,KMnO_4 + 8\,H_2SO_4 = 5\,Fe_2(SO_4)_3 + 2\,MnSO_4 + K_2SO_4 + 8\,H_2O$$

folgt, daß $2\,KMnO_4$ entsprechen $10\,FeSO_4$ und auch gleichzeitig $3\,MnCl_2$ oder $10\,Fe = 3\,Mn$. Nach Einsetzen der Atomgewichte erhält man $10 \cdot 55{,}84$ Gewichtsteile Eisen entsprechen $3 \cdot 54{,}93$ Gewichtsteilen Mangan. 1 Gewichtsteil Eisen entspricht also $\dfrac{164{,}79}{558{,}4} = 0{,}2951$ Gewichtsteilen Mangan. Man muß also den Eisentiter der Kaliumpermanganatlösung mit 0,2951 multiplizieren, um den Mangantiter zu bekommen.

Dieser theoretisch ermittelte Titer ist nur unter der Annahme richtig, daß auch alles Mangan zu MnO_2 oxydiert wird. In der Praxis rechnet man meistens mit dem Faktor 0,29713, der aber nur richtige Resultate liefert, wenn der Niederschlag filtriert wird. Läßt man den Eisenhydroxydniederschlag in der zu titrierenden Flüssigkeit, rechne man mit dem oben angegebenen theoretischen Faktor.

Nach neueren Untersuchungen ist dies nur dann der Fall, wenn man einen Überschuß von Kaliumpermanganat zusetzt, und die Lösung kocht. Für genaue Bestimmungen ist es daher nötig, so wie oben angegeben zu verfahren und den Überschuß der Permanganatlösung mit arseniger Säure zurückzutitrieren. Aus diesem Grunde erklärt es sich, daß der Mangantiter verschieden angegeben wird. Manche Chemiker rechnen mit der Zahl 0,308, andere mit 0,303 oder mit 0,300.

Diese Verschiedenheit wird dadurch klar, daß die Titration unter verschiedenen Bedingungen ausgeführt wurde, einmal in siedend heißer Lösung unter Anwendung eines Überschusses von Permanganatlösung, ein anderes Mal bei 80⁰.

Auf dem Kongreß für angewandte Chemie in Rom 1906 ist festgelegt worden, daß jeder sich den Titer der Permanganatlösung selbst stellen muß, und zwar muß die Titerstellung und die Titration immer unter den gleichen Bedingungen vorgenommen werden.

Ein geringerer oder größerer Zinkoxydüberschuß hat bei Chloriden und Nitraten auf den Verbrauch an Permanganatlösung keinen wesentlichen Einfluß. Sulfate dagegen bewirken bei geringem Zinkoxydüberschuß einen höheren Verbrauch an Permanganatlösung als bei großem Überschuß.

Der Chemikerausschuß des Vereins Deutscher Eisenhüttenleute[1]) hat durch sorgfältige umfangreiche Arbeiten folgendes festgestellt: Die Permanganatlösung soll mit einer Substanz von genau ermitteltem Mangangehalt eingestellt werden und die Titerstellung genau so ausgeführt werden wie die Titration der zu untersuchenden Lösung. Als Ausgangssubstanz eignet sich Kaliumpermanganat, das in zuverlässiger Reinheit von den chemischen Fabriken geliefert wird. Von diesem Salz wägt man ungefähr 1,5 g ein, löst es in einer Porzellanschale in wenig Wasser auf, gibt 15—20 ccm Salzsäure (spez. Gewicht 1,19) allmählich hinzu und kocht, bis die Lösung klar ist und das Chlor vollständig ausgetrieben ist. Nach dem Erkalten gießt man die Lösung in einen 250-ccm-Meßkolben und füllt mit Wasser bis zur Marke auf. Von der durch Umschwenken gut gemischten Lösung entnimmt man mit einer Pipette 50 ccm in einen 500-ccm-Kochkolben, verdünnt auf 300—350 ccm, gibt in Wasser aufgeschlämmtes Zinkoxyd in geringem Überschuß hinzu und erhitzt zum Sieden. Zu der kochenden Lösung läßt man aus einer Bürette auf einmal so viel Kaliumpermanganatlösung zufließen, daß das Mangan beinahe vollständig gefällt wird, schwenkt kräftig um, damit sich das ausgeschiedene Mangandioxydhydrat schnell zusammenballt und absetzt und beobachtet, ob die überstehende klare Flüssigkeit rot gefärbt ist. Bei richtig bemessenem Zusatz ist dies noch nicht der Fall. Dann titriert man unter tropfenweisem Zusatz und jedesmaligem gutem Umschütteln weiter, bis die überstehende Flüssigkeit eben hellrosa gefärbt ist.

Reines Kaliumpermanganat enthält 34,71 % Mn. Auf jeden Fall überzeugt man sich von der Reinheit dieses Salzes dadurch, daß man den Mangangehalt gewichtsanalytisch durch Fällen mit Schwefelammon und Wägen des Mangans als Sulfid bestimmt.

Bei der Verwendung von reinem Kaliumpermanganat ist es sehr schwer, die Bedingungen, unter denen man den Titer stellt, auf die Titration von Erz- oder Eisenlösungen zu übertragen. Aus diesem Grunde erscheint es zweckmäßiger, den Mangangehalt in einem Erz bzw. in einer Eisen- oder Stahlprobe gewichtsanalytisch dadurch zu bestimmen, daß

---

[1]) Stahl und Eisen 1913. 33. 633.

man die Hauptmenge des Eisens nach dem Verfahren von Rothe[1]) und den Rest durch Fällung mit Natriumazetat entfernt und aus der eisenfreien Lösung das Mangan gewichtsanalytisch bestimmt. Von dem betreffenden Erz oder Eisen hält man sich eine größere Menge vorrätig und nimmt davon zur jedesmaligen Titerstellung[2]). Dieses Verfahren der Titerstellung ist schon deshalb vorzuziehen, weil das Vorhandensein des Eisenhydroxydniederschlages einen merkbaren Mehrverbrauch von Permanganat verursacht, den man allerdings durch partielle Filtration des Niederschlages vermeiden kann.

Fällung der Phosphorsäure durch Molybdänlösung[3]).

Da die Fällung der Phosphorsäure durch Molybdänlösung die einzige Methode ist, die gestattet, die Phosphorsäure in Gegenwart der meisten anderen Substanzen zu fällen, so wird diese Methode am meisten angewendet. Bedingungen für genaues Arbeiten sind:

Die Phosphorsäure muß in der Lösung als Orthosphosphorsäure enthalten sein. Kieselsäure und Arsensäure dürfen in der Lösung nicht enthalten sein, da dieselben mit Molybdänsäure einen Niederschlag von kiesel- bzw. arsenmolybdänsaurem Ammon bilden, also Molybdänsäure binden, die später gewogen oder titriert wird und dadurch das Resultat erhöht. Die Lösung muß so viel freie Salpetersäure enthalten, daß unter gleichen Versuchsbedingungen bei Abwesenheit von Phosphorsäure keine Molybdänsäure ausfällt; und zwar erfordert 1 g P_2O_5 11,6 g HNO_3. Ein Überschuß bis zu 35,5 g übt keine störende Wirkung aus. Durch mehr Salpetersäure wird der Niederschlag gelöst, aber durch Vermehren des Ammoniummolybdats wird die lösende Wirkung der Salpetersäure wieder aufgehoben, und zwar werden durch 1 g Ammoniummolybdat 55,7 g Salpetersäure unwirksam gemacht.

Das Volumen der zuzusetzenden Molybdänlösung muß mindestens das Vierfache der zu fällenden Lösung betragen, weshalb letztere stark zu konzentrieren ist. 1 Mol. P_2O_5 verlangt theoretisch 48 Mol. MoO_3. Da man über den annähernden Gehalt an P_2O_5 in einer Erz- oder Eisenlösung gewöhnlich Anhaltspunkte hat, so ist die Berechnung der zuzusetzenden Menge Molybdänlösung leicht möglich. Die Berechnung wird erleichtert durch die annähernde Gleichheit der Molekulargewichte ($P_2O_5 = 142$; $MoO_3 = 144$). Für die aus Ammoniummolybdat $(NH_4)_6Mo_7O_{24} + 4\,H_2O$ hergestellten Lösungen ist zu beachten, daß dieses Salz 81,5 % MoO_3 enthält. Man tut aber für alle Fälle gut, die doppelte der theoretisch nötigen Menge zuzusetzen, weil der gelbe Niederschlag auch in Phosphorsäure löslich ist, und diese Löslichkeit durch einen Überschuß von Molybdänlösung aufgehoben werden kann.

---

[1]) Siehe S. 42.

[2]) Vom Preußischen Materialprüfungsamt in Berlin-Dahlem können Normalstahlproben mit Angabe des Mangangehaltes bezogen werden. Zweckmäßig verwendet man zum Titerstellen einen Normalstahl, dessen Mangangehalt ungefähr der zu untersuchenden Probe entspricht.

[3]) Das Verfahren ist von Eggertz im Jahre 1860 gefunden worden.

Organische Körper, Weinsäure, Oxalsäure, beeinträchtigen oder verhindern ebenfalls die Fällung, ebenso die beim Auflösen kohlenstoffhaltigen Eisens entstehenden organischen Substanzen.

Der Niederschlag ist unlöslich in verdünnter Salpetersäure, Schwefelsäure und Salzsäure. Konzentrierte Säuren dagegen beeinträchtigen die Fällung, selbst bei überschüssiger Molybdänlösung, namentlich große Mengen freier Salzsäure. Meinecke[1]) hat gezeigt, daß Ammoniumchlorid keinerlei Änderung im Resultat bewirkt, man kann also die salzsaure Lösung mit Ammoniak im Überschuß versetzen und letzteren mit Salpetersäure fortnehmen. Am sichersten aber gelingt die Fällung in rein salpetersaurer Lösung.

Zu hohes Erhitzen der Lösungen (über 60º), ebenso zu langes Stehenlassen der Fällung ist zu vermeiden, weil sonst freie Molybdänsäure ausgeschieden wird. Arsensäure gibt bei gewöhnlicher Temperatur und nicht zu langem Stehen keine Fällung. Der Zusatz von Ammonnitrat einige Zeit nach dem Zugeben von Molybdänlösung, besonders bei Gegenwart von freier Salzsäure, begünstigt nicht nur die Fällung des Niederschlages, sondern ist absolut notwendig und in einer Menge von 5% (berechnet auf das endgültige Volumen) genügend. Enthält die Lösung Schwefelwasserstoff (Fällung der Phosphorsäure bei Gegenwart von Arsensäure), so muß dieser durch Kochen vollständig entfernt werden, da sonst die Molybdänsäure reduziert oder gar als Schwefelmolybdän gefällt wird.

Da der gelbe Niederschlag in Wasser etwas löslich ist, wäscht man ihn mit Wasser, dem man 5% Ammoniumnitrat und 2% Salpetersäure (spez. Gewicht 1,2) zugesetzt hat, bis das Filtrat mit Rodankalium keine Eisenreaktion mehr gibt. Man ist dann sicher, daß auch die überschüssige Molybdänlösung ausgewaschen ist. Für den Fall aber, daß man den Niederschlag mit Natronlauge titrieren will[2]), wäscht man zuerst einige Male (2—3 mal) mit 2%iger Salpetersäure und zuletzt mit 5%iger neutraler Kaliumnitratlösung, bis die durchlaufende Flüssigkeit säurefrei ist[3]). Ein Rückhalt an Säure im Niederschlag würde einen Mehrverbrauch an Lauge verursachen. Verwendet man zum Filtrieren ein Filter aus Papiermasse[4]), so kann man, besonders wenn der Niederschlag gering ist, ihn mit reinem Wasser waschen, da man in diesem Fall mit etwa 30 ccm Waschwasser auskommt, und die Löslichkeit des gelben Salzes in Wasser kaum in Betracht kommt. Man muß aber oftmals prüfen, ob die Säure entfernt ist, um unnötig langes Auswaschen zu vermeiden.

Titration des phosphormolybdänsauren Ammons mit Natronlauge.

Das Prinzip dieser Methode ist zuerst von Thilo angewendet worden[5]). Später ist dieses Verfahren auch von J. O. Handy[6]) und von H. Pemberton[7]) veröffentlicht worden.

[1]) Chemiker-Ztg. 1896. 20. 113.   [2]) Siehe S. 21.
[3]) Prüfung mit Kongopapier.   [4]) Siehe S. 21.
[5]) Chemiker-Ztg. 1887. 11. 193.   [6]) Chem. News. 1892.
[7]) Journ. Amer. Chem. Soc. 1893.

Die Umsetzung des gelben Niederschlages mit Natronlauge verläuft nach folgender Gleichung:

$$2\,(NH_4)_3PO_4 \cdot 12\,MoO_3 + 46\,NaOH = 2\,(NH_4)_2HPO_4 + (NH_4)_2MoO_4$$
$$+ 23\,Na_2MoO_4 + 22\,H_2O.$$

Aus dieser Formel ergibt sich, daß 12,96 Gewichtsteile NaOH 1 Gewichtsteil P_2O_5 entsprechen. Tatsächlich wird aber etwas mehr Alkali verbraucht (wahrscheinlich infolge der Entwicklung geringer Mengen von Ammoniak), damit das Phenolphthalein alkalische Reaktion anzeigt.

Da aber die Menge des Alkalis, die nötig ist, um den Farbenumschlag hervorzurufen, stets proportional der Menge des gelben Salzes ist, so kann sie als genaues Maß für die Menge der gefällten Phosphorsäure dienen. Aus diesem Grunde stellt man den Titer der Natronlauge durch Titrieren einer bekannten Menge des gelben Salzes (siehe S. 175).

Bestimmung des Arsens.

Arsenige Säure wird in alkalischer Lösung durch Jodlösung zu Arsensäure oxydiert. Auch eine saure Lösung wird oxydiert, aber man verbraucht je nach der Verdünnung verschiedene Mengen Jod, weil die Reaktion eine umkehrbare ist.

$$As_2O_3 + 4\,J + 2\,H_2O \rightleftharpoons As_2O_5 + 4\,HJ.$$

Neutralisiert man die hierbei entstehende Jodwasserstoffsäure sofort bei ihrer Bildung, so verläuft die Reaktion in der Kälte quantitativ im Sinne obiger Gleichung von links nach rechts. Zum Neutralisieren fügt man Alkali hinzu, aber ein solches, das selbst kein Jod verbraucht. Alkalihydroxyde und normale Alkalikarbonate darf man nicht verwenden, weil sie meßbare Mengen von Jod verbrauchen. Nur auf die Bikarbonate der Alkalien wirkt Jod nicht ein, weshalb man diese zum Neutralisieren der Jodwasserstoffsäure allein verwenden darf.

Die oxydierende Wirkung des Jods und der Halogene überhaupt beruht auf ihrer Verwandtschaft zu Wasserstoff. Diese wird durch eine Zersetzung des Wassers bedingt, bei der der Wasserstoff an das Jod unter Bildung von Jodwasserstoffsäure, und der Sauerstoff an den oxydablen Körper übertritt. Die Gegenwart des letzteren ist ebenso nötig für den Vollzug dieser Spaltung, wie die des Jods, da dieses allein das Wasser nicht zu zerlegen vermag. Sieht man von dem für diese Reaktion unbedingt nötigen Vorhandensein des oxydablen Körpers ab, so könnte man sich die Zerlegung des Wassers durch Halogen folgendermaßen vorstellen:

$$H_2O + 2\,J = 2\,HJ + O.$$

Es muß also bei einer Oxydation durch Halogene stets Wasser zugegen sein.

Bei der **Titerstellung der Natriumthiosulfatlösung**[1]) wurde Kaliumjodat (KJO_3) verwendet. Setzt man zu einer Lösung von Kaliumjodat Schwefelsäure, so wird Jodsäure frei gemacht.

$$KJO_3 + H_2SO_4 = HJO_3 + KHSO_4.$$

---

[1]) Siehe S. 176.

Ebenso wird aus dem hinzugefügten Jodkalium durch Schwefelsäure Jodwasserstoffsäure in Freiheit gesetzt:

$$5\ KJ + 5\ H_2SO_4 = 5\ HJ + 5\ KHSO_4\,.$$

Die frei gewordene Jodsäure setzt sich nunmehr mit der frei gewordenen Jodwasserstoffsäure unter Ausscheidung des gesamten Jods gemäß folgender Gleichung um:

$$HJO_3 + 5\ HJ = 3\ H_2O + 6\ J\,.$$

Aus den vorstehenden drei Gleichungen ersieht man, daß 1 Mol. = 214 Gewichtsteile jodsaures Kalium 6 Atome = 761,5 Gewichtsteile Jod frei machen.

Während die Jodsäure schon an und für sich auf das Jodkalium unter Jodabscheidung einwirkt, tritt beim neutralen jodsauren Kalium die Jodabscheidung erst bei Gegenwart einer Säure ein, und zwar ist die ausgeschiedene Jodmenge äquivalent der vorhandenen Säure im Sinne obiger Gleichung. Bei dieser Methode ist zu beachten, daß das Jodkalium völlig neutral (frei von jodsaurem Kali) ist[1]). Schon die Kohlensäure der Luft macht aus der Jodat-Jodidlösung Jod frei. Es muß stets ein Überschuß von Jodkalium zugesetzt werden, damit das ausgeschiedene Jod in Lösung bleiben kann.

Natriumthiosulfatlösung.

Eine mit völlig kohlensäurefreiem Wasser bereitete Lösung ist sehr lange haltbar, ohne ihren Wirkungswert zu ändern. Da aber das destillierte Wasser stets Kohlensäure enthält, zersetzt sich die Natriumthiosulfatlösung nach folgender Gleichung:

$$Na_2S_2O_3 + 2\ H_2CO_3 = 2\ NaHCO_3 + H_2S_2O_3$$
$$H_2S_2O_3 = H_2SO_3 + S\,.$$

Der Titer der Lösung wächst stetig, weil die entstehende schweflige Säure mehr Jod verbraucht als die Menge Thioschwefelsäure, aus der sie entstanden ist.

$$H_2SO_3 + 2\ J + H_2O = 2\ HJ + H_2SO_4$$
$$2\ H_2S_2O_3 + 2\ J = 2\ HJ + H_2S_4O_6\,.$$

Man befreit daher das zur Lösung zu verwendende destillierte Wasser durch Kochen von der Kohlensäure. Zweckmäßig läßt man aber die Lösung 8—14 Tage stehen, ehe man den Titer stellt. Nach dieser Zeit ist die auch im ausgekochten destillierten Wasser noch enthaltene geringe Menge Kohlensäure verbraucht, und die Lösung hält sich mehrere Monate lang ohne nennenswerte Veränderung.

---

[1]) Die mit ausgekochtem und wieder erkaltetem Wasser hergestellte Jodkaliumlösung (1:20) darf bei einer frisch bereiteten Lösung auf Zusatz von reiner verdünnter Schwefelsäure und frischer Stärkelösung nicht sofort eine Blaufärbung geben.

Die Einwirkung von Jod auf Thiosulfat ist im Gegensatz zu derjenigen des Chlors und des Broms[1]) eine durchaus eigentümliche, indem nämlich Jod das Natriumthiosulfat nur in tetrathionsaures Natrium überzuführen vermag. Die Reaktion verläuft nach der Gleichung:

$$2\,Na_2S_2O_3 + 2\,J = Na_2S_4O_6 + 2\,NaJ.$$

Allgemeine Regeln für jodometrische Bestimmungen.

Wird bei diesen Bestimmungen das Jod aus dem Jodkalium durch den zu bestimmenden Stoff frei gemacht, so muß Jodkalium stets in genügender Menge vorhanden sein. Ist man darüber im Zweifel, so tut man gut, nach dem Verschwinden der blauen Farbe nochmals etwas Jodkalium zuzusetzen und zu beobachten, ob von neuem Jod frei gemacht wird. Bei Titration in saurer Lösung muß man darauf achten, daß die Lösung nicht zuviel freie Säure enthält, weil sonst leicht durch den Luftsauerstoff Jod aus der Jodwasserstoffsäure frei gemacht wird. Außerdem muß man beim Titrieren mit Thiosulfatlösung immer gut umschütteln oder umrühren, um eine örtliche Zerlegung des Thiosulfats in Schwefel und schweflige Säure zu vermeiden. $Na_2S_2O_3 + 2\,HCl = S + SO_2 + 2\,NaCl + H_2O$: Demgemäß würde unter diesen Umständen ein Mehrverbrauch von Jod eintreten, da die schweflige Säure doppelt soviel Jod verbraucht als Thiosulfat, aus dem sie entstanden ist.

$$2\,J + 2\,Na_2S_2O_3 = 2\,NaJ + Na_2S_4O_6$$
$$2\,J + SO_2 + 2\,H_2O = 2\,HJ + H_2SO_4.$$

Mit Natriumthiosulfat kann man Jod nur in saurer oder vollkommen neutraler Lösung titrieren; mit arseniger Säure nur in neutraler oder alkalibikarbonathaltiger Lösung, aber niemals in ausgesprochen alkalischer Lösung, weil Alkalihydroxyde, ebenso wie normale Alkalikarbonate meßbare Mengen von Jod verbrauchen. Bei allen jodometrischen Bestimmungen verwendet man als Indikator Stärkelösung[2]). Hierbei ist zu beachten, daß die blaue Farbe der Jodstärke in der Hitze an Intensität verliert und beim Erkalten wiederkehrt. Je kälter die Lösung ist, desto intensiver ist die Färbung. Man darf also nicht bei erhöhter Temperatur titrieren, was übrigens auch schon die Flüchtigkeit des Jods verbietet. Bei der Reaktion zwischen Ferrisalz und Jodkalium darf die Eisenlösung nicht zu verdünnt sein. Um die Umsetzung, d. h. die Abscheidung des Jods quantitativ zu gestalten, muß das Eisen als Salz einer starken Mineralsäure vorhanden sein, weil bei Gegenwart schwacher Säuren die Reaktion nicht, wie in der Umsetzungsgleichung $FeCl_3 + KJ = FeCl_2 + KCl + J$ angegeben ist, von links nach rechts verläuft, sondern gerade umgekehrt, d. h. das ausgeschiedene Jod oxydiert das Ferrosalz. Enthält die Lösung außer Mineralsäure selbst geringe Mengen von Essigsäure, Oxalsäure usw., so verläuft die Reaktion nicht quantitativ. Da alle umkehrbaren Reaktionen nicht momentan

---

[1]) Durch Chlor und Brom wird Natriumthiosulfat unter Mitwirkung von Wasser zu Natriumsulfat oxydiert.
[2]) Bereitung der Stärkelösung S. 177.

verlaufen, so muß man bei den jodometrischen Bestimmungen einige Zeit warten, ehe man mit Thiosulfat titrieren kann. Für den schnellen quantitativen Verlauf der Reaktion ist eine geringe Menge von Mineralsäure günstig, weil die Hydrolyse des Ferrisalzes vermindert wird, große Mengen freier Säure wirken dagegen schädlich, weil sie einerseits die Umkehrung der Reaktion begünstigen, andererseits aber auch den Einfluß des Luftsauerstoffs verstärken können.

Bestimmung des Chroms.

Titration mit Kaliumpermanganat. Setzt man zu einer Lösung von Chromsäure Ferrosalzlösung, so findet schon in der Kälte eine Reduktion der Chromsäure zu Chromoxyd und eine Oxydation des Ferrosalzes zu Ferrisalz statt.

$$K_2Cr_2O_7 + 6\,FeSO_4 + 7\,H_2SO_4$$
$$= Cr_2(SO_4)_3 + 3\,Fe_2(SO_4)_3 + K_2SO_4 + 7\,H_2O.$$

Nach dieser Gleichung entsprechen

$$6\,\text{Äquiv. Fe} = 2\,\text{Äquiv. Cr}$$

oder

$$1\,\text{Äquiv. Cr} = 3\,\text{Äquiv. Fe}$$
$$52 = 3 \cdot 55{,}84.$$

Man erhält also den Titer der Kaliumpermanganatlösung für Chrom, wenn man ihren Titer für Eisen multipliziert mit $\dfrac{52}{3 \cdot 55{,}84} = 0{,}31$.

Berechnung des Chroms in einem Chromstahl.

Angenommen 1 ccm der zum Titrieren verwendeten Permanganatlösung entspricht 0,00878 g Fe.

Einwage: 1,0083 g Chromstahl.

Gewicht des Mohrschen Salzes, das zum Reduzieren der Chromsäure zugesetzt wurde, 0,5192 g. Dieses enthält 0,07417 g Fe. Diese Menge verbraucht zur Oxydation durch Permanganat $\dfrac{0{,}07417}{0{,}00878} = 8{,}45$ ccm Permanganatlösung. Zum Titrieren des durch die Chromsäure nicht oxydierten Ferrosalzes wurden gebraucht 7,50 ccm. Die Differenz beträgt also 0,95 ccm Permanganatlösung. Die dieser Permanganatmenge entsprechende Eisenmenge beträgt $0{,}95 \cdot 0{,}00878$ g $= 0{,}0083$ g Fe. Diese Menge Eisen wurde also durch die Chromsäure oxydiert. Multipliziert man diesen Wert mit der oben angegebenen Zahl 0,31, so ergibt sich die Chrommenge, die in 1,0083 g Stahl enthalten ist, zu 0,0026 g. Der Stahl enthält also 0,26% Chrom.

Titration mit Natriumthiosulfat. Die Umsetzung der Chromsäure mit Jodkalium vollzieht sich nach folgender Gleichung:

$$K_2Cr_2O_7 + 6\,KJ + 14\,HCl = 8\,KCl + 2\,CrCl_3 + 7\,H_2O + 3\,J_2.$$

Hieraus folgt, daß 104 Gewichtsteile Chrom entsprechen 761,52 Gewichtsteilen Jod.

Oder 1 Gewichtsteil Jod = 0,14 Gewichtsteilen Chrom.

Titerstellung der Natriumthiosulfatlösung auf Jod siehe S. 176.

Da das Kaliumdichromat sehr rein im Handel zu haben ist[1]), kann man dieses zur Titerstellung benutzen.

Man wägt 2,828 g reines bei 130⁰ getrocknetes Kaliumdichromat ab, löst es in Wasser und verdünnt zu 500 ccm. Von dieser Lösung entnimmt man 20 ccm (= 0,04 g Chrom), setzt 15—20 ccm Jodkaliumlösung (10%) hinzu, säuert mit Salzsäure schwach an, verdünnt mit ungefähr 500 ccm Wasser und titriert das ausgeschiedene Jod mit Natriumthiosulfatlösung.

Aus dem Verbrauch und der Einwage (0,04 g Chrom) berechnet man den Titer auf Chrom.

Titrimetrische Bestimmung des Kalks.

Bei dieser Bestimmung wird die an Kalzium gebundene Oxalsäure durch Kaliumpermanganat zu Kohlensäure oxydiert. Die Reaktion verläuft nach folgender Gleichung:

$$5\,H_2C_2O_4 + 2\,KMnO_4 + 3\,H_2SO_4 = 10\,CO_2 + 2\,MnSO_4 + K_2SO_4 + 8\,H_2O.$$

Das Freiwerden von Kohlensäure macht sich durch schwaches Aufschäumen der Flüssigkeit bemerkbar. In der Kälte verläuft die Reaktion sehr langsam, bei 50⁰—60⁰ aber sehr schnell, wobei allerdings die ersten Tropfen der Permanganatlösung erst nach einigen Augenblicken entfärbt werden. Ist die Reaktion aber erst einmal eingeleitet, so ist der weitere Verlauf ein rascher und der Umschlag nach Rot ein sehr scharfer.

Aus den beiden Reaktionsgleichungen

$$\underbrace{5\,CaC_2O_4}_{CaO\cdot C_2O_3} + 2\,KMnO_4 + 8\,H_2SO_4 = 10\,CO_2 + 2\,MnSO_4 + K_2SO_4 + 5\,CaSO_4 + 8\,H_2O$$

$$10\,FeSO_4 + 2\,KMnO_4 + 8\,H_2SO_4 = 5\,Fe_2(SO_4)_3 + 2\,MnSO_4 + K_2SO_4 + 8\,H_2O$$

folgt, daß 2 KMnO₄ entsprechen 10 Fe und auch 5 CaO.

Es verhält sich also $\overset{560}{}\qquad\overset{280}{}$

Eisentiter: Kalziumoxydtiter = 560 : 280 = 2 : 1.

Man muß also den Eisentiter der Permanganatlösung durch 2 dividieren, um den Kalziumoxydtiter zu erhalten.

Der Gooch-Tiegel.

Dieser ist ein mit durchlochtem Boden versehener Porzellantiegel (Abb. 27), auf dessen Boden eine Schicht Asbest gelegt wird, darüber kommt eine Siebplatte aus Porzellan und auf diese wieder eine Schicht Asbest.

---

[1]) Siehe S. 171, Anm. 2.

13*

Herstellung des Filters[1].

Weichen, langfaserigen Asbest schneidet man in etwa ½ cm lange Stücke und erwärmt diese mit Salzsäure (spez. Gewicht 1,124) in bedeckter Porzellanschale 1 Stunde lang auf dem Wasserbad. Dann gießt man die Säure ab, bringt den Asbest in einen mit Platinkonus versehenen Trichter und wäscht mit heißem Wasser so lange aus, bis das durchlaufende Wasser mit Silbernitrat nicht mehr auf Salzsäure reagiert. Den gereinigten Asbest trocknet man und hebt ihn in einer gut schließenden weithalsigen Flasche mit Glasstopfen auf.

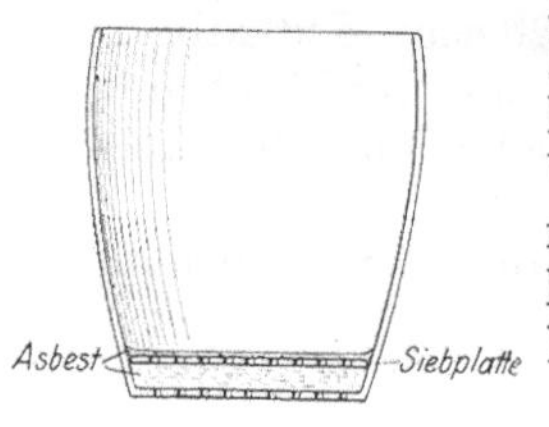

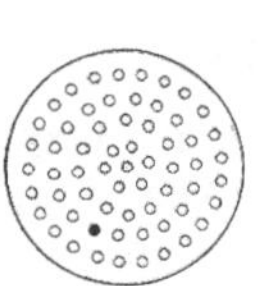

Abb. 27.

Um den Gooch-Tiegel als Filter zu benutzen, spannt man über einen Trichter einen dünnen Gummischlauch, setzt den Trichter unter Anwendung eines Gummistopfens auf einen Saugkolben und stellt den Tiegel in die Öffnung des Gummischlauches. Der Trichter muß so groß sein, daß der Tiegel schwebend von dem Gummischlauch getragen wird (Abb. 28). Auf den Boden des Tiegels legt man eine 1—2 mm dicke Schicht von breit gezupftem Asbest und drückt ihn, mit einem am Ende breit gedrückten Glasstab sanft gegen den Boden. Dann schlämmt man in einem Becherglas etwas Asbest mit Wasser auf und gießt diesen Brei in gleichmäßiger Verteilung in den Tiegel, während dieser unter sehr schwachem Druck steht. Man darf hierbei, ebenso wie später beim Filtrieren, keinen starken Druck anwenden, weil sonst das Filter und der Niederschlag so fest zusammengepreßt werden, daß das Filtrieren und Auswaschen sehr verzögert werden. Bei der eben beschriebenen Anordnung reguliert sich der Druck insofern selbsttätig, als bei zu starkem Druck zwischen Schlauch und Tiegel Luft eindringt.

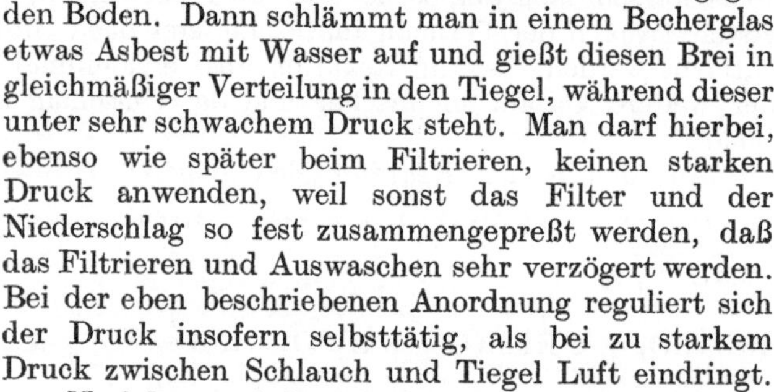

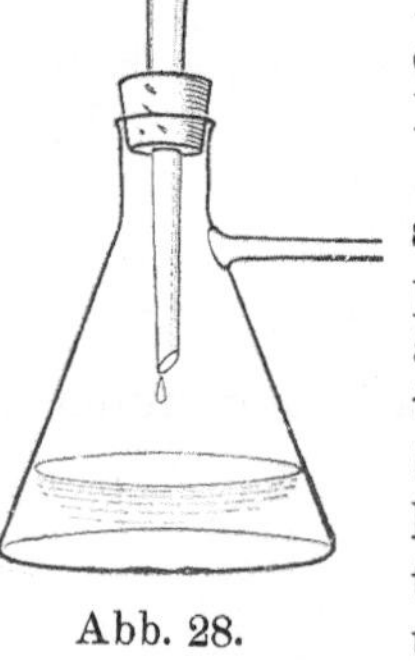

Abb. 28.

Nachdem auf diese Weise eine neue etwa 1 mm starke Asbestschicht entstanden ist, legt man die Siebplatte auf, drückt sie sanft an und gießt nun von dem aufgeschlämmten Asbest so viel in gleichmäßiger Verteilung auf, daß die Scheibe mit einer ganz dünnen Schicht bedeckt ist. Dann gießt man so lange Wasser hindurch, bis dieses vollkommen klar durchfließt, trocknet das Filter bei der gewünschten Temperatur, und wägt den Tiegel, der nun zum Filtrieren benutzt werden kann.

Beim Filtrieren kommt es öfters vor, daß beim Aufgießen der Flüssigkeit kleine Asbestfasern anfangs sich vom Filter ablösen; in

---

[1] Paul: Zeitschr. für analyt. Chem. 1892, S. 543. Henz: Zeitschr. für anorgan. Chem. 1903, S. 13.

solchem Fall gießt man das Filtrat wieder in das Fällungsgefäß zurück. Nach kurzer Zeit ist das Filtrat frei von Asbestfasern.

Mit Hilfe eines Gooch-Tiegels kann man sehr viele Niederschläge gleicher Zusammensetzung filtrieren, ohne das Filter zu erneuern. Ist schließlich der Tiegel zu voll, so entfernt man vorsichtig die Hauptmenge des Niederschlages, ohne das Asbestfilter zu verletzen, und benutzt den Tiegel von neuem.

Um einen Niederschlag im Gooch-Tiegel zu glühen, stellt man den Tiegel in einen größeren Porzellantiegel, in dem sich in halber Höhe ein Asbestring befindet, in den der Gooch-Tiegel sicher eingestellt werden kann. Wenn nötig, kann man sogar den Tiegel auf dem Gebläse glühen.

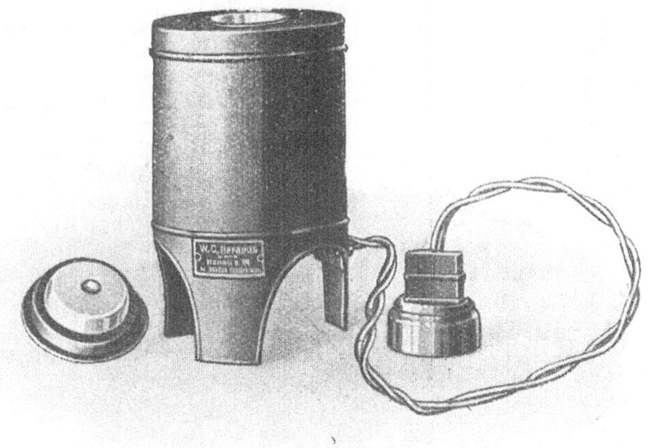

Abb. 29.

Weit bequemer als die Porzellan-Gooch-Tiegel mit Asbestfilter sind die Platin-Gooch-Tiegel mit Platinfilter nach Neubauer[1]). Diese Tiegel stellt man zum Glühen in einen größeren Platintiegel mit Asbestring. Für das Glühen von Niederschlägen, besonders von solchen, die nicht über eine bestimmte Temperatur hinaus erhitzt werden dürfen (z. B. Wolframsäure), oder von denen reduzierend wirkende Flammengase ferngehalten werden müssen (z. B. $Mg_2P_2O_7$), eignet sich sehr gut der von der Firma W. C. Heraeus konstruierte elektrische Widerstandsofen (Abb. 29), in dem die Temperatur bequem mit Hilfe eines Pyrometers von Le Chatelier gemessen werden kann. Durch Einschalten von Ruhstratschen Widerständen in den Stromkreis kann man die Temperatur leicht zwischen 400° und 1100° einstellen.

---

[1]) Hergestellt von der Firma W. C. Heraeus in Hanau.

Das schmiedbare Eisen. Konstitution und Eigenschaften. Von Prof. Dr.-Ing. **Paul Oberhoffer,** Aachen. Zweite, verbesserte und vermehrte Auflage. Mit etwa 345 Textfiguren und einer Tafel. Erscheint Ende 1923.

Die Formstoffe der Eisen- und Stahlgießerei. Ihr Wesen, ihre Prüfung und Aufbereitung. Von **Carl Irresberger.** Mit 241 Textabbildungen. 1920. 9 Goldmark / 2.15 Dollar

Grundzüge des Eisenhüttenwesens. Von Dr.-Ing. **Th. Geilenkirchen.**
I. Band: **Allgemeine Eisenhüttenkunde.** Mit 66 Textabbildungen und 5 Tafeln. 1911. 8 Goldmark / 1.90 Dollar

Handbuch der Eisen- und Stahlgießerei. Unter Mitarbeit von zahlreichen Fachmännern herausgegeben von Dr.-Ing. **C. Geiger,** Düsseldorf.
I. Band: **Grundlagen.** Zweite Auflage. Mit etwa 180 Textabbildungen und 5 Tafeln. Erscheint Anfang 1924.
II. Band: **Betriebstechnik.** Mit 1276 Figuren im Text und auf 4 Tafeln· Unveränderter Neudruck. 1920. 36 Goldmark / 9.70 Dollar
III. (Schluß-) Band: **Anlage, Einrichtung und Verwaltung der Gießerei.** In Vorbereitung.

Die Herstellung des Tempergusses und die Theorie des Glühfrischens nebst Abriß über die Anlage von Tempergießereien. Handbuch für den Praktiker und Studierenden. Von Dr.-Ing. **Engelbert Leber.** Mit 213 Abbildungen im Text und auf 13 Tafeln. 1919.
14 Goldmark / 3.40 Dollar

Leitfaden für Gießereilaboratorien. Von Dr.-Ing. e. h. **Bernhard Osann,** o. Professor an der Bergakademie in Clausthal, Vorstand des Eisenhüttenmännischen Instituts. Zweite, erweiterte Auflage. Mit 12 Abbildungen im Text. 1915. Erscheint Ende 1923.

Der basische Herdofenprozeß. Eine Studie. Von **Carl Dichmann,** Ingenieurchemiker. Zweite, verbesserte Auflage. Mit 42 Textabbildungen. 1920. 10 Goldmark / 3 Dollar

Handbuch des Materialprüfungswesens für Maschinen- und Bauingenieure. Von Dipl.-Ing. **Otto Wawrziniok,** ord. Professor an der Technischen Hochschule, Dresden. Zweite, vermehrte und vollständig umgearbeitete Auflage. Mit 641 Textabbildungen. 1923.
Gebunden 22 Goldmark / Gebunden 5.30 Dollar

Die Messung hoher Temperaturen. Von **G. K. Burgess** und **H. Le Chatelier,** Membre de l'Institut. Nach der dritten amerikanischen Auflage übersetzt und mit Ergänzungen versehen von Professor Dr. **G. Leithäuser,** Dozent an der Technischen Hochschule Hannover. Mit 178 Figuren. 1913.
15 Goldmark; gebunden 17 Goldmark / 3.60 Dollar; gebunden 4.10 Dollar

---

Der Betriebschemiker. Ein Hilfsbuch für die Praxis des chemischen Fabrikbetriebes. Von Dr. **Richard Dierbach,** Fabrikdirektor. Dritte, teilweise umgearbeitete und ergänzte Auflage von Chemiker Dr.-Ing. **Bruno Waeser** in Magdeburg. Mit 117 Textfiguren. 1921.
Gebunden 10 Goldmark / Gebunden 2.50 Dollar

Die Chemie des Fluors. Von Dr. **Otto Ruff,** o. Professor am Anorganisch-Chemischen Institut der Technischen Hochschule Breslau. Mit 30 Textabbildungen. 1920.
4.50 Goldmark / 1.10 Dollar

Die Diazo-Verbindungen. Von Dr. **A. Hantzsch,** o. Professor an der Universität Leipzig und Dr. **G. Reddelien,** a. o. Professor an der Universität Leipzig. 1921.
4 Goldmark / 1.40 Dollar

Die Naphthensäuren. Von Dr. **J. Budowski.** Mit 5 Abbildungen. 1922.
4 Goldmark / 0.95 Dollar

Praktikum der quantitativen anorganischen Analyse. Von **Alfred Stock** und **Arthur Stähler.** Dritte, durchgesehene Auflage. Mit 36 Textfiguren. 1920.
3.50 Goldmark / 1.15 Dollar

Lunge-Berl, Chemisch-technische Untersuchungsmethoden, unter Mitwirkung zahlreicher Fachleute herausgegeben von Ing.-Chem. Dr. **E. Berl,** Professor der Technischen Chemie und Elektrochemie an der Technischen Hochschule zu Darmstadt. Siebente, vollständig umgearbeitete und vermehrte Auflage. In 4 Bänden.
I. Band. Mit 291 in den Text gedruckten Figuren und einem Bildnis. 1921.
Gebunden 35 Goldmark / Gebunden 9 Dollar
II. Band. Mit 313 in den Text gedruckten Figuren. 1922.
Gebunden 45 Goldmark / Gebunden 12 Dollar
III. Band. Mit 235 in den Text gedruckten Figuren. 1923.
Gebunden 42 Goldmark / Gebunden 11 Dollar
IV. Band.
In Vorbereitung.

Lunge-Berl, Taschenbuch für die anorganisch-chemische Großindustrie. Herausgegeben von Dr. **E. Berl,** o. Professor der Technischen Chemie und Elektrochemie an der Technischen Hochschule Darmstadt. Sechste, umgearbeitete Auflage. Mit 16 Textfiguren und 1 Gasreduktionstafel. 1921.
Gebunden 9 Goldmark / Gebunden 2.30 Dollar
